高等学校土木工程专业"十四五"系列教材

人防工程供配电技术

王春明 郝建新 徐才华 主编

中国建筑工业出版社

图书在版编目（CIP）数据

人防工程供配电技术 / 王春明，郝建新，徐才华主编. -- 北京：中国建筑工业出版社，2025.3. --（高等学校土木工程专业"十四五"系列教材）. -- ISBN 978-7-112-31013-5

Ⅰ. TM72

中国国家版本馆 CIP 数据核字第 2025AS1558 号

本书按供配电技术通用和行业标准的要求编写。全书系统地介绍了人防工程供配电系统的构成、分析计算和工程设计方法。

本书以供配电技术原理为基础，以人防工程发供电工程体系为构架，按通用和行业标准的要求组织编写内容，共 9 章。第 1 章介绍电力系统和供配电工程的基本概念及背景知识；第 2 章介绍人防工程发供电系统的构成和与之密切相关的供配电工程技术；第 3～9 章对人防工程发供电系统分析与设计所涉及的问题分别进行专项介绍，包括电力负荷计算、高压开关设备及选择、低压配电系统设备选择与保护、电压损失计算和线缆的选择、动力设备配电与控制、人防工程照明、雷电与过电压防护等内容。附录中收集了较多的常用工程数据，可供学生作业与课程设计使用。

本书注重理论知识与工程实践的结合，围绕解决问题的过程强化工程训练，实用性强，不仅可作为电气工程及自动化（尤其是人防工程专业方向）、建筑电气与智能化等专业本科学生的教学用书，也可作为相关工程技术人员的培训和参考用书。

为了更好地支持教学，我社向采用本书作为教材的教师提供课件，有需要者可与出版社联系，索取方式如下：建工书院 http://edu.cabplink.com，邮箱 jckj@cabp.com.cn，电话（010）58337285。

责任编辑：仕　帅　吉万旺
责任校对：李美娜

高等学校土木工程专业"十四五"系列教材
人防工程供配电技术
王春明　郝建新　徐才华　主编

*

中国建筑工业出版社出版、发行（北京海淀三里河路 9 号）
各地新华书店、建筑书店经销
北京龙达新润科技有限公司制版
北京圣夫亚美印刷有限公司印刷

*

开本：787 毫米×1092 毫米　1/16　印张：19½　字数：480 千字
2025 年 4 月第一版　2025 年 4 月第一次印刷
定价：58.00 元（赠教师课件）
ISBN 978-7-112-31013-5
（43886）

版权所有　翻印必究
如有内容及印装质量问题，请与本社读者服务中心联系
电话：（010）58337283　QQ：2885381756
（地址：北京海淀三里河路 9 号中国建筑工业出版社 604 室　邮政编码：100037）

前 言

近年来，随着我国国民经济高速发展，城市建设的规模和水平不断地提高，城市地下空间的利用越来越受到人们的重视。与此同时，随着人们对城市防灾减灾、防空袭认识的不断增强，我国人民防空工程（简称人防工程）的建设也进入了自20世纪六七十年代以来的第二个蓬勃发展时期，人防工程的建设总量和规模不断地增大，建设水平也不断地提高。

由于人防工程的特殊性和专业性，建设具有"防护可靠、经济合理、平战两用"的人防工程，相关工程技术人员必须具有人防工程方面的专业知识。人民防空地下室的设计对许多长期从事地面建筑设计的人员来讲是一个新的课题。广大设计人员必须掌握和了解防空地下室的设计与施工方法，才能适应城市建设和人防工程建设飞速发展的需要。而由于多方面原因，目前供人防工程相关工程技术人员使用的专业图书资料还较少。

本书是为满足人防工程电气工程及其自动化专业"人防工程供配电技术"课程教学需要而编写。本书既可作为电气工程及自动化（尤其是人防工程专业方向）、建筑电气与智能化等专业本科学生的教学用书，也可作为相关专业工程技术人员的培训和参考用书。

本书以供配电技术原理为基础，以人防工程供配电工程体系为构架，按通用和行业标准的要求组织编写内容，系统地介绍了人防工程供配电系统的构成、分析计算和工程设计方法。

全书共9章。第1章介绍电力系统和供配电工程的基本概念及背景知识；第2章介绍人防工程发供电系统的构成和与之密切相关的通用供配电工程技术；第3～9章对人防工程发供电系统分析与设计所涉及的工程问题分别进行专项介绍，包括电力负荷计算、高压开关设备及选择、低压配电系统设备选择与保护、电压损失计算和线缆的选择、动力设备配电与控制、人防工程照明、雷电与过电压防护等内容。附录中收集了较多的常用工程数据，可供学生作业与课程设计使用。全书知识体系的编排是由整体到局部，既重视供配电专业共性知识的介绍，又突出行业要求，目的是使学生尽快建立起人防工程发供电系统的总体概念，激发学生学习解决具体工程问题的兴趣，由易到难，拓宽知识面，让学生在学习的过程中体会掌握一般工程方法与特殊工程对象要求的不同之处，书中选用了大量来自实际工程的图表和案例，以便于学生学习和参考。继电保护部分内容本书中未涉及，但针对建筑电气专业方向工程对象的特点，突出介绍了低压配电系统设备选择与保护方面的内容，提高了教材的针对性和实用性。

编者长期从事人防工程电气工程及其自动化专业本科生专业课程的教学工作，本书在编写过程中得到了教研室领导和同志们的大力支持，是教研室课程组全体老师教学经验和工程实践经验的结晶,查阅了大量的相关书刊、标准、规范和资料,并汲取了近年来相关先进教材编写的成功经验,在此向所有同事和参考文献的作者致以衷心的感谢。

由于编者水平有限,书中不妥和错误之处在所难免,请读者、同行和专家批评指正。

编　者

2025 年 1 月

目 录

第1章 绪论 … 1

1.1 电力系统简介 … 1
- 1.1.1 电力系统的组成 … 2
- 1.1.2 城市电网与供配电系统 … 3
- 1.1.3 电力系统的标准电压 … 5
- 1.1.4 各级电压电力线路输送功率和输送距离 … 8
- 1.1.5 交流电的供电电压与频率解读 … 9

1.2 电力负荷分级及其供电要求 … 10
- 1.2.1 电力负荷的含义 … 10
- 1.2.2 电力负荷的分级 … 11
- 1.2.3 各级负荷的供电保障要求 … 12

1.3 供配电系统的基本知识 … 13
- 1.3.1 接地的基本概念 … 13
- 1.3.2 电击防护的基本概念 … 15
- 1.3.3 供配电系统中性点的运行方式 … 18
- 1.3.4 低压配电系统的形式 … 19

思考与练习题 … 22

第2章 人防工程发供电系统的构成 … 23

2.1 供配电系统的结构形式 … 23
- 2.1.1 供电系统按电压层次的分类 … 23
- 2.1.2 人防工程供电系统的结构形式 … 24

2.2 变配电所的电气主接线 … 25
- 2.2.1 电气接线图概述 … 25
- 2.2.2 主接线图中常用设备及功能 … 28
- 2.2.3 电气主接线的表示方法 … 29
- 2.2.4 变配电所典型电气主接线 … 30

2.3 供配电系统网络接线 … 36
- 2.3.1 放射式配电 … 36
- 2.3.2 树干式配电 … 37
- 2.3.3 环式配电 … 38

2.3.4 各种配电方式的综合应用 ··· 38
2.4 供配电系统变配电所 ··· 39
2.4.1 供配电系统常用电气装置 ··· 39
2.4.2 供配电系统的配置 ··· 45
2.4.3 变电所电气主接线配置图 ··· 46
2.4.4 变电所平面布置与土建要求 ··· 47
2.5 人防工程柴油电站 ··· 52
2.5.1 人防工程柴油电站的主要形式 ··· 52
2.5.2 人防工程常用电气主接线方案 ··· 53
2.5.3 人防工程柴油电站的组成及相互关系 ··· 56
2.5.4 人防工程柴油电站布置示例 ··· 57
2.6 供配电系统电力线路 ··· 61
2.6.1 架空线路 ··· 62
2.6.2 电缆线路 ··· 66
2.6.3 电力线路绝缘电阻的测量 ··· 71
2.6.4 人防工程电气线路的防护密闭处理 ··· 72
思考与练习题 ··· 76

第3章 电力负荷计算 ··· 78
3.1 负荷的调查与分析 ··· 78
3.1.1 日负荷曲线 ··· 78
3.1.2 年负荷曲线 ··· 80
3.1.3 负荷曲线的指标体系 ··· 81
3.1.4 负荷的热效应与计算负荷的概念 ··· 83
3.2 电力负荷的计算 ··· 84
3.2.1 负荷计算的意义 ··· 85
3.2.2 需要系数法 ··· 85
3.2.3 二项式法 ··· 91
3.2.4 利用系数法 ··· 92
3.2.5 单位指标法 ··· 93
3.2.6 负荷计算方法的选择 ··· 94
3.3 功率与电能损耗计算 ··· 95
3.3.1 电网的功率损耗 ··· 95
3.3.2 电网的电能损耗 ··· 96
3.4 功率因数计算与无功功率补偿 ··· 97
3.4.1 功率因数的计算 ··· 98
3.4.2 无功功率补偿原理与补偿量计算 ··· 99
3.4.3 补偿电容器的接线与控制方式 ··· 100
3.4.4 并联补偿电容器装置的装设地点 ··· 101

3.5 电源设备的选择 ……………………………………………………………… 101
　3.5.1 变压器的选择 ……………………………………………………… 101
　3.5.2 柴油发电机组的设置与选择 ……………………………………… 102
思考与练习题 ……………………………………………………………………… 103

第4章　高压开关设备及选择 …………………………………………………… 106

4.1 开关电器的电弧与灭弧 ………………………………………………………… 106
　4.1.1 电弧的产生与维持 ………………………………………………… 106
　4.1.2 电弧的熄灭 ………………………………………………………… 107
　4.1.3 开关电器灭弧的基本方法 ………………………………………… 110
4.2 高压断路器 ……………………………………………………………………… 112
　4.2.1 高压断路器的分类 ………………………………………………… 113
　4.2.2 高压断路器的主要参数及其意义 ………………………………… 113
　4.2.3 六氟化硫（SF_6）断路器 ………………………………………… 115
　4.2.4 真空断路器 ………………………………………………………… 117
　4.2.5 高压断路器的操动机构 …………………………………………… 118
4.3 隔离开关、熔断器、负荷开关 ………………………………………………… 120
　4.3.1 隔离开关 …………………………………………………………… 120
　4.3.2 熔断器 ……………………………………………………………… 121
　4.3.3 负荷开关 …………………………………………………………… 124
4.4 高压电气设备的选择和校验 ………………………………………………… 124
　4.4.1 电气设备选择的一般原则 ………………………………………… 124
　4.4.2 按正常工作条件选择设备参数 …………………………………… 125
　4.4.3 按环境条件选择设备类型并校验设备参数 ……………………… 125
　4.4.4 按短路动、热稳定校验设备参数 ………………………………… 126
思考与练习题 ……………………………………………………………………… 128

第5章　低压配电系统设备选择与保护 ………………………………………… 129

5.1 低压配电设备及其保护特性 ………………………………………………… 129
　5.1.1 低压断路器 ………………………………………………………… 129
　5.1.2 低压熔断器 ………………………………………………………… 133
　5.1.3 开关、隔离器及熔断器组合电器 ………………………………… 134
　5.1.4 剩余电流保护电器 ………………………………………………… 134
5.2 低压配电系统线路的过电流保护 …………………………………………… 137
　5.2.1 过电流及保护原则 ………………………………………………… 137
　5.2.2 低压配电线路的短路保护 ………………………………………… 137
　5.2.3 低压配电线路的过负荷保护 ……………………………………… 140
5.3 低压配电线路的接地故障保护 ……………………………………………… 141
　5.3.1 TN系统的接地故障保护 ………………………………………… 141

5.3.2　TT 系统的接地故障保护 ··· 143
　　5.3.3　IT 系统的接地故障保护 ··· 144
5.4　等电位联结 ··· 148
　　5.4.1　等电位联结的作用 ··· 148
　　5.4.2　等电位联结的类别与要求 ··· 149
思考与练习题 ·· 150

第6章　电压损失计算和线缆的选择 ································ 152

6.1　电能质量概述 ·· 152
　　6.1.1　电压偏差 ··· 152
　　6.1.2　电压波动和闪变 ··· 153
　　6.1.3　三相不平衡度 ··· 154
　　6.1.4　谐波 ··· 154
6.2　电力网络的电压损失计算 ··· 156
　　6.2.1　电力线路电压损失计算 ··· 156
　　6.2.2　变压器电压损失计算 ··· 159
6.3　电力线缆的选择 ·· 159
　　6.3.1　线缆的允许载流量 ··· 160
　　6.3.2　线缆额定电压选择 ··· 160
　　6.3.3　线缆相导体截面选择 ··· 161
　　6.3.4　中性线与保护线导体截面选择 ······································· 162
思考与练习题 ·· 164

第7章　动力设备配电与控制 ·· 166

7.1　动力配电系统 ·· 166
　　7.1.1　确定配电点的原则 ··· 166
　　7.1.2　一级负荷供电的保证措施 ··· 167
　　7.1.3　动力配电系统的形式 ··· 167
　　7.1.4　动力设备供电系统配置图 ··· 169
7.2　动力电气平面布线图 ·· 171
　　7.2.1　电气平面布线图的表示方法 ··· 171
　　7.2.2　动力配电平断面布置图 ··· 172
7.3　常用电气控制线路 ·· 174
　　7.3.1　控制电器 ··· 175
　　7.3.2　基本控制线路 ··· 180
　　7.3.3　电动机的正反转控制电路 ··· 183
　　7.3.4　电动机的降压起动 ··· 184
7.4　水泵的供电及自动控制 ·· 186
　　7.4.1　水泵的供电 ··· 186

  7.4.2 水泵的自动控制 ·· 186
 7.5 人防工程通风方式的控制 ··· 191
  7.5.1 通风系统的供电 ·· 191
  7.5.2 通风方式的控制 ·· 191
 思考与练习题 ·· 194

第8章 人防工程照明 195

 8.1 照明技术的基本概念 ·· 195
  8.1.1 光的度量常用单位 ··· 195
  8.1.2 物体的光照性能和光源的显色性能 ·· 198
 8.2 照明方式、种类和照明质量 ··· 199
  8.2.1 照明方式和种类 ·· 199
  8.2.2 照明质量 ··· 200
 8.3 常用照明光源及灯具的选用 ··· 204
  8.3.1 常用照明光源的性能与选用 ··· 204
  8.3.2 照明器的类型与选择 ·· 205
  8.3.3 照明器的布置 ··· 206
 8.4 照度计算 ··· 209
  8.4.1 用利用系数计算照度 ·· 209
  8.4.2 单位容量法 ·· 214
 8.5 照明供电系统 ·· 215
  8.5.1 照明系统的电压 ·· 215
  8.5.2 照明供电方式 ··· 215
  8.5.3 照明控制线路 ··· 218
  8.5.4 电气照明平面布线图 ·· 222
 思考与练习题 ·· 224

第9章 雷电与过电压防护 226

 9.1 雷电与过电压防护的基本知识 ··· 226
  9.1.1 雷电及其特性参数 ··· 226
  9.1.2 过电压的分类 ··· 228
  9.1.3 过电压量值的表示方法 ·· 230
  9.1.4 电气设备的耐压 ·· 231
  9.1.5 过电压防护的基本方法 ·· 232
 9.2 建（构）筑物的雷电防护 ··· 232
  9.2.1 建（构）筑物防雷工程体系 ·· 232
  9.2.2 建（构）筑物外部防雷装置 ·· 234
  9.2.3 接闪器保护范围计算 ·· 234
  9.2.4 雷电"反击"及其防护 ··· 238

9.2.5 建（构）筑物内部防雷措施 240
9.3 供配电系统雷电过电压防护 240
　9.3.1 避雷器 240
　9.3.2 输电线路的雷电过电压防护 243
　9.3.3 变配电所的雷电过电压防护 244
9.4 低压配电系统电涌保护 246
　9.4.1 电涌保护器 246
　9.4.2 低压配电系统电涌保护布局 248
　9.4.3 电涌保护器主要参数选择 250
　9.4.4 电涌保护的配合要求 253
　9.4.5 电涌保护的应用示例 256
9.5 建（构）筑物中电磁脉冲防护 259
　9.5.1 雷击电磁脉冲及防雷区划分 260
　9.5.2 雷击电磁脉冲防护措施 261
　9.5.3 人防工程核电磁脉冲防护设计 264
　9.5.4 屏蔽室屏蔽指标的确定 268
9.6 接地与接地装置 269
　9.6.1 接地的分类 269
　9.6.2 工程接地装置 270
　9.6.3 人防工程联合接地系统设计 272
　9.6.4 接地电阻的测量 274
思考与练习题 276

附录 277

附表 1　人防工程用电设备需要系数 277
附表 2　SC 系列 10kV 铜绕组低损耗电力变压器的技术数据 278
附表 3　ZN12-12 户内高压真空断路器的技术参数 279
附表 4　ZN12-40.5 户内高压真空断路器的技术参数 280
附表 5　ZN65-12 户内高压真空断路器的技术参数 281
附表 6　VS1-12（ZN63-12）户内高压真空断路器的技术参数 282
附表 7　ZN28-12 户内高压真空断路器的技术参数 282
附表 8　ZN28A-12 分装式户内高压真空断路器的技术参数 283
附表 9　常用高压隔离开关的技术数据 284
附表 10　RN1 型室内高压熔断器的技术数据 284
附表 11　RN2 型室内高压熔断器的技术数据 285
附表 12　常用电流互感器的技术数据 285
附表 13　常用电压互感器的技术数据 285
附表 14　万能式低压断路器的技术数据 286
附表 15　塑壳式低压断路器的技术数据 286

附表 16	小型低压断路器的技术数据	287
附表 17	常用低压熔断器的技术数据	287
附表 18	架空裸导线的最小允许截面积	288
附表 19	导体的最小允许截面积	288
附表 20	电线、电缆导体允许长期工作温度	288
附表 21	确定电缆载流量的环境温度	288
附表 22	涂漆矩形铜导体载流量	289
附表 23	多回路直埋地电缆的载流量校正系数	289
附录 24	450/750V 型聚氯乙烯绝缘电线穿管载流量及管径	290
附录 25	交联聚乙烯及乙丙橡胶绝缘电线穿管载流量及管径	291
附录 26	6～35kV 交联聚乙烯绝缘电力电缆直埋地敷设载流量	292
附录 27	0.6/1kV 交联聚乙烯绝缘电缆及乙丙橡胶绝缘电缆埋地载流量	292
附录 28	0.6/1kV 交联聚乙烯绝缘电缆及乙丙橡胶绝缘电缆明敷载流量	293
附录 29	0.6/1kV 铜芯交联聚乙烯绝缘电力电缆桥架敷设载流量	293
附录 30	0.6/1kV 铜芯聚氯乙烯绝缘及护套电力电缆埋地载流量	294
附录 31	0.6/1kV 铜芯聚氯乙烯绝缘及护套电力电缆明敷载流量	295
附录 32	0.6/1kV 聚氯乙烯绝缘及护套电力电缆桥架敷设载流量	295
附表 33	建筑物防雷分类	296
附表 34	建筑物电子信息系统雷电防护等级	296

参考文献 ································· 297

第1章 绪 论

电生磁、磁生电，电磁现象生生不息。从 18 世纪后半叶卡文迪许和库仑的静电研究，到 19 世纪后半叶麦克斯韦电磁波理论的建立与验证，在一个多世纪的时间里，关于宏观电磁现象的物理学研究取得了巨大成就。在此基础上，电磁现象的工程应用从 19 世纪中前期开始起步，并向两个主要的方向发展。一是将电作为消息的载体进行信号传送，称为电信；二是将电作为能源加以利用，称为电力。电信的典型应用有大家熟知的莫尔斯电报和贝尔电话等，电力的应用则是由电灯和电动机开始的。至今，这两个方向都发展出了各自庞大的工程体系，但"电信"已融入内涵更为丰富的"信息"领域中，并成为其中重要的组成部分，而"电力"的工程应用，则成就了如今所说的"电气工程"领域。电力系统既是电气工程的基础，又是电气工程的重要组成部分，它产生于人们有效地控制使用电能的需求。

电能不仅可以很方便地与其他形式的能量相互转换，还可以方便而经济地进行远距离传输和分配，而且在使用过程中能够很方便地进行测量、控制与调节。电能的供应保障在人防工程中占有极为重要的地位，它的系统优劣，可靠程度的高低都将直接影响工程的安全和使用功能的发挥。将机械化战争条件下的"储油"，改变为信息化、智能化战争条件下的"储电"已成为人防工程供电保障的新趋势。

1.1 电力系统简介

我们把能量的来源称之为能源。换而言之，能源是指能够为人类提供某种形式能量的自然资源及其转化物。按照能源的生成方式可分为一次能源和二次能源。

一次能源，又叫自然能源。它是自然界中以天然形态存在的能源，是直接来自自然界而未经人们加工转换的能源。煤炭、石油、天然气、水的势能、太阳能、风能、生物质能、地热能、核能等都是一次能源。一次能源在未被人类开发以前，处于自然赋存状态时，也叫作能源资源。为了便于比较和计算，习惯上把各种一次能源均折合为"标准煤"或"油当量"，作为各种能源的统一计量单位。

二次能源是由一次能源转换成符合人们使用要求的能源形式，如汽油、柴油、焦炭、煤气、蒸汽、氢气等都是二次能源。

1.1.1 电力系统的组成

电能是一种二次能源。电力系统的根本任务是"给用电设备提供其所需要的合格的电能"。它产生于人们有控制地使用电能的需求。

电能是由发电厂生产的，目前还不能大量储存，即其生产、输送、分配和消耗都是在同一瞬间完成的，必须保持实时的平衡。为了充分合理地利用能源资源，降低发电成本，发电厂多数是建造在一次能源资源丰富的地区，而用电设备（称为电力用户）则大多分布在城市区域，往往远离发电厂，要把发电厂生产的电能送到用户，就必须解决电能的输送和分配问题。

由于在一定的功率因数下，输送相同的功率时，输电电压越高，输电电流就越小，相同截面输电线，损耗就越小，若损耗不变，可选用小截面导体，节省有色金属，因此，远距离输电需要用高压来进行。输电距离越远，输送功率越大，要求的输电电压就越高。由此，电能在由发电厂送到用户过程中，为了实现电能的经济传输和满足用户对工作电压的要求，中间须经过升压、输送、降压和分配等各个环节。这种通过各级电压的电力线路，将发电厂、变配电所和电力用户连接起来，形成的一个发电、输变电、变配电和用电的整体称为电力系统，简单电力系统模型如图 1-1 所示，它们分别完成电能的生产、传输、分配与消费等任务。工程上，又将电力系统中除去发电机的部分称为电力网络，简称电网；将电力系统连同发电机的原动机统称为动力系统。

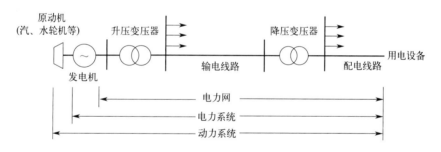

图 1-1 简单电力系统模型

组成电力系统的各个环节的作用如下：

1. 发电

其作用是将其他形式的能转换成电能。这些其他形式的能主要有煤、石油等矿物的化学能，水、风、潮汐等流体的机械能，地热资源中的热能，以及核能和太阳能等。发电厂一般以其所使用的一次能源冠名，如火力发电厂、水力发电站、核电厂、太阳能电站等。

2. 输变电

其作用是将电能集中地从一处输送到另一处。因低电压长距离大功率输送电能所产生的损耗较大，一般需要使用比较高的电压，而发电机因制造和运行等方面的原因，输出电压不可能很高，因此必须在传输前将电压升高，这就使得升压变电成为长距离大功率输电的一个必不可少的环节，统称为输变电。

3. 变配电

其作用是将集中的电能分配给分散的用户。输变电环节传输来的电能电压较高，而用户由于安全等诸多方面的原因不能使用很高的电压，因此需要先将电压降低后再进行分配，统称为变配电。

4. 用电

其作用是用电设备将电能转化为其他形式的能，来满足人们工作与生活的需要，如机械能、光能、声能等。

实际的电力系统一般不只有一个电源，而是将分布在不同地点的多个电源组成网络，共同服务于所有用户，这就称为电力系统的联网运行。如图1-2所示的系统，丰水季节让水力发电厂多发电，枯水季节则可让火力发电厂多发电。电力系统联网运行的好处是不仅可优化一次能源的利用，而且可以提高供电可靠性和电能质量。但联网运行也并非有利无弊，大电网一旦发生稳定性故障会导致系统崩溃，造成大面积停电事故。

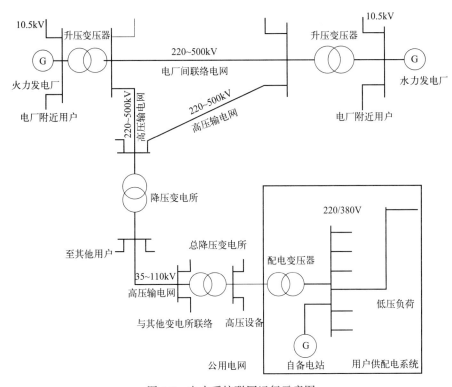

图 1-2　电力系统联网运行示意图

1.1.2　城市电网与供配电系统

城市电网是为城市送电和配电的各级电网的总称，简称城网。城市是最重要的电力负荷中心，电力系统生产的电能大部分消耗在城市中，因此城网既是电力系统的重要组成部分，又比农村电网、电气化铁路电网等更具典型性。在这里简单介绍城网的相关概念，一方面可将电力系统的一般概念具体化，另一方面可充实供配电系统背景，增强大家对人防工程供电系统的了解。

1. 城市电网

城市电网由送电网（220kV 及以上）、高压配电网（35～110kV）、中压配电网（35kV、10kV、试验中的 20kV）和低压配电网（0.38kV）等各级电压电网构成。

与城市电网相关的几个名词如下：

1）城市电网的供电电源

向城市电网提供电能的设施统称为城市供电电源。城市供电电源可分为两类，一类是市域内的城市发电厂，另一类是城市电源变电所，它接受从市域外电力系统输送来的电能。城市供电电源设施一般位于市域外围，数量与城市规模有关。

2）城市电网主网架

城网中电压等级最高的电网称为主网架或骨干网架，也就是送电网，一般要求形成双环结构，其电压等级主要依据城市规模的大小确定，主网架上的城市变电所称为枢纽变电所。

3）城市变电所

其指城市中起变换电压等级，并起集中和分配电能作用的供电设施。按其一次电压可分为 500kV、330kV、220kV、110kV、66kV、35kV 六类。城市变电所是联系城网中各级电压电网的中间环节，既可向下级变电所供电，又可直接向电力用户供电。我们经常所说的城市电源变电所、枢纽变电所、区域变电所等，都属于城市变电所。

4）开关站

其指城市电网中起接受和分配电能作用的配电设施，没有变换电压等级的作用，又称为开闭所，电压等级主要为 35kV 和 10kV。由于城市负荷密度很大，要求每座变电所有很多出线回路，而受城市用地紧张的制约，变电所不可能有足够的出线仓位，城市道路也很少有足够的线路敷设通道。为解决这一问题，可采取分级配电的技术措施，即在负荷较密集的地点，设置若干开关站，变电所只负责将电能馈给至开关站，再由开关站配出多个回路来满足用户要求。这样就将集中于变电所的出线回路的压力分散到若干开关站处，并可增强配电网的灵活性。10kV 开关站常用的有一进线五出线、两进线十出线等规格。

5）公用变配电所

其指向低压电力用户供电的变配电所，电压等级一般为 10/0.4kV。这里"公用"一词的含义，是指由供电企业建设、管理并决定使用对象，以区别于一些电力用户自己的"专用"变配电所。

图 1-3 是简化的城市电网结构模型。

2. 供配电系统

供配电系统是电力系统的重要组成部分。从技术的角度看，供配电系统是指电力系统中以使用电能为主要任务的那一部分电力网络，它处于电力系统的末端，一般只单向接受电力系统的电能，不参与电力系统的潮流调度。人们习惯上将电力系统中 110kV 及以下的电力网络称为供配电系统，城市电网中从区域变电所到用电设备之间的电力网络都可称为供配电系统。

从工程实际的角度看，供配电系统更多的是针对电力用户而言。我们这里所讲的人防工程供电系统，就是一个典型的用户供配电系统。

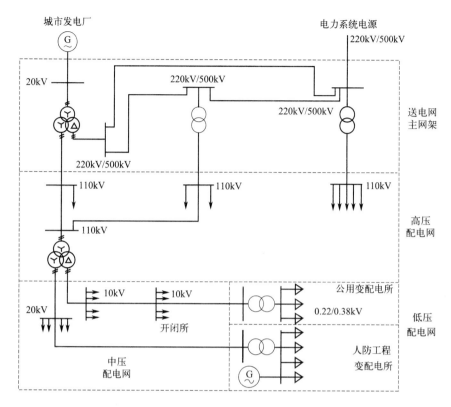

图 1-3 简化的城市电网结构模型示意图

1) 供配电系统的电源

供配电系统的电源，主要由电力公司通过供电线路提供，通常称为市电电源，又称公用电网电源，也有部分供配电系统设置有自备电源。市电电源可以由架空线路或电力电缆引入，自备电源有柴油发电机、蓄电池逆变电源系统等。供电电源的电压等级（简称供电电压）主要与系统规模有关，一般来说，系统规模越大，要求的供电电压越高。

2) 供配电系统的负荷

供配电系统的负荷就是用电设备。用电设备额定电压（简称用电电压）主要有 10kV 和 380/220V 两类，我国过去在企业中曾广泛使用的 6kV 电动机，现已逐步被 10kV 电动机所取代。供配电系统的电压层次中，必须包含与用电设备额定电压（用电电压）相对应的电压等级。

1.1.3 电力系统的标准电压

电力系统的标准电压等级，是根据国民经济发展的需要，考虑到经济技术上的合理性、电气设备制造工业水平和发展趋势等一系列因素，经全面分析研究，综合衡量比较，由国家统一制定颁布的。标准电压等级不宜过多，否则将会影响电气设备生产的系列化、标准化和生产规模，使电力网络接线复杂化。我国现行国家标准《标准电压》GB/T 156—2017 规定的标准电压等级如表 1-1 所示。

我国三相交流系统的部分标准电压　　　　　　表1-1

电力系统标称电压 U_N(kV)	用电设备额定电压 $U_{r \cdot E}$(kV)	发电机额定电压 $U_{r \cdot G}$(kV)	变压器额定电压 一次绕组 $U_{r1 \cdot T}$(kV)		变压器额定电压 二次绕组 $U_{r2 \cdot T}$(kV)		设备最高电压 $U_{max \cdot E}$(kV)	系统平均电压 U_{av}(kV)
0.22	0.22	0.23	0.22		0.23		—	0.23
0.38	0.38	0.40	0.38		0.40		—	0.40
0.66	0.66	0.69	0.66		0.69		—	0.69
3	3	3.15	3	3.15	3.15	3.3	3.6	3.15
6	6	6.3	6	6.3	6.3	6.6	7.2	6.3
10	10	10.5	10	10.5	10.5	11	12	10.5
—	—	13.8	13.8		—		—	—
—	—	15.75	15.75		—		—	—
—	—	18	18		—		—	—
20	20	20、22	20	22	21	22	24	21
35	35	—	35		38.5		40.5	37
66	66	—	66		72.6		72.5	69
110	110	—	110		121		126	115
220	220	—	220		242		252	231
330	330	—	330		363		363	347
500	500	—	500		550		550	525

表 1-1 中的电压可分为两大类，一类为电力系统的标称电压，另一类为电气设备的额定电压。这两类电压在数值上有确定的关系，为了对国家规定的标准电压等级有深刻的理解，下面结合表中的规定分别对各类电气设备的额定电压等级作一些说明。

1. 电力系统的标称电压 U_N

电力系统的标称电压也称标准电压，是一个基础量值，一般用 U_N 表示，它划分了电力系统的电压等级，设定了某一电压等级电网的正常运行电压，也是制订电气设备额定电压的依据。应当明确的是标称电压 U_N 只是一个量值的标准，它并不表示系统的实际运行电压。比如我们说到某个 10kV 系统，是指有一个 10kV 电压等级的电网，我们期望在该电压等级的电网中，运行电压处处保持为 10kV，但这是肯定不可能的。这是由于当功率沿线路传输时，由于线路上分布着阻抗，电流在阻抗上会产生电压损失，使得线路上各点的电压都不相同，且多数时候线路末端（负荷端）电压会低于首端（电源端）电压。理论上，线路上最多只有一个点的实际运行电压等于系统标称电压。因此，标称电压只是运行电压应尽可能趋近的一个量值，它并不表示电网上各点的实际运行电压。

工程上以系统标称电压为依据，一般将交流 1000V（直流 1500V）及以下电压称为低压；交流 1000V（直流 1500V）以上、35kV 及以下称为中压，35kV 以上、220kV 及以下称为高压，220kV 以上、1000kV 以下称为超高压，1000kV（含直流电压±800kV）及以上称为特高压。

2. 电气设备额定电压 $U_{r.E}$

电气设备的额定电压是指能使电气设备长期安全、稳定运行，并能获得最佳经济效果的电压。如果设备的运行电压与其额定电压有出入时，则设备的工作性能和使用寿命都将受到影响。针对线路上处处存在着电压损失，各处电压并不相同这一实际情况，又如何确定电气设备的额定电压呢？

工程上是从两个方面着手：第一就是用技术手段使线路上的电压损失尽可能减小；第二就是通过工程标准体系进行合理配合。这里讨论第二种情况。首先，规定用电设备的额定电压等于系统标称电压；其次，又规定用电设备的实际运行电压允许有±5%的偏差。设想一种最不利的情况，即线路首、末端都接有用电设备，如图1-4所示，这时，首端最高运行电压应满足小于等于1.05倍标称电压，而末端最低运行电压应满足大于等于0.95倍标称电压，这样，线路的电压损失最大只能允许为10%，这一点也通过相关标准确定下来。10%的线路电压损失中，5%是靠线路末端用电设备允许电压偏差来消化的，另外5%则要靠电源端电压升高来补偿了，因此规定，发电设备的额定电压比系统标称电压高5%，表1-1中第三列数据即由此而来。

按上述原则，规定的电气设备额定电压可分为下列三种情况：

(1) 用电设备的额定电压与供电系统的标称电压相同，见表1-1中第二列数据。

(2) 发电设备的额定电压应比供电系统标称电压高5%，见表1-1中第三列数据。

(3) 电力变压器一次侧相当于用电设备（接收电能），二次侧相当于发电设备（输出电能），因此它的一次绕组应按用电设备规定其额定电压，即 $U_{r.T}=1.0U_N$，而二次绕组则应按发电设备规定其额定电压。

变压器一次线圈的额定电压又分为两种情况分析：①变压器直接与发电机相联（升压变压器），如图1-5中的 T_1，发电厂的出口升压变压器即属此类，由于该变压器的一次线圈直接与发电机相连，因此其额定电压必须与发电机额定电压相同，即高于供电系统标称电压5%；②变压器接在线路上（降压变压器），如图1-5中的 T_2，配电变压器即属于此类，这时的变压器可以看作是线路的用电设备，因此其一次线圈的额定电压也就是用电设备的额定电压，即与系统的标称电压相同。

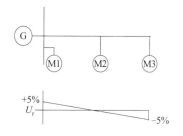

图1-4 用电设备与发电机额定电压　　图1-5 电力变压器的额定电压

关于变压器二次线圈的额定电压，首先要明确的是：变压器二次线圈的额定电压的定义，是指变压器一次线圈加上额定电压而二次侧开路时的电压，即变压器的空载电压。当变压器满载运行时，其二次线圈内约有5%的电压损失。因此，①当变压器二次侧供电线路较长（如为较大的高压电力网）时，则变压器二次线圈的额定电压，一方面要考虑补偿其内部5%的阻抗电压损失，另一方面还要考虑变压器满载时输出的二次电压要高于系统标称电压 5%，以补偿线路上的电压损失，在这种情况下，规定变压器二次线圈的额定电压要比系统的标称电压高出 10%，如图 1-5 中的 T_1；②如果变压器二次侧供电线路不长（如为低压电力网或直接供给高低压用电设备的变压器），则其二次线圈的额定电压仅需考虑补偿变压器满载时其内部的电压损失，这时规定变压器二次线圈的额定电压只需高于系统标称电压的 5%，如图 1-5 中的 T_2。

3. 设备最高电压 $U_{max·E}$

设备最高电压是规定设备绝缘和与设备最高电压相关联的其他性能的电压，是一个与系统最高电压相匹配的参数。设备只能用于系统最高电压不高于其设备最高电压的系统中。对于工作于电源侧的开关柜等配电设备，因电网电压调整等原因，很可能长期工作于系统标称电压以上，其铭牌参数通常给出的是设备最高电压而非额定电压，如 10kV 开关柜通常标注为 12kV；对于一些对电压敏感的设备，如电力电容器等，则通常既给出额定电压，又给出最高电压。

4. 系统平均电压 U_{av}

在短路电流计算学习中，会经常用到系统平均电压 U_{av}，这是一个为方便计算而规定的参数，其取值规定为 $U_{av}=1.05U_N$。

1.1.4　各级电压电力线路输送功率和输送距离

在三相交流系统中，三相视在功率 S 与线电压 U、线电流 I 之间的关系为：

$$S=\sqrt{3}UI \tag{1-1}$$

视在功率 S 在网络中传输时产生的有功损耗 ΔP 与网络每相电阻 r 的关系为：

$$\Delta P=3I^2r=\frac{r}{U^2}S^2 \tag{1-2}$$

因此，在电网中，当传输功率 S 一定时，电网损耗与电压平方成反比。因此升高电压对减小电网损耗是有效的。电压的升高还会减小电流的量值，对电网载流量的要求就相应降低，可节省有色金属的用量，降低投资。但是，也并非电压越高越好。因为电压越高，对绝缘的要求就越高，花费在绝缘上的投资也就越大，会抵消减少电网损耗和节省有色金属用量所带来的经济上的收益。另外，高电压在安全上的弱点以及需要占用更大的"安全走廊"，也限制了它的应用，表 1-2 列出了各等级电压线路合理的输送功率和输送距离。

各级电压电力线路输送功率和输送距离　　表 1-2

线路电压(kV)	线路结构	输送功率(kW)	输送距离(km)
0.38	架空线	≤100	≤0.25
0.38	电缆线	≤175	≤0.35
6	架空线	100～200	15～4
6	电缆线	≤3000	≤3
10	架空线	200～2000	20～6
10	电缆线	≤5000	≤6
20	架空线	400～4000	40～10

续表

线路电压(kV)	线路结构	输送功率(kW)	输送距离(km)
20	电缆线	≤10000	≤12
35	架空线	2000~8000	50~20
35	电缆线	≤15000	≤20
66	架空线	3500~10000	100~30
110	架空线	10000~50000	150~50
220	架空线	100000~500000	300~200

1.1.5 交流电的供电电压与频率解读

在电力使用的早期历史中，爱迪生（Thomas Edison）的通用电力公司在美国使用的是110V直流电。后来，特斯拉（Nikola Tesla）发明了三相的240V交流电。三相的意思是有三个不同相位的交流电合并在一起以减弱供电中的电压波动。特斯拉计算得到1秒钟60个周期是最高效的。限于当时绝缘材料的生产水平，特斯拉把电压降低到了110V。在美国西屋（Westinghouse）电气公司的资助下，特斯拉的交流电体系迅速得到广泛应用，并成为美国的供电标准。

商用交流电大获成功之后，欧洲迅速引进了交流发电、馈电技术。而除英国外欧洲均使用公制单位，为了计算上的方便都将频率改为了50Hz（起初仍保留了110V的电压规格）。由于110V电压较低，电网传输损耗较大，为改善这种状况，在交流电网没有大规模建设因而没有电网改造"负担"的欧陆国家逐步采用了220V的电压规格。220V是由110V倍压而来，技术改造相对最简单，由此，第二次世界大战（二战）后在欧陆国家就形成了220V/50Hz的交流电网标准。

1. 英国使用50Hz/220V

直到二战后的20世纪50年代欧洲还是使用110V，后来才改为220V来传输电力，以提高效率。英国为了和欧洲大陆保持一致，也把频率改为了50Hz，电压改为220V。

2. 美国依然使用60Hz/110V

美国也曾考虑改用220V来提供市电，但是由于交流供电网络发展太快，感觉这样太浪费了，因为有很多电气设备已经在用110V的电压了。最后妥协的方案是：220V电力进入家庭后会分为110V来给大部分电器供电，但是像电炉、电烘干机就用220V。

3. 中国使用50Hz/220V

中国最早的交流电网并没有统一的标准，只是局部的小型电网，设备由各发达工业国提供，规格五花八门。1949年中华人民共和国成立以后，中国的工业化全面转向苏联模式，电网建设也遵照苏联标准，而苏联采用的也是欧陆标准，于是50Hz/220V最终定格为中国的电网标准。

目前，世界上交流电的频率有两种：50Hz和60Hz。在50~60Hz这个范围内，各国根据自己的科学技术水平、能源消耗习惯，一般选择50Hz或60Hz作为自己国家工业用电的频率，简称工频。

1.2 电力负荷分级及其供电要求

电力负荷是电力系统的服务对象，供配电系统是电力系统中与电力负荷最为接近的部分，直接面向用电设备的使用者，电力负荷分级及其对供电的要求是我们进行供配电系统设计的基本依据。

1.2.1 电力负荷的含义

"负荷"或"电力负荷"一词是一个笼统的概念。工程上，我们所说的"负荷"一般是指电气设备（发电机、变压器、电动机等）和线路中通过的功率或电流（因为当电压为一定时，电流与功率成正比），而不是指它们的阻抗。例如发电机、变压器的负荷是指它们输出的电功率（或电流），线路的负荷是指通过导线的容量（或电流）。如果负荷达到了电气设备铭牌规定的数值（额定容量）就叫作满负荷（或满载）。工程实际中，电力负荷这一术语，根据其出现的场合，表达的含义会有所不同，主要有以下含义。

1. 用电设备

用电设备处于电力系统的最末端。按照用电设备的能量转换形式，可分为动力设备（电能-机械能）、照明设备（电能-光能）、电热设备（电能-热能）等。生产领域以感应电动机类动力设备占最大比例，民用生活领域以照明和空调设备占最大比例。

按额定电压，又可将用电设备分为高压和低压两大类。高压用电设备主要为 6kV 或 10kV，低压用电设备一般为 220/380V。在有些特殊场所，因安全的因素，会使用更低电压的设备，如 36V、24V、12V、6V 等。需要特别说明的是，我们习惯上所说的高压用电设备的额定电压，在电力系统电压等级分类中属于中压，由于用电设备一般不使用 35kV 及以上的额定电压，为了与低压用电设备相区别，工程上通常将交流 1000V 以上用电设备称为高压用电设备。

一方面，用电设备接受电力系统的电能进行工作；另一方面，用电设备的工作又会对电力系统产生反作用。例如，大功率电机的启动会使附近电网的电压产生较大的波动，感应式电动机轻载会使功率因数降低，非线性用电设备产生的谐波可能使电压波形发生畸变等，大量用电设备的整体行为还会对整个电力系统的运行产生影响。

2. 用电负荷

撇开用电设备的具体形式，仅以用电设备对电力系统的功率需求来看待，便产生了用电负荷的概念。用电负荷这一概念，本质上是对电力系统的功率需求的角度出发，给用电设备建立的一个数学模型，这一数学模型有两个参量，即有功功率 P 和无功功率 Q，它描述了用电设备与电力系统相关联的最本质的因素。例如，一只 200W 的白炽灯和一台 200W 的电炉，尽管用途和构造都不相同，但从电力系统的角度来看，具有同样的含义，即它们都是一个需要 200W 有功功率的用电负荷。

不仅对单台用电设备可以用用电负荷来描述，对若干用电设备的集合也可以用用电负荷来描述。比如我们可以说一回线路的用电负荷、一座变电站的用电负荷、一座城市的用电负荷等。

3. 电力用户

如果说用电负荷是一个技术范畴概念，电力用户则是一个经营范畴的概念。电力用户是指电能的合法使用者，是相对于售卖电能的电力企业而言的。电力用户可以是一户住户、一家店面、一个建筑小区，也可以是一个工厂、一所大学、一座矿山等。

电力用户可以使用不同的供电电压等级，可分类为：①低压用户；②中压用户；③高压用户。应当注意的是，电力用户的电压等级与其内部用电设备的额定电压是两个不同的概念。尽管从技术上看，电力用户内部的电网也属于电力系统的一部分，但从经营的角度看，电力企业与电力用户之间一定会有明确的划界点，这一点一般就是电力企业的收费计量点，这一点所在电网的电压等级，就是电力用户的电压等级，又称供电电压等级。电力用户内部若有不同于其供电电压等级的用电设备，则电力用户自己还需要对电压等级进行变换。

4. 笼统的表述

在很多时候，我们并不需要对以上三个概念作严格区分。为了表述简洁，常用一个更具概括性的术语——"负荷"或"电力负荷"一词来做笼统的表述。即"负荷"或"电力负荷"既可表示是一台具体的用电设备，也可表示是一个电力用户，需要特别注意的是工程上当"负荷"指的是用电负荷时，它不仅可以理解为负荷功率，而且可以理解为负荷电流。

1.2.2 电力负荷的分级

供电可靠性主要是指电力系统对电力负荷电能供应的连续性。简单地说，供电可靠性越高，停电的可能性就越小。不同电力负荷对供电可靠性的要求是不同的，这主要与停电所造成的后果有关。工程上电力负荷都是根据中断供电在政治、经济上所造成的损失或影响程度进行分级。

1. 民用供电系统电力负荷分级标准

《民用建筑电气设计标准》GB 51348—2019 规定，电力负荷应根据对供电可靠性的要求及中断供电对人身安全、经济损失或所造成的影响程度进行分级，分为一级负荷、二级负荷和三级负荷。

1) 一级负荷

符合下列情况之一时，应为一级负荷：

(1) 中断供电将造成人身伤害；

(2) 中断供电将造成重大损失或重大影响；

(3) 中断供电将影响重要用电单位的正常工作，或造成人员密集的公共场所秩序严重混乱。

在一级负荷中，当中断供电将发生中毒、爆炸、火灾或重要数据丢失，以及特别重要场所不允许中断供电的负荷，应将其定为一级负荷中的特别重要负荷。

2) 二级负荷

符合下列情况之一时，应为二级负荷：

(1) 中断供电将造成较大损失或较大影响；

(2) 中断供电将影响较重要用电单位的正常工作或造成人员密集的公共场所秩序

混乱。

3) 三级负荷

不属于一、二级负荷者，应为三级负荷。

负荷分级的定义是描述性的，在实际工作中如何确定负荷等级，除了对照以上条件外，还应该根据具体工程的性质查阅相关的规范。比如，若工程对象为人防工程，在确定人防工程中用电设备的负荷等级时，就应遵守《人民防空地下室设计规范》GB 50038—2005 等标准的相关规定。

2. 人防工程电力负荷的分级标准

国家标准《人民防空地下室设计规范》GB 50038—2005 规定，人防工程的电力负荷，应根据负荷的重要性和中断供电在军事、政治和经济上所造成的影响及损失程度分为以下三级：

1) 一级负荷

(1) 中断供电将危及人员生命安全；

(2) 中断供电将严重影响通信、警报的正常工作；

(3) 不允许中断供电的重要机械、设备；

(4) 中断供电将造成人员秩序严重混乱或恐慌。

2) 二级负荷

(1) 中断供电将严重影响医疗救护工程、防空专业队工程、人员掩蔽工程和配套工程的正常工作；

(2) 中断供电将影响生存环境。

3) 三级负荷

不属于一级和二级负荷者。

负荷分级的目的，在于正确反映电力负荷对供电可靠性要求的界限，以便恰当地选择合理的供配电方式，达到合理的技术经济指标。

1.2.3 各级负荷的供电保障要求

各级负荷的供电方式，应按照其对供电可靠性的要求，允许停电的时间及用电单位的规模、性质和用电容量，并结合地区的供电条件全面地加以选定。一般按下列原则供电：

1. 一级负荷的供电保障要求

其应由双重电源供电。双重电源是指一电源发生故障时，另一电源不应同时受到损坏；并按照工作需要和允许停电时间，采用由双重电源的两个低压回路在末端配电箱处切换供电，或双电源对多台一级用电设备组同时供电的接线。

对一级负荷中特别重要的负荷供电，除应由上述两个电源供电外，尚应增设应急电源，并严禁将其他负荷接入应急供电系统。应急供电系统供电电源切换时间，应满足设备允许中断供电的要求。下列电源可作为应急电源：

(1) 独立于正常电源的发电机组；

(2) 供电网络中独立于正常电源的专用馈电线路；

(3) 蓄电池。

根据允许中断供电的时间，可分别选择下列应急电源：

(1) 快速自启动的应急发电机组，适用于允许中断供电时间为 15s 以上的供电；

(2) 带有自动投入装置的独立于正常电源之外的专用馈电线路，适用于允许中断供电时间大于自投装置动作时间（电源切换时间）的供电；

(3) 不间断电源装置（UPS），适用于要求连续供电或允许中断供电时间为毫秒级的供电；

(4) 应急电源装置（EPS），适用于允许中断供电时间 0.25s 以上的负荷供电。

2. 二级负荷的供电保障方式

二级负荷的外部电源进线宜由 35kV、20kV 或 10kV 双回线路供电；当负荷较小或地区供电条件困难时，二级负荷可由一回 35kV、20kV 或 10kV 专用的架空线路供电；当建筑物由一路 35kV、20kV 或 10kV 电源供电时，二级负荷可由两台变压器各引一路低压回路在负荷端配电箱处切换供电；当建筑物由双重电源供电，且两台变压器低压侧设有母联开关时，二级负荷可由任一段低压母线单回路供电；对于冷水机组（包括其附属设备）等季节性负荷为二级负荷时，可由一台专用变压器供电；由双重电源的两个低压回路交叉供电的照明系统，其负荷等级可定为二级负荷。

3. 三级负荷的供电方式

对供电保障方式无特殊要求。

人防工程战时用电应主要由具有一定防护能力的柴油发电站供电。一级负荷应由两个独立电源保证供电；二级负荷至少应由一个发电站保证供电；三级负荷允许中断供电。为了满足平时维护管理方便，战时能长期坚持正常工作，人防工程至少应设一路外电源供电。

1.3 供配电系统的基本知识

1.3.1 接地的基本概念

1. 电气上"地"的含义

电气上的"地"是指可用来作为参考电位且电容无穷大的物体。能作为参考电位，是指该物体在各种扰动下，其上电位的变化可忽略不计，可看成是建立电位的基准；电容无穷大，是指能提供或接受任意多的电荷，且自身电位不会因此而变化。工程上一般将大地作为电气上的"地"，并取为零电位。需要注意的是电子信息系统中也将参考电位点称为"地"，但不一定与大地相连。

电力工程中"地"一般指大地，但在电气上它却具有更深层的含义。由于大地内含有自然界中的水分等导电物质，因此它也是导电的。当一根带电的导体与大地接触时，便会形成以接触点为球心的半球形地电场。此时，接地电流便经导体由接地点流入大地内，并向四周呈半球形流散。在大地中，因球面积与半径的平方成正比，半球形的面积将随着远离接地点而迅速增大，所以越靠近接地点，电流通路的截面越小，电阻就越大；而相距越远，其截面便越大，电阻就越小，通常在距离接地点约 20m 处，半球形面积已达 2500m^2，土壤电阻已小到可以忽略不计。这就是说，可以认为在远离接地点 20m 以外时，便不会再产生电压降了，所以，电气上的"地"包含下面三层含义：

(1) 电气上常以大地的电位作为参考零电位;

(2) 当一根带电的导体与大地接触时,便会形成以接触点为球心的半球形地电场,通常在距离接地点约20m处,已是实际上零电位了;

(3) 电气上通常所说的"地",实际上是泛指零电位的地方。

2. 接地装置、接地体与接地线

电气设备的某部分与大地之间作良好的电气连接,称为接地。如图1-6所示,埋入土壤内并与大地直接接触的金属导体或导体组,叫作接地体或接地极。专门为接地而装设的接地体,称为人工接地体。兼作接地体用的直接与大地接触的各种金属构件、金属管道及建筑物的钢筋混凝土基础等,称为自然接地体。连接接地体与电气设备应接地部分的金属导体,叫作接地线。接地线在正常情况下是不载流的。接地线又可分为接地干线与接地支线。按规定,接地干线应采用不少于两根导体在不同地点与接地网连接。接地体与接地线合称为接地装置。

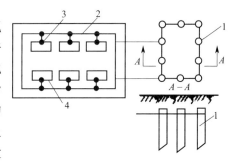

图1-6 接地装置示意图
1-接地体;2-接地干线;3-接地支线;4-设备

3. 对地电压、接触电压与跨步电压

一般所说的对地电压,就是指带电体与大地之间的电位差,这里的大地是指大地上参考零电位处,即离带电体接地点20m以外的地方。也就是说,对地电压就是带电体与(零电位的)大地之间的电位差;它在数值上等于接地电流与接地电阻的乘积。

当电流通过接地体流入大地时,接地体处具有最高的电位,也即具有最高对地电压。接地体外的各点对地电压便逐渐下降,至接地体20m处时,对地(零电位点)之间的电压便降为零。若用曲线来表示接地体及其周围各点的对地电压,这种曲线就叫作对地电压曲线,也称接地电流电位分布曲线,如图1-7(a)所示,图中纵坐标为各点实际对地电压与接地体对地电压的比率(U_{dn}/U_d),横坐标指各点离接地体上最远点的实际距离对接地体自身宽度的比值(S/S_d);由图可见,随着远离接地体,对地电压曲线的变化就越趋平缓(曲线陡度变小)。这说明各点的对地电压逐渐下降,也即土壤(流散)电阻不断减小。

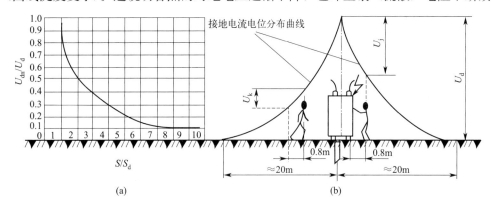

图1-7 对地电压曲线、接触电压和跨步电压
(a) 接地体的对地电压曲线;(b) 接触电压和跨步电压

可见，当设备发生接地故障时，以接地点为中心的大地表面约 20m 半径的圆形范围内，便形成了一个电位分布区。当人体处在这一范围内又同时接触该故障设备的外壳（或构架）时，人体所承受的电位差便称为接触电压（U_j）。显然其大小与人（接触设备外壳的人体立地点）离接地点的远近有关，离得越近接触电压就越小，离得越远则其值便越大，如图 1-7(b) 所示。

在流散电场范围内，人体两脚（或牲畜前后脚）之间所承受的电位差称为跨步电压（U_k）。其值随立地处距接地点的远近和跨步的大小而变化，离得越近或跨步越大，跨步电压就越大，反之则越小。

4. 散流电阻、接地电阻和冲击接地电阻

在接地体上，电流自接地体向大地四周流散时所遇到的全部电阻，称为流散电阻（或散流电阻）。

接地电阻是指整个接地装置的电阻值，它是接地体的流散电阻与接地线本身电阻之和。由于接地线的电阻（包括接地线与接地体间的连接电阻）一般都很小，故常可忽略不计。因此，可近似认为接地电阻就等于流散电阻。

由于通过接地体的电流可能是直流电流，也可能是交流电流或雷电冲击电流，因此接地电阻随电流的情况也有所不同，后两者实际上应该是阻抗的概念，只是工程上习惯于将其称为电阻。在这些接地电阻中，交流工频接地电阻和雷电冲击接地电阻是最为常用的，分别简称为工频接地电阻和冲击接地电阻。

工频接地电阻 R_a 是指 50Hz 工频电流通过接地体时产生的工频电压与工频电流之比。冲击接地电阻 R_{sh} 是指雷电流通过接地体时所产生的冲击电压幅值与雷电流幅值之比。对于单根接地极构成的接地体，两者的关系为：

$$R_{sh}=\alpha R_a \tag{1-3}$$

式中　α——冲击系数，一般由实验确定；大多数情况下 $\alpha<1$，即冲击接地电阻小于工频接地电阻，这是因为在冲击电压作用下，土壤中的空气隙发生击穿放电，从而降低了电阻率；但当接地体电感成分较大时，由于冲击电压作用下的感抗远大于工频感抗，有可能 $\alpha>1$。

1.3.2　电击防护的基本概念

1. 电流通过人体的效应

电流通过人体的生理效应包括感知、肌肉收缩及痉挛、呼吸困难、心脏功能紊乱、僵直、心脏骤停、呼吸停止、灼伤或其他细胞损伤。电气工程中，将电流通过人体或家畜而引起的生理效应称为电击。电击可分为直接电击和间接电击两类。接触到正常工作时带电的导体所产生的电击称为直接电击；接触到正常工作时不带电但因任何原因（主要是故障）而带电的导体所产生的电击称为间接电击。直接电击承受电压的大小是确定的，通常是带电导体间的相电压或线电压，而间接电击承受电压的大小具有随机性。

研究表明，电流而非电压是造成人身伤害的直接原因。不同大小的电流通过人体时，人的生理反应可分为 4 种状态，这 4 种状态分界点所对应的电流值称为阈值电流，分别为感知阈、反应阈、摆脱阈和室颤阈。其中感知阈是通过人体使人产生任何（触电）感觉的接触电流的最小值，反应阈是能引起肌肉不自觉收缩的接触电流的最小值，摆脱阈是人手握电极能自行摆脱电极时接触电流的最大值,室颤阈是通过人体能引起心室纤维颤动的接触电流最小值。一般认为,摆脱阈以上的电流就是危险的,室颤阈以上的电流是致命的。

以发生室颤概率为50%考虑,室颤阈为50mA。这一电流是指电击时间超过一个心搏周期的情况,若电击时间小于一个心搏周期,室颤电流会增大。

2. 人体的阻抗

人体的阻抗是由人体的内阻抗和皮肤阻抗两部分构成。皮肤阻抗可视为由半绝缘层和许多小的导电体(毛孔)组成的电阻和电容的网络。皮肤的阻抗值与接触电流的大小、电压、频率、通电时间,接触的表面积、压力,皮肤的潮湿程度、温度和种类等因素关系密切。例如,当电流增大时皮肤阻抗会下降,电流频率增加时皮肤阻抗会减小,对较低的接触电压,即使是同一个人,其皮肤阻抗值会随着接触表面积和干燥、潮湿、出汗、温度、快速呼吸等条件的不同而具有很大的变化,对于较高的接触电压,皮肤阻抗会显著地下降,而当皮肤击穿时,则就变得可以忽略了。人体的内阻抗大部分可认为是阻性的,其大小主要由路径决定,而与接触表面积的关系较小。人体的总阻抗是人体内阻抗与皮肤阻抗的矢量和,是一个阻容性的非线性阻抗。对比较低的接触电压,由于皮肤阻抗会随接触的表面积和条件的不同具有显著地变化,从而人体的总电阻也随之有很大的类似变化,而对于较高的接触电压,则皮肤阻抗对总阻抗的影响会越来越小,人体的总阻抗值随之也越来越接近于人体的内阻抗值。关于频率对人体总阻抗的影响,计及频率与皮肤阻抗的依从关系,人体总阻抗在直流时较高,并随着频率增加而减少。

由于人体的阻抗值取决于许多因素,尤其是与电流的路径、接触电压的大小、电流的持续时间、频率、皮肤潮湿程度、接触的表面积、施加的压力和温度等密切相关,是一个不确定值,但其随着接触电压的增加,总体变化趋势是渐近值为人体的内阻抗值。例如,研究表明,人体总阻抗在干燥条件、大的接触表面积情况下,50Hz/60Hz交流电流路径为手到手的成年人体总阻抗:对于5%人群取575Ω;对于50%人群取775Ω;对于95%人群取1050Ω。在正常环境条件下,人体阻抗值按纯电阻 $R_M=1000\Omega$ 取值。

3. 电压的区段和限值

根据室颤电流和人体阻抗取值,可推算出人体所能承受的最高电压,称为安全电压 U_L。例如,50Hz/60Hz交流在正常环境条件下,安全电压 $U_L=50\text{mA}\times 1000\Omega=50\text{V}$。为了提供电气装置和设备的电击防护要求,我国标准规定的电压区段限值如表1-3所示。

电压区段限值　　　　　　　　　　　表1-3

电压区段		交流	直流
HV		>1000V	>1500V
LV	—	≤1000V	≤1500V
	ELV	≤50V	≤120V

表1-3表明:高压(HV)是指交流1000V或直流1500V以上的电压区段;低压(LV)是指交流1000V或直流1500V及以下的电压区段;特低电压(extra-low-voltage,ELV)是低压区段的一个部分,是指在特定外部影响条件下,不超过预期接触电压即允许持续接触的电压。特低电压的限值交流50V和直流120V是指在正常条件下允许持续接触的电压最大值。

电气工程中，将无故障条件下的电击防护称为基本防护，也就是说基本防护是提供正常条件下的防护；将单一故障条件下的电击防护称为故障防护；将基本防护和（或）故障防护之外的电击防护称为附加防护。当在某些条件下，电击基本防护是由限制电压来提供时，由于安全电压的限值取决于大量的影响因素，诸如环境条件、接触面积等，因此，电压限制的规定应满足基本防护的要求。相关概念和规定可查阅现行国家标准《电击防护装置和设备的通用部分》GB/T 17045—2020，本文不一一介绍。

4. 电气设备电击防护方式分类

低压电气设备按电击防护方式分为0、Ⅰ、Ⅱ、Ⅲ四类，各类设备特征如下：

1）0类设备。仅依靠基本绝缘作为电击防护手段的设备，称为0类设备。这类设备一旦基本绝缘失效，可能会发生电击危险。

2）Ⅰ类设备。除基本绝缘以外，还有保护连接措施（即设备外露可导电部分还连有一根PE线），可用来与场所中固定布线系统中的保护线连接。一旦基本绝缘失效，还可通过保护连接所建立的防护措施进行电击防护。

3）Ⅱ类设备。依靠双重绝缘或加强绝缘作为电击防护手段，不考虑绝缘失效的可能性，即Ⅱ类设备一般不考虑连接保护导体。

4）Ⅲ类设备。采用SELV（安全特低电压）供电，使设备内在任何情况下都不会出现高于安全电压的电压值。该类设备一般是按最高标称电压不超过交流50V或直流（无纹波）120V设计。

以上所述的几种绝缘形式，是绝缘结构按保护功能的分类。所谓绝缘结构，是指由一种或若干种绝缘材料按一定方式形成的绝缘体。绝缘结构按保护功能分为以下四类：

（1）基本绝缘。能够提供基本防护的危险带电部分上的绝缘，即带电部件上对触电起基本保护作用的绝缘称为基本绝缘，若这种绝缘的主要功能不是防触电而是防止带电部分的短路，则又称工作绝缘。

（2）附加绝缘。除了基本绝缘外，用于故障防护附加的单独绝缘。附加绝缘又称为辅助绝缘或保护绝缘，也就是为了在基本绝缘损坏的情况下防止触电而在基本绝缘之外附加的一种独立绝缘。

（3）双重绝缘。既有基本绝缘又有附加绝缘构成的绝缘。双重绝缘是一种组合式的绝缘结构，也就是由基本绝缘和附加绝缘共同组成的绝缘结构。

（4）加强绝缘。相当于双重绝缘保护程度的单独绝缘结构。"单独绝缘结构"不一定是一个单一体，它可以由几层组成，但层间必须结合紧密，形成一个整体，各层无法再拆分为基本绝缘和附加绝缘各自进行单独试验。

5. 名词解释

1）带电部分和危险的带电部分

（1）带电部分：正常运行中带电的导体或可导电部分，包括相导体和中性导体，但按惯例不包括PE导体。

（2）危险的带电部分：在某些条件下能造成伤害性电击的带电部分，如高压固体绝缘的表面有可能出现危险电压，此时绝缘表面就被认为是危险的带电部分。

2）外露可导电部分与装置外可导电部分

（1）外露可导电部分：设备上能够触及的可导电部分，它在正常情况下不带电，但在基本绝缘损坏时带电。例如，平时不带电压，但故障情况下可能带电压的电气装置的容易触及的金属外壳，有时简称设备外壳。并不是所有的电气设备都有外露可导电部分，如塑壳电视机等家用电器就没有外露可导电部分。

（2）装置外可导电部分：给定场所中不属于电气装置组成部分的导体，也就是非电气装置的组成部分，且易于引入电位的可导电部分，如场所中的金属管道等就属于装置外可导电部分。

3）移动式设备、手握式设备与固定式设备

（1）移动式设备：工作时移动的设备，或在接有电源时能容易地从一处移至另一处的设备。

（2）手握式设备：正常使用时要用手握住的移动式设备。

（3）固定式设备：牢固安装在支座（支架）上的设备，或用其他方式固定在一定位置上的设备。

1.3.3 供配电系统中性点的运行方式

供配电系统的中性点是指星形连接的变压器或发电机绕组的中间点。严格地说，中性点是一个电气上的"点"，从这点到各输出端之间的电压绝对值相等。在我国的供配电系统中，正常情况下这一电气上的中性点正好位于星接绕组的公共点。所谓系统的中性点运行方式，是指系统中性点与大地的电气连接方式，或简称系统中性点的接地方式。

接地是以大地为参考零电位和无穷大电容来建立供配电系统与大地电气关系的一种方法。理论上不只是中性点才能接地，系统的很多其他点也可接地，但实际工程中以中性点接地最为常用。系统中性点运行方式是一个十分复杂的问题，它涉及供电可靠性、绝缘水平、电压等级、保护方式、通信干扰等诸多方面的因素。就供配电系统的现状来看，主要有两类中性点运行方式，即大电流接地系统和小电流接地系统。

1. 大电流接地系统

所谓大电流接地系统，就是中性点直接接地系统或经小电阻接地系统，简称大接地系统。这种系统中发生单相接地故障时，出现了除中性点接地点以外的另一个接地点，构成了短路回路，接地故障相电流很大，为了防止设备损坏，必须迅速切断电源，因而供电可靠性低，易发生停电事故，但由于系统中性点的钳位作用，使非故障相的对地电压不会有明显的上升，因而对系统绝缘是有利的。

大电流接地系统的另一个缺点是发生单相接地时，单相接地电流产生的磁场会对附近的通信线路产生干扰，从电磁兼容（EMC）的角度来看，这是一个电磁骚扰发射源。

2. 小电流接地系统

所谓小电流接地系统，是指中性点不接地或通过阻抗（或消弧线圈）接地的系统，简称小接地系统。小接地系统发生单相接地故障时，只有比较小的导线对地导纳电流通过故障点，因而系统仍可继续运行，这对提高供电可靠性是有利的；但系统中性点对地电压会升高到相电压，非故障相对地电压则会升高到线电压，若接地点不稳定，产生了间歇性电弧，则过电压会更严重，对绝缘不利。

对于输变电系统，由于传输功率大且传输距离长，一般都采用110kV及以上的电压等级，在这样高的电压等级下绝缘问题比较突出，因此一般都采用大接地系统；而在中压系统中，小接地系统发生单相接地时产生的过电压对绝缘的威胁不大，因为中压系统的绝缘水平是根据更高的雷电过电压制定的，因此为了提高供电可靠性，中压系统较多地采用了小接地系统。如我国，作为供配电系统主要电压等级的35kV、20kV、10kV等中压系统大多是采用的小接地系统。

对于1kV以下的低压配电系统，中性点运行方式与绝缘的关系已不是主要问题，中性点运行方式主要取决于供电可靠性和安全性。

1.3.4 低压配电系统的形式

220/380V低压配电系统广泛采用中性点直接接地的运行方式，而且引出有中性线（neutral conductor，代号N）、保护线（protective conductor，代号PE）或保护中性线（protective neutral conductor，代号PEN）。

1. 名词解释

1）中性线（N线）

中性线是与电源的中性点连接，并能起传输电能作用的导线。中性线（N线）的功能，一是用来连接额定电压为系统相电压的单相用电设备；二是用来传导三相系统中的不平衡电流、谐波电流和单相电流；三是减小负荷中性点的电位偏移。

2）保护线（PE线）

保护线是为防止触电危害而用来与下列任一部位作电气连接的导线：

（1）外露可导电部分；

（2）装置外可导电部分；

（3）总接地线或总等电位连接端子；

（4）接地极；

（5）电源接地点或人工中性点。

在正常情况下，PE线上是没有电流的，它不承担传输电能的任务，但在故障情况下，它可能有电流通过，因此其截面选择也不是任意的。保护线（PE线）的功能是保障人身安全，防止发生触电事故。系统中所有电气设备的外露可导电部分（指正常时不带电，但故障情况下可能带电的易被人身接触的导电部分，如金属外壳、金属构架等）通过PE线接地，可在设备发生接地故障时减少触电危险。

3）保护中性线（PEN线）

保护中性线（PEN线）兼有N线和PE线的功能。这种PEN线，我国过去习惯称为"零线"。

2. 国际电工委员会（IEC）对系统接地的文字代号规定

IEC对系统接地的文字符号的含义规定如下：

1）第一个字母表示电源对地的电气关系

（1）T—电源的一点直接接地（大接地电流系统）；

（2）I—电源与地无电气联系，或电源一点经阻抗接地（小接地电流系统）。

2）第二个字母表示电气设备的外露可导电部分对地的电气关系

（1）T—设备外露可导电部分对地直接电气连接，且该接地与电源的接地点无电气联系；

(2) N—设备外露可导电部分直接与电源的接地点电气连接。

注：T—Terre（大地）；I—Isolation（隔离）；N—Neutre（中性）。

3) 后面还有字母时，这些字母表示中性线与保护线的组合

(1) S—中性线和保护线是分开的；

(2) C—中性线和保护线是合一的。

注：S—Separe（分开）；C—Combine（合一）。

3. 低压配电系统保护接地的形式

低压配电系统按保护接地形式不同分为：IT 系统、TT 系统和 TN 系统。其中 IT 系统和 TT 系统的设备外露可导电部分经各自的保护线（PE 线）分别直接接地；TN 系统的设备外露可导电部分经公共的保护线（PE 线或 PEN 线）与电源中性点直接电气连接，过去我国常称之为接零保护。

1) IT 系统

如图 1-8 所示，IT 系统的电源中性点是对地绝缘的或经高阻抗接地，而用电设备的金属外壳直接接地，图中连接设备外露可导电部分（外壳）和接地体的导线，就是 PE 线。

IT 系统的工作原理是：在发生单相碰壳故障时，设备外壳带上了相电压，故障电流为很小的容性电流，如此时有人触摸外壳，由于人体电阻远比接地装置的接地电阻大，大部分的接地电流被接地装置分流，流经人体的电流很小，从而对人身安全起了保护作用。

适用环境：IT 系统属于小电流接地系统，发生单相接地故障时，故障电流仅为很小的电容电流，且其三相电压仍维持不变，系统可正常运行，常用于对供电连续性要求较高或对电击防护要求较高的场所，如矿山的巷道供电，医院手术室的供电等。

注意点：IT 系统应装设绝缘监测装置。这是由于 IT 系统在发生单相接地故障时，非故障的两相对地电压将由相电压变为线电压，增加了危险性，应及时报警并排除故障点。

2) TT 系统

如图 1-9 所示，TT 系统的电源中性点直接接地，用电设备的金属外壳直接接地，且与电源中性点的接地无关。TT 系统通常引出 N 线，属三相四线制系统。

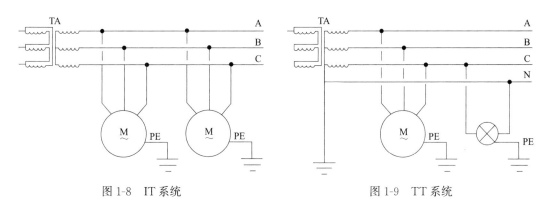

图 1-8　IT 系统　　　　　　　　图 1-9　TT 系统

TT 系统的工作原理是：当发生单相碰壳故障时，通过设备的保护接地装置形成单相接地短路电流。这一电流若能使故障设备电路中的过电流保护装置动作，则切除故障设备，减少了人体触电的危险；即使在故障未切除时，当人体触及故障设备的外露可导电部分，由于人体电阻远大于保护接地电阻，通过人体的电流也是比较小的，从而也降低了对

人体的危险性。

注意点：TT 系统必须加装漏电保护开关。这是因为：

（1）TT 系统发生单相碰壳故障时，接地电流并不很大，保护装置常不动作。

（2）当用电设备只是由于绝缘不良引起漏电时，漏电电流不可能使线路的保护装置动作，这将导致线路长期带故障运行。

适用环境：在辅以剩余电流保护的基础上，TT 系统有很多优点，广泛应用于城镇和农村居民区、工业、企业。

3）TN 系统

TN 系统的电源中性点直接接地，并引出有 N 线，属三相四线制系统。

正常运行时不带电的用电设备的金属外壳经公共的保护线与电源的中性点直接电气连接。当电气设备发生单相碰壳故障时，故障电流经设备的金属外壳形成相对保护线的单相短路，产生较大的短路电流，令线路上的保护装置立即动作，迅速切除故障部分。按保护线（PE 线）的形式，TN 系统分为：TN-C 系统、TN-S 系统和 TN-C-S 系统。

（1）TN-C 系统：如图 1-10 所示，这种整个系统的中性线（N）和保护线（PE）是合一的，即系统的 N 线和 PE 线合为一根 PEN 线（保护中性线），节省了一根导线，所有设备的外露可导电部分均与 PEN 线相连。当三相负荷不平衡或只有单相用电设备时，PEN 线上有电流通过。这种系统节约导电材料，投资较省，曾在我国广泛应用，但由于其技术上固有的弊端，现已很少采用。

（2）TN-S 系统：如图 1-11 所示，这种系统的 N 线和保护线 PE 线是分开的，所有设备的外露可导电部分均与公共的 PE 线相连。

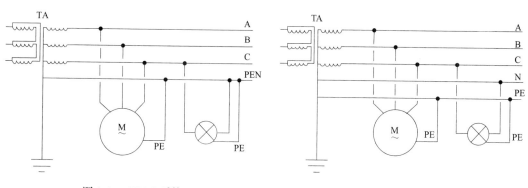

图 1-10　TN-C 系统　　　　　　　　图 1-11　TN-S 系统

其优点是 PE 线在正常情况下没有电流通过，因此不会对接地 PE 线上的其他设备产生电磁干扰。此外，由于 N 线与 PE 线分开，N 线断线不会影响 PE 线的保护作用。这种系统多用于对安全可靠性要求较高、设备对电磁干扰要求较严、环境条件较差的场所使用。对新建的大型民用建筑、住宅小区，以及人防工程中特别推荐使用。

（3）TN-C-S 系统：如图 1-12 所示，这种系统中有一部分中性线和保护线是合一的，而有一部分是分开的。这种系统兼有 TN-C 系统和 TN-S 系统的特点，干线部分可以节省一根导线，常用于配电系统末端环境较差或对电磁抗干扰要求较严的场所。值得注意的是，从将 PEN 分开成单独的 N 线和 PE 线那一点开始，N 线和 PE 线就不能混用。

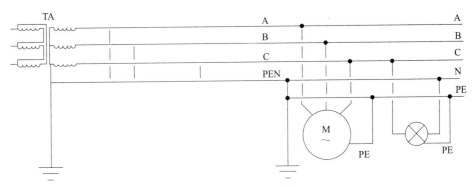

图 1-12　TN-C-S 系统

4. 关于低压系统的线制问题

所谓"X 线 X 相"系统的提法是指低压配电系统按导体分类的形式，所谓的"X 相"是指电源的相数，而"X 线"是指正常工作时通过电流的导体根数，包括相线和中性线，但不包括 PE 线。显然，TN-S 系统仍属于三相四线制系统。

思考与练习题

1-1　电力系统由哪几部分组成？各部分的作用分别是什么？

1-2　城市电网有哪些电压等级？各电压等级适用于哪一级电网？

1-3　标称电压、额定电压、系统平均电压有什么区别？

1-4　确定图 1-13 中发电机 G，变压器 T1、T2、T3、T4，线路 L-1 和 L-2 的额定电压？

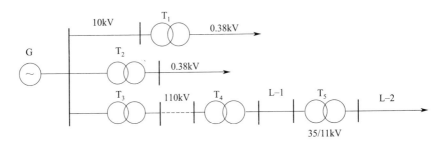

图 1-13　题 1-4 用图

1-5　什么是电力负荷？人防电力负荷如何划分等级？各级负荷对供电有什么要求？

1-6　正常环境条件下，人体能承受的安全电压是多少？什么是安全特低电压？

1-7　地面或地中某一点电位与"地电位"是同一个概念吗？

1-8　低压电气设备按电击防护方式如何分类？各类电击防护方式有什么特征？

1-9　查阅资料，思考保障用电安全有哪些技术措施？

1-10　试说明低压配电系统中性线的作用。

1-11　试比较 IT、TT、TN 系统各自的优缺点及其应用范围。

第 2 章

人防工程发供电系统的构成

人防工程发供电系统的构成主要涉及电气结构和供配电设施两个方面。电气结构主要包括变配电所的电气主接线和配电系统的网络接线，供配电设施主要有变配电所、自备发电站和电力线路等。在交流供电系统中，我们习惯上将交流 1000V 以上称为高压，1000V 及以下称为低压。因此，人防工程供配系统按电压等级来划分，常分为两种系统，即：

（1）高压系统。从高压电源的引入（或高压发电机组电源的引出）、电能的输送、配电室的分配，直到降压变压器的高压侧，统称为高压系统。其作用是输送与分配电能，并对高压电源进行计量、保护与控制。

（2）低压系统。从配电变压器低压侧（或直接从低压发电机的输出）引到低压汇流母线排上，再由低压配电柜根据用电负荷对供电的要求进行分配，并输送到用电设备，这一系统称为低压系统。一般低压系统配电电压为 220/380V。

2.1 供配电系统的结构形式

供配电系统中供电电压一般总是等于或高于用电设备电压，因此大多供配电系统中都需要进行电压等级变换，这就形成了供配电系统不同的电压层次结构。

2.1.1 供电系统按电压层次的分类

供配电系统按电压层次可划分为以下三类。

1. 二次降压的供配电系统

对一些大型工程，一般采用二次降压的供配电系统，如图 2-1 所示。二次降压供配电系统供电电压一般为 35kV，经总降压变电所降为 10kV 后送至各分区变配电所，再由分区变配电所降为 220/380V 向低压用电设备配电，分区变配电所也可直接向 10kV 用电设备配电。

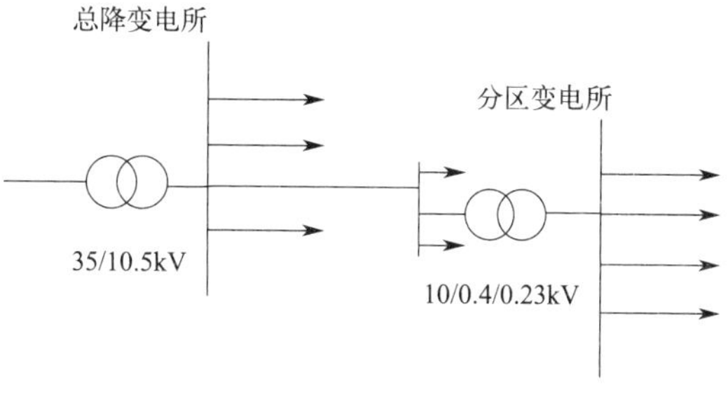

图 2-1 二次降压的供配电系统示意图

2. 一次降压的供配电系统

对中小型工程，大多采用一次降压的供配电系统。这种系统供电电压一般为 10kV，经变配电所降为 220/380V 后向低压用电设备供电。一次降压的供配电系统并不一定只有一个变配电所，如面积较大的工程或高层住宅小区，常设置一个 10kV 高压配电室（开闭所），它接受电力系统的电能并将电能分配到各分区变配电所，由各分区变配电所将电压降为 220/380V，供用电设备使用。

如果当地的电源电压为 35kV，对于中小型工程，可考虑采用 35kV 作为高压电源引入人防工程变配电室内直接降为 220/380V 供低压电气设备使用。这种高压深入负荷中心的直降供电方式，相比二级降压的供配电系统可以节省一级中间变压，可大大简化供电系统，节省投资。

3. 低压直供的供配电系统

这种系统无变电环节，供电电压为 220/380V，主要面向小型工程。出于安全上的原因，有的供电系统中还使用交流 50V 及以下的电压，称为特低电压（ELV）。特低电压的应用属于电气安全用电技术的范畴，这里不予讨论。

2.1.2　人防工程供电系统的结构形式

人防工程种类较多，但大多数工程供电系统的结构大同小异。中小型人防工程供电系统的基本结构形式如图 2-2 所示。

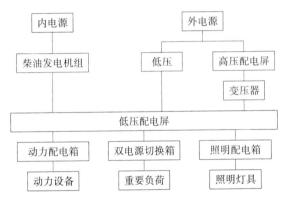

图 2-2　人防工程供电系统结构框图

人防工程供电系统的电源，通常有内电源和外电源两种。

1. 内电源

为保障战时供电，在人防工程中要求设置具有一定防护能力的内部电源。内部电源（简称内电源）有柴油发电机组、蓄电池逆变电源系统等。一般人防工程中的内电源，通常是指设在工程内部柴油电站中的柴油发电机组，它是以柴油机为原动机，带动同步发电机旋转发电的。柴油发电机组的台数及单机容量的确定，是根据负荷统计，进行经济、技术比较，并根据工程的重要程度，考虑适当的备用容量来确定。为便于系统的维护、管理、运行操作，机组台数不宜过多，机组型号应量统一。

2. 外电源

人防工程的外电源大多取之于电力系统（城市电网），一般由电力公司通过供电线路提供，通常称为市电电源或公用电网电源。供电电源的电压等级（简称供电电压）主要与供电系统的规模有关，系统规模越大，要求的供电电压越高。常用的供电电压有 10kV 和

220/380V。另外，6kV、35kV 等电压也有所采用。

为便于平时的运行、维护与管理，人防工程中应尽量引接地方电力网的电源。根据工程附近供电情况，引接外部电源通常有高压电源和低压电源两种。

人防工程引接的高压电源一般为 10kV 电压等级，最高不超过 35kV。为提高外电供电可靠性及便于抢修，具有防护要求的人防工程变压器一般设在工程内部，外部高压电源由高压架空线引至工程附近的终端杆，再通过高压电缆引入工程内部的高压配电室（或变配电室），经计量、保护、控制等高压配电装置后接在变压器的高压端，电力变压器将 10kV 的高电压降低成一般用电设备所需的电压（220/380V），经低压配电装置分配后，由低压馈电线路分送给各用电设备使用；如果人防工程中有高压用电设备，则由高压配电所（或变配电室高压配电柜）直接馈电。

对于小型工程，如果工程附近没有高压电源可以引接，也可以直接引接 0.4kV 低压外电源至低压配电屏，再分配至各负荷。

2.2 变配电所的电气主接线

变配电所是供配电系统的重要设施，它除了具有变换电压等级、接受与分配电能的功能以外，还承担着对系统的运行状态进行监视与控制等任务，在供配电系统中起着枢纽的作用。变配电所的电气系统分为一次系统与二次系统两部分，电气主接线主要表达的是一次系统电气元件的连接关系。

2.2.1 电气接线图概述

图纸是工程师的语言。电气系统结构描述最有效和最常见的方式是电气图，主要是电气制图中的简图。所谓简图，是指用图形符号、带注释的图框或简化外形来表达系统中各组成部分之间相互关系及其联结的一种技术文件。简图不必表达实体的几何形状与空间位置，表达实体几何形状和空间位置的图在电气制图中称为图，如电气设备机械结构图等。电气工程中有时需要综合运用简图和图来表达系统的构成，但为了方便，也通常将这种电气图笼统地称为简图。

1. 一次系统与二次系统

工程上习惯将电力系统划分为一次系统和二次系统两部分。电力系统中，电作为能源通过的部分称为一次系统；对一次系统进行测量、保护、监控的部分称为二次系统。一次系统主要由发电机、变压器、电力线缆及各种配电装置等构成。二次系统主要由二次电源、继电保护、测量监视、运行控制等部分构成。从控制工程的角度看，一次系统相当于受控对象，二次系统相当于控制环节，受控量主要有开关电器的开、闭等数字量和电压、功率、频率、发电机功率角等模拟量。

2. 一次接线图与二次接线图

表示电气设备各元件相互间电气连接关系的电路图，称为电气接线图。电气接线图按其表示范围不同可分为主电路接线图和副电路接线图两种。主电路接线图，又称电气主接线图或一次接线图，它是表示电力系统中传输、分配电能的各种电气设备（一次设备）相互连接关系的电路图；副电路接线图，又称副接线图或二次接线图，它是表示电力系统中各种测量、控制、信号、继电保护及自动装置的各元器件相互连接关系及其工作原理的电路图。本节将主要讨论主电路接线图，即电气主接线图。

3. 电气接线图与位置接线图

按制图布局的不同，接线图主要有电气接线图和位置接线图两种类型。

电气接线图主要是表明系统中设备与线路的电气关系，并不考虑它们的实际位置和几何尺寸，它是属于按功能布局的简图。电气接线图又有单线表示法和多线表示法两种常用形式。

电力系统是三相系统，每一环节都有若干导体或绕组等元件，将它们一一图示出来，就是多线表示法，又称多线接线图，如图 2-3(a) 所示。如果更关心的是系统中各组成环节的相互关系而不是细节的电路连接，则可以用一根线表示三相线路、用图形符号的单线形式表示系统中的设备或设施来绘制简图，就是单线表示法，又称单线接线图，如图 2-3(b) 所示。

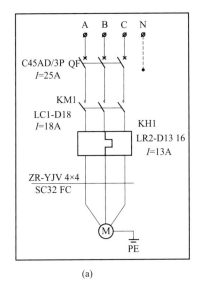
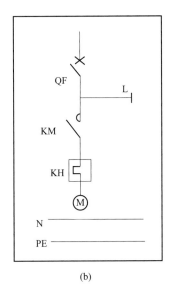

图 2-3　电机控制箱主电路图（一次接线图）
(a) 多线表示法；(b) 单线表示法

位置接线图属于按位置布局的简图。它主要表明系统中设备、设施的位置和线路的敷设路径。位置接线图一般采用单线表示法。

电气接线图和位置接线图都有不同的表达层次。就电气接线图而言，它可以是一个大区域电网的网络接线图，也可以是一座变电所的电气主接线图，甚至可以是一只配电箱的系统图；就位置接线图而言，它可以是区域电网的地理接线图，也可以是一所大学的电气总平面图，或者一栋建筑物一个房间的照明或动力配电平面图。

建筑工程上又常将电气接线路称为系统图，位置接线图称为平面图。工程中为表达设备的具体安装位置和线路的敷设方式，常在工程平面图的基础上辅以剖面图加以说明，如图 2-4 所示。

4. 结构参数

结构参数是系统及其各环节技术属性的量化表达，主要可分为两类：一类是系统中各

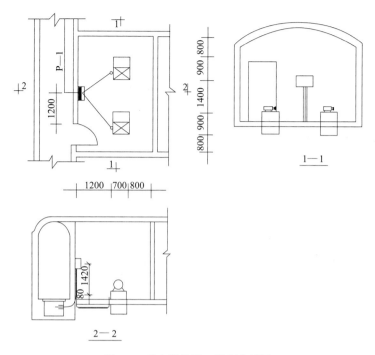

图 2-4 动力设备平、断面布置图

元件的电气参数,如额定电压、额定电流等;另一类是非电气参数,如体积、重量、尺寸、间距、位置坐标等,结构参数的表达有多种方式,最常见的是在接线图上用标注的方式来表达。

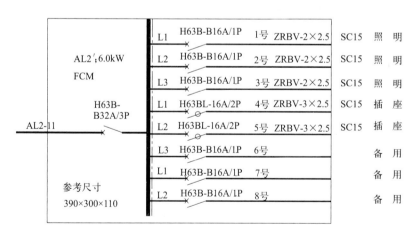

图 2-5 照明配电箱结构参数标注示例

如图 2-5 所示,是一只照明配电箱的系统图,图中标注了配电箱和各开关的型号规格,各线路的用途、导线根数与型号规格和配电箱的尺寸等。

从负荷的角度看,变配电所是一个处于电源地位的供电设施,但这个电源自身并不生产电能,而是接受电力系统的电能,并转供给负荷。因此,变配电所承担了接受电能(简称受电)与供给电能(简称馈电)的双重任务。针对不同的电源与负荷情况,以及对系可靠性、经济性、运行灵活性等的不同要求，变配电所应具有与之相适应的电气结构，这就是变配电所电气主接线问题的由来。

简单地说，反映变配电所受、馈电方式的一次接线，就是变配电所的电气主接线，它主要包括拓扑结构和设备设置两方面内容。

所谓拓扑结构，是指如何构建受、馈电的通道；而设备设置，则是指需要在这些通道上装设什么样的电气设备，才能满足运行控制、检修维护等的要求。

2.2.2 主接线图中常用设备及功能

主接线图中各种电气设备按电压等级的高低，可分为高压设备和低压设备。下面分别介绍主要电气设备的作用及其表示方法。

1. 母线

母线是汇集和分配电能的枢纽，又称汇流排。建筑工程中母线一般由矩形截面的铜条（铜排）、铝条（铝排）制成，用绝缘子固定在构架上，电气上相当于一个节点，但有充分的长度提供足够的接线位置。母线分高压母线和低压母线两种，分别安装在高压和低压配电系统中，作为汇集和分配电能之用。

2. 断路器

断路器是一种具有很强灭弧能力的开关电器，除了能投、切正常负荷电流外，还能开断量值很大的短路故障电流。高压断路器由于主触头位于灭弧装置内，不能直接观察到其通断状态，因此检修时不能以开断断路器来确认断电，必须与隔离开关配合使用。低压断路器不仅具有开关功能，而且具有过电流保护等功能，是一种集开关和保护功能于一体的组合电器。高压断路器由于主触头位于灭弧装置内，不能直接观察到其通、断状态，因此检修时不能以开断断路器来确认断电，必须与隔离开关配合使用。

3. 隔离开关

隔离开关是一种隔离电路带电与非带电部分的电器，断开时有明显可见的断开点，以保证检修安全。

隔离开关在结构上没有专门的灭弧装置，只有微弱的灭弧能力，除投、切很小的电流外，不能投、切负荷电流，更不能开断短路电流。高压隔离开关一般都与断路器配合使用，在切断电路时，必须等高压断路器切断电路后才能断开隔离开关；在接通电路时，必须首先将隔离开关闭合后，才能用断路器接通电路。在低压系统中，隔离开关通常被称为"隔离器"。

4. 负荷开关

负荷开关的作用是，在电路正常工作时，接通和分断正常负荷电流；但在电路发生短路故障时，却不能断开巨大的短路电流。这是因为负荷开关在结构上只有简单的灭弧装置，其灭弧能力有限，仅能熄灭由正常负荷电流或过负荷电流产生的电弧，但对巨大的短路电流所产生的电弧却无能为力。因此在高压电路中负荷开关一般都与高压熔断器配合使用，负荷开关作为正常电流的接通和断开的操作设备，而高压熔断器作为切断短路电流的保护设备。

负荷开关在断开状态时一般有明显可见的断开点，具有隔离开关的功能，这样，负荷开关前面就无需串联隔离开关，在检修电气设备时，只要开断负荷开关即可。在低压系统中，按现行相关标准是将负荷开关称作"开关"，而将具有隔离功能的负荷开关称作"隔离开关"，在工程实践中要注意甄别。

5. 熔断器

熔断器是一种保护设备，而不是操作设备。它在电路中的作用是当电路发生短路或过负荷故障时，利用熔体的熔断来切断电路，以保护线路及设备的安全，但不能用熔断器来接通或切断电路。它一般与负荷开关或隔离器配合使用。

6. 电流（电压）互感器

电流（电压）互感器是一种测量电器，将一次系统的大电流（高电压）转换成标准的小电流（低电压）供二次系统使用，并在电气上隔离一、二次系统。

（1）电流互感器又称为CT，其作用是将电路中流过的大电流变换为小电流（其二次侧额定值一般为5A），供给测量仪表和继电器的电流线圈，以便用小电流的仪表间接地测量大电流和继电保护。

（2）电压互感器又称为PT，其作用是将高压（6、10、35kV等）降为低电压（其二次侧电压额定值一般为100V），供给测量仪表和继电器的电压线圈，以便用低电压仪表间接地测量高电压和继电保护。

主接线中常用电气设备的图形符号及文字符号如表2-1所示。

常用的电气设备及符号　　　　　　　　　　表2-1

设备名称	文字符号	图形符号	设备名称	文字符号	图形符号
母线	W		交流发电机	G	
断路器	QF		交流电动机	M	
高压隔离开关 （低压隔离器）	QS		双绕组电压互感器	TV	
高压负荷开关 （低压隔离开关）	QB		三绕组电压互感器		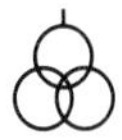
熔断器	FU		电流互感器 （单个二次绕组）	TA	
变压器	T		电流互感器 （单铁芯双二次绕组）		
避雷器	F		电流互感器 （双铁芯双二次绕组）		

2.2.3 电气主接线的表示方法

在电气主接线图中，所有电气设备均应以规定的图形符号表示。

1. 开关电器的组合

开关电器是对电路进行控制的配电设备，是主接线中最重要的设备之一。开关电器的设置，既要考虑到负荷投切、故障开断等运行问题，又要考虑到检修维护的安全问题，因此常采用以下两种组合方式。

1) 断路器＋隔离开关组合

该组合如图2-6(a)所示，其目的是用断路器投、切正常的负荷电流，并开断短路故障电流，满足运行要求；检修时通过隔离开关将被检修部分与电源隔离，保证检修安全。隔离开关应设置在断路器的电源侧，若断路器两侧都有送电的可能，则两侧都应设置隔离开关。

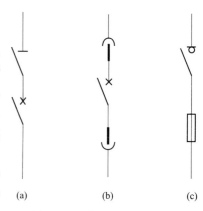

图2-6 开关电器的组合方式

这种组合的操作顺序为：断开电路时，先断开断路器，再断开隔离开关；闭合电路时，先闭合隔离开关，再闭合断路器。这种操作顺序就是要避免隔离开关投、切负荷电流，必须严格遵守，否则可能会烧坏隔离开关，或发生电弧短路等严重事故。

现在的建筑工程供配电系统广泛使用移开式开关柜，断路器装在小车上、两端有插接头，开关柜中有与插接头对应的固定式插接座。检修断路器时必须将小车拉出柜体，这时插接头和插接座之间脱离了电接触，整个小车明显脱离电路，柜体中两组固定式插接座之间肯定断开。在这种情况下，因插接头和插接座已具有了隔离电源的功能，就不用再设置隔离开关，如图2-6(b)所示。开关柜还具有闭锁功能，在断路器未开断的情况下，小车不可能被拉出，可杜绝带负荷断开插头插座的误操作。

2) 负荷开关＋熔断器组合

该组合通常选用带隔离功能的负荷开关，其目的是用负荷开关投、切正常负荷电流，并在检修时隔离电源；发生短路时，由熔断器开断短路电流，如图2-6(c)所示。为了避免系统缺相运行，一般要求只要有一相熔断器熔断，就必须联动断开负荷开关。

2. 电气主接线的表示方法

电气主接线图一般以单线图表示，即只表示三相交流电路中的一相中各种电气装置的连接关系，对三相不同的局部图面，如电流互感器只装于两相中，则局部以三线图表示。如要表示中性线时，在图中用虚线单独画出。这样可以使主接线简单、清晰、明了。在电气主接线图中，所有电气设备均应以规定的图形符号表示，并按它们的"正常状态"画出。所谓正常状态，就是指电气设备所在电路处于无电压及无任何外力作用的状态。例如，断路器和隔离开关在主接线中画出的应是它们的断开位置。供安装使用的施工图主接线中，还应标出主要电气设备的规格、型号及技术参数。

2.2.4 变配电所典型电气主接线

选择电气主接线时应满足以下的基本要求：

(1) 根据系统和用户的要求，保证供电的可靠性和电能的质量；

(2) 应使主接线的投资和运行达到最经济；

(3) 主接线应力求简单、明显和灵活；

(4) 保证一切操作切换对工作人员及设备的安全，以及在安全条件下进行维护检修的可能性；

(5) 主接线具有将来发展的可能性。

上述对电气主接线的要求，有些看似相互矛盾，但也有相互统一的一面。例如，对可靠性和经济性，如果过分强调可靠性，势必使设备增多，投资增加，系统接线复杂，其结果可能使操作复杂，容易产生误操作，增大故障的可能性，反而降低了主接线的可靠性；而如果过分强调经济性，减少设备，简化接线，又必然会影响系统的可靠性，造成事故和损失，反而不经济。因此，只有对用电负荷的性质、特点、用电量的大小、供电的要求等进行深入了解、分析、研究，找出主要矛盾，才能设计出高质量的电气主接线。

1. 不分段的单母线主接线

不分段的单母线主接线是最基本的主接线，如图 2-7(a) 所示。这种主接线将一路电源进线转换为若干路馈出线，实现了电能分配的功能。不分段的单母线主接线还可以有两路电源进线的形式，如图 2-7(b) 所示，这种接线实际上是对电源进线实施了备用。一般情况下，一路电源（如 1 号电源）为工作电源，其容量足以负担所有负荷，另一路电源（如 2 号电源）为备用电源，其容量可以与工作电源相同，也可以只负担部分重要负荷。在运行中，应特别谨慎处理两路电源进线的关系。若不能确保两路电源电压在量值和相位上相同，则一定不能将两路电源进线同时投入到母线上，否则将出现类似短路的情况。

为了避免将两路电源同时投入到母线上，需要对两路电源进线断路器 QF01、QF02 进行互锁，即两台断路器在任何时候都不能同时闭合，这意味着即使 1 号电源已停电，也一定要在 QF01 已经断开的情况下，才能闭合 QF02，否则，若 1 号电源又突然来电，就会出现两路电源同时投在母线上的情况。这种闭锁关系应通过技术手段（而非仅用管理手段）实施，这样可以避免人为差错所造成的事故。

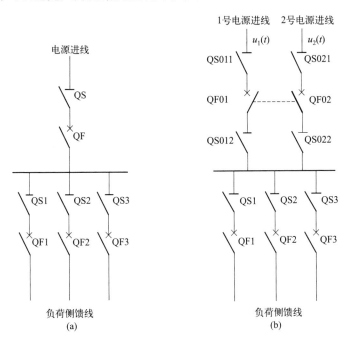

图 2-7 不分段单母线主接线

(a) 一路电源进线；(b) 两路电源进线

备用电源可以手动投入，也可以自动投入，这取决于负荷所允许的停电时间。

不分段单母线主接线的主要优点是：接线简单、清晰，采用电气设备少，配电装置的建造费用低。

不分段单母线主接线的不足之处在于供电的可靠性和灵活性差。整个系统只有一条母线，当母线或母线侧隔离开关故障或检修时，将使整个系统停电。因此，不分段的单母线主接线只适用于对供电可靠性要求不高，负荷容量较小的工程中。

2. 用断路器分段的单母线主接线

图2-8为单母线分段的主接线。将图2-7（b）所示双电源不分段单母线主接线中的母线用断路器QF分成两段，便成了单母线分段主接线，QF因此被称为分段断路器。单母线分段主接线也可以看成是两个独立的单电源不分段单母线主接线通过QF联结而成的，因此QF又可称为联络断路器。单母线分段主接线的运行方式主要有以下两种：

1）两路电源同时工作、互为备用

正常工作时QF断开，1号和2号电源分别通过Ⅰ、Ⅱ段母线向各自的负荷供电。当其中一路电源（如1号电源，称为故障电源）停电时，断开QF01，闭合QF，由另一路电源（如2号电源，称为正常电源）向两段母线上的负荷供电。应注意正常电源的供电容量问题，若其容量不足以供给两段母线上的所有负荷，则应在闭合QF前先切除一些不重要的负荷，以保证重要负荷的供电连续性。

2）两路电源一路工作、一路备用

设1号电源为工作电源，2号电源为备用电源。正常工作时QF01和QF闭合，QF02断开，由工作电源向所有负荷供电；当1号工作电源停电时，由2号备用电源向所有负荷或重要负荷供电。

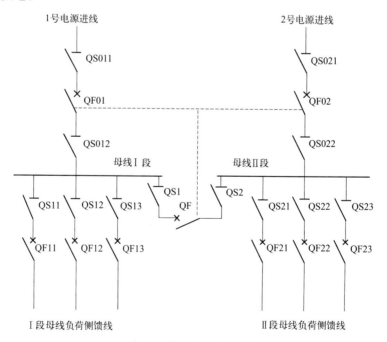

图 2-8　单母线分段主接线

与双电源不分段单母线接线相比，单母线分段接线当发生一段母线故障时，仍可由另一段母线向一部分负荷供电，提高了供电可靠性，但也多用了一台分段断路器和与之配套的隔离开关。

单母线分段接线也存在着两个电源的关系问题。若两个电源不满足并列运行要求，则QF01、QF02和QF三台断路器在任何时候都最多只能有两台同时闭合。备用电源的投入也是既可手动，也可自动。

单母线分段主接线提高了供电的可靠性和灵活性。当母线故障或检修时，只影响一部分负荷停电；因此，对于重要负荷，可采用从不同分段母线上引出双回路供电，以保证某一段母线或引出线回路的断路器检修时，仍能保证重要负荷的供电。

3. 双母线主接线

这是一种对母线设置备用母线的主接线形式，如图2-9所示。通过有选择性地闭合QS01或QS02，可以确定由哪一个母线来受电，馈线也可通过隔离开关来选择所要联接的母线。采用这种接线方式时，若一个母线发生故障，可由另一个母线承担其所有任务。

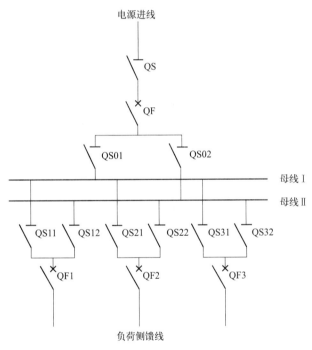

图 2-9 双母线主接线

4. 带旁路母线的主接线

在正常通路旁再加设一条通路，称为旁路。图2-10(a)是给每个馈线断路器加设旁路的例子（设置备用），当正常断路器故障或检修时，可由旁路断路器替代其工作，这种做法无疑可提高接线的供电可靠性，但给每个馈线都加设旁路，断路器数量增加太多，考虑到两台以减少投资及以上断路器同时故障的概率极低，能否给所有馈出线断路器设置一个公共的备用断路器呢？图2-10(b)就是实现这种想法的一个方案。图2-10(b)中，若QF10（称为旁路断路器）及其两侧的隔离开关闭合，则旁路母线带电，每一出线回路均可通过旁路隔离开关（QS110、QS120、QS130）从旁路母线上取得电能。以2号馈出线

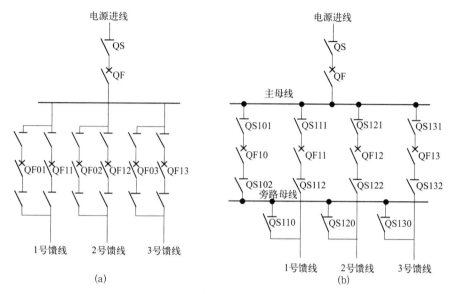

图 2-10 带旁路母线的电气主接线

为例,检修 QF12 时,断开 QF12、QS121 和 QS122,使 QF12 退出运行并隔离电源,然后闭合 QS101、QS102 和 QS120,再闭合旁路断路器 QF10,则 2 号馈出线可恢复供电,此时 QF10 取代了 QF12 的地位,成为 2 号馈出线的馈线断路器。由于旁路母线的存在,使得任何一个出线回路都可以利用旁路断路器作为其馈电断路器,QF10 于是成为各馈出线断路器的公共备用断路器。从冗余设计技术来看,这种做法属于 $n+1$ 备用,而图 2-10 (a)是属于 $n+n$ 备用。

5. 无母线简化主接线

当馈线只有一路时,可采用无母线的主接线方式,最常见的无母线主接线有单元式接线和桥形接线。

1) 单元式接线

单元式接线是单母线主接线的简化。当单母线接线中只有一路馈出线时,可取消母线,并将电源进线断路器和馈出线断路器合并为一台断路器。工程中最常用的单元式接线是线路-变压器组接线,如图 2-11 所示。

2) 桥形接线

桥形接线是单母线分段主接线的一种简化。当单母线分段接线中每段母线上的馈出线只有一路时,可取消母线,如图 2-12 所示,这种桥形接线称为全桥或接线。

由于全桥接线中每一路电源进线只对应一路馈出线,在这种情况下,就没必要在进、出线上分别设置进线和馈线断路器,可取消一台断路器。工程中若将全桥接线中的电源进线断路器取消,如图 2-13 所示,则构成了所谓的外桥式接线;若取消的是全桥接线中的馈出线断路器,则成为所谓的内桥式接线,如图 2-14 所示。工程上很少使用全桥式接线,内桥式和外桥式接线在架空进线的企业变配电所中使用较多,其特点和适用范围见表 2-2,表中结论是根据变配电所的功能、运行要求、故障概率及故障后转换投切步骤多少等因素得出的。

图 2-11 线路变压器组接线

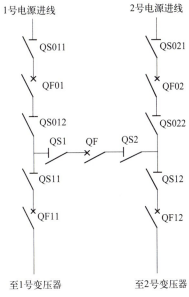

图 2-12 全桥式接线

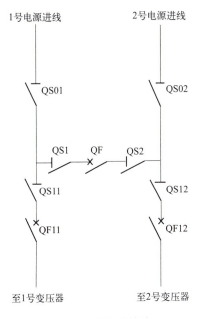

图 2-13 外桥式接线

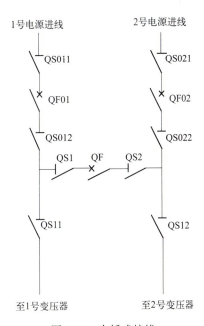

图 2-14 内桥式接线

桥形接线的特点及适用范围　　　　表 2-2

	内桥结线	外桥结线
优点	(1)断路器数量少,四个回路只需要三台断路器,占地少; (2)检修电源进线或进线断路器时,变压器可不中断工作	(1)断路器数量少,四个回路只需要三台断路器,占地少; (2)检修变压器或变压器侧断路器时,电源进线可不中断工作

续表

	内桥结线	外桥结线
缺点	(1)变压器的投、切较复杂,需动作两台断路器,并有一回电源进线暂时停运; (2)检修电源进线或进线断路器时,只有一路电源工作	(1)线路的投、切较复杂,需动作两台断路器,并有一台变压器暂时停运; (2)检修变压器或变压器侧断路器时,只有一台变压器工作
适用范围	电源进线较长、故障率高、负荷平稳、不需要经常切换以及对一、二级负荷供电变压器的小容量变电所	电源进线故障率低、负荷波动大、需要经常切换变压器的小容量变电所,或有穿越功率以及对一、二级负荷供电的小容量变电所

外桥式接线还适于变配电所有穿越功率通过。所谓穿越功率,是指进入该变配电所又流向另外变配电所的电功率。外桥式接线有穿越功率通过时,两路进线中一路仍为电源进线,另一路实为电源出线,穿越功率经两路进线和桥接开关通过变配电所。

2.3 供配电系统网络接线

由于电源(变配电所、自备发电站等)总是集中在一个或少数几个点,而负荷一般散布在不同的地点。如何才能更好地将集中的电能分配给分散的负荷,就产生了配电方式问题。工程上,电源与负荷之间是靠电力线路及相应的配电设备进行电气联系的,配电方式问题实际上就是一个网络接线问题,在这个网络中,电源与负荷为网络的结点,电力线路为网络的边,网络拓扑则构成了配电方式。

供配电系统的负荷具有相对性,对于上级供电设施,下级供电设施就是负荷。因此,不仅只是末端供配电设施与负荷之间才存在网络接线问题,各层次供配电设施之间也同样存在配电方式的问题。

2.3.1 放射式配电

图 2-15(a)为放射式配电的网络拓扑,图 2-15(b)为相应的电气接线示例。这种配电方式的特点为:一回线路只服务于一个负荷。放射式配电的优缺点如下:

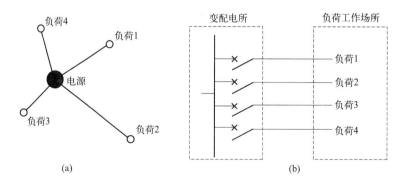

图 2-15 放射式配电

1. 优点

(1) 配电回路故障只影响单一负荷,可靠性高;

(2) 控制方便；

(3) 负荷间的相互影响小，电能质量高；

(4) 保护和自动化易于实现。

2. 缺点

(1) 需要的回路数多，配电设备投资大，占用空间大；

(2) 有色金属消耗量较大。

基于以上优缺点，放射式配电多用于向重要负荷配电，或向单台功率较大的设备配电。

2.3.2 树干式配电

图 2-16(a) 和（b）分别为树干式配电的网络拓扑和电气接线示例。这种配电方式的特点为：一回线路顺次向若干负荷配电，其优、缺点与放射式配电正好相反，适用于向不重要的负荷或小功率用电设备配电。

树干式配电中，每一负荷都是通过分支线向干线索取所需电能的，分支线的做法主要有两种，即所谓的"T"接和"Π"接。图 2-16(b) 中负荷 1 为"T"接的例子，它不需要断开线；负荷 2 采用的是"Π"接，又称环入环出接法，它需要将干线断开接到分支母线上。"Π"接法可以在环入环出处设置开关，也可以不设。

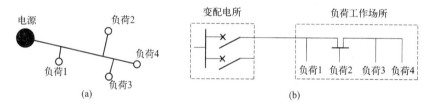

图 2-16 树干式配电

工程中有一种俗称链式接线的配电方式，如图 2-17 所示。其本质上是属于采用"Π"接方式的树干式配电，在环入环出处不设置开关。

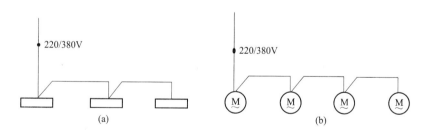

图 2-17 链式接线

（a）配电箱链式接线；（b）电动机链式接线

链式接线适合于用电设备距供电点较远而彼此相距很近，容量很小的次要用电设备。规范规定链式相连的用电设备一般不宜超过 5 台，链式相连的配电箱不宜超过 3 台，且总容量不宜超过 10kW。

2.3.3 环式配电

环式配电是树干式配电的一种延伸,将树干式配电干线的末端接回到电源端,便构成了环式配电,如图 2-18 所示。环式配电中,每一个干线分支点的两端都要设置开关(称为环路开关),以便隔离干线故障,提高供电可靠性。如图 2-18(b) 中,若干线 F 点处发生故障,这时我们只需断开环路开关 QS12 和 QS21,就可以将故障线路段隔离,这时负荷 1 可以通过 QF1 供电,负荷 2、3、4 可通过 QF2 供电。

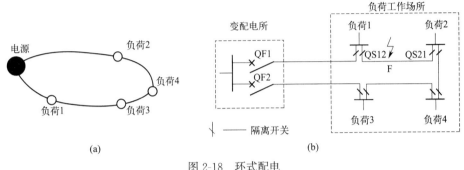

图 2-18 环式配电

环式配电有开环和闭环两种运行方式。由于闭环运行需要满足一些特定的条件,运行控制要求也相对较高,因此在供配电系统中多采用开环运行方式,即正常运行时,环路中有一只环路开关是处于断开状态的,这只开关所处点被称为"开环点"。开环点设置在何处,也是影响系统性能的一个技术问题。

环式配电可靠性较高,网络中任何一段线路故障均不会造成用户停电,且网络结构清晰,可用于重要负荷的供电。但环路中的配电线路和所有开关都要承受环路功率,因此投资较树干式配电为大,保护整定和运行切换也较为复杂。

2.3.4 各种配电方式的综合应用

根据电源和负荷的实际情况,配电系统可以灵活地组合以上各种配电方式。图 2-19(a) 为双电源双回路放射式配电,图 2-19(b) 为配置备用电源的双电源放射式配电,其实际上是放射式与树干式的配电组合。若将备用干线接成环式,则运行更灵活、可靠。图 2-20(a) 为双电源单环网式配电,图 2-20(b) 为双电源双环网式配电。以上配电方

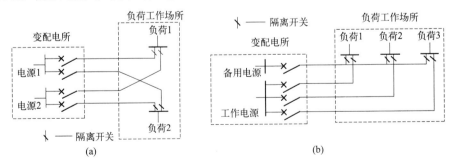

图 2-19 放射式配电的其他形式

(a) 双电源双回路放射式接线;(b) 带公共备用电源的放射式接线

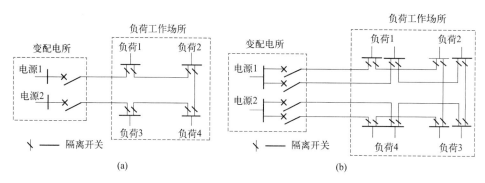

图 2-20 环式配电的其他形式
(a) 双电源单环路接线；(b) 双电源双环路接线

式，两个电源互为备用，都可以满足一级负荷的供电要求。

此外，在我国《供配电系统设计规范》GB 50052—2009 有这样的规定：供配电系统应简单可靠，同一电压等级的配电级数高压不宜多于两级，低压不宜多于三级。

2.4 供配电系统变配电所

具有特定功能的一系列供配电装置的组合，连同为这些装置服务的建（构）筑物所构成的整体，叫作供配电设施，主要有变配电所、自备发电站和电力线路设施等。

变配电所是具有接受与分配电能、变换电压等级作用的供配电设施。若只接受与分配电能，但不变换电压等级，则称为配电所，或开关站、开闭所。低压配电所也常称为配电室。本文主要介绍建筑工程变配电所，即 35kV 及以下室内变配电所。

2.4.1 供配电系统常用电气装置

变配电所是供配电系统的枢纽，从负荷的角度看，变配电所是一个处于电源地位的供电设施，但这个电源自身并不生产电能，而是接受电力系统的电能，并转供给负荷。因此，变配电所承担了接受电能（简称受电）与供给电能（简称馈电）的双重任务。变配电所的一次系统，主要由电力变压器、自备电源和各种配电装置构成。35kV 及以下室内变配电所一般采用成套配电装置。

1. 电源设备

1) 电力变压器

电力变压器是应用电磁感应原理，在频率不变的基础上将电压升高或降低，以利于电力的输送、分配和使用。

电力变压器按功能分为升压变压器和降压变压器两大类。在电力系统中，发电厂用升压变压器将电压升高，以利于电能的远距离传输；用户变电所用降压变压器将电压降低，以利于电能的安全使用。一般将直接向终端用户供电的降压变压器，称为"配电变压器"。

电力变压器按容量系列分为 R8 系列和 R10 系列两大类。所谓 R8 系列，是指容量等级按 $R8 = \sqrt[8]{10} \approx 1.33$ 倍数递增的。在我国，旧的变压器容量等级采用此系列，如 100kVA、135kVA、180kVA、240kVA、560kVA、750kVA、1000kVA 等。所谓 R10 系列，是指容量等级按 $R10=\sqrt[10]{10}\approx1.26$ 倍数递增的。R10 系列的容量等级较密，便于合理选用，这是国际电工委员会（IEC）推荐的，我国新的变压器容量等级均采用此系列，如 100kVA、125kVA、160kVA、200kVA、250kVA、315kVA、400kVA、500kVA、630kVA、800kVA、1000kVA 等。

常用配电变压器主要有油浸式（图 2-21）、干式（图 2-22）两种类型。

油浸式变压器将变压器芯装在油箱中，油箱中的变压器油具有冷却和绝缘双重功能，工作一段时间后需要换油，检修时需将变压器芯吊出。

干式变压器以环氧树脂浇注绝缘较为常见，其最大的优点是无漏油和火灾的危险，但过载能力不及油浸式变压器，价格较高。干式变压器使用 IP2X 外壳时，可与低压配电柜紧邻布置。一般情况下，工厂和城市公用变配电所多采用油浸式变压器，设置在民用建筑物主体内及具有火灾危险场所的变配电所应采用干式变压器。

配电变压器可以有选择性地使用调压功能。10kV 配电变压器一般选用无载调压方式，35kV 以上可选用有载调压，调压范围一般为 $\pm5\%$（或 $\pm2\times2.5\%$）。

图 2-21　油浸式电力变压器

图 2-22　干式电力变压器

2）柴油发电机组

柴油发电机组主要由柴油机、发电机、控制箱（屏）、底架、联轴器、油箱等部分组成。图 2-23 和图 2-24 为 135 系列两种型号的柴油发电机组外貌。

图 2-23　4135 柴油发电机组外形

图 2-24　6135 柴油发电机组外形

（1）柴油机

柴油机按工作循环方式有两种，一种是四行程柴油机，另一种是二行程柴油机。四行程柴油机曲轴转两转产生一次动力，二行程柴油机曲轴每转一转产生一次动力。人防工程常用的是四行程柴油机。

（2）发电机

同步发电机由定子及转子两大部分组成，定子上有三相交流绕组，转子上则有通入直流电流后，产生磁场的励磁绕组。

图 2-25 是三相同步发电机工作原理示意图，图中静止的部分称为定子，旋转的部分称为转子。在一般同步发电机中，旋转的部分是磁极，以恒定不变的转速在旋转。转子上有绕组，绕组中通入直流电流以后便可激励一磁场。定子上有许多槽，槽中安置导体。

为了简明起见，在图 2-25 中，定子只画出了三个槽和三根导体。当转子旋转时，磁通切割定子导体，从而在其中感应交变的电势。

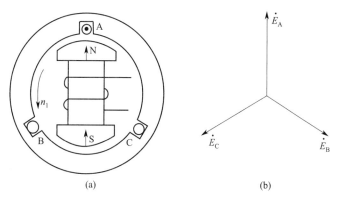

图 2-25 同步发电机工作原理示意图
(a) 工作原理图；(b) 电势相量图

在图 2-25(a) 中，N 极磁通首先切割 A 相导体，当转子转过 120°及 240°后，N 极磁通再依次切割 B 相导体和 C 相导体。因此，A 相感应电势便超前 B 相感应电势 120°，B 相感应电势又超前 C 相感应电势 120°，于是得到图 2-25(b) 的相量关系。三相电势的大小相等，相位互差 120°，这就是三相同步发电机的简单工作原理。

柴油发电机具有热效率高、起动迅速、结构紧凑、燃料存储方便、占地面积小、工程量小、维护操作简单等特点，是作为备用电源或应急电源首选的设备。按照我国国家标准，柴油发电机组的性能等级按其所连接负荷的性质共分为四级，如表 2-3 所示。

柴油发电机组性能等级　　　　　　　　　　　　　　　表 2-3

性能等级	定　义	用　途
G1 级	用于只需规定其电压和频率的基本参数的连接负荷	一般用途（照明和其他简单的电气负荷）
G2 级	用于对其电压特性与公用电力系统有相同要求的负载。当负载变化时，可有暂时的电压和频率的偏差	照明系统、泵、风机和卷扬机
G3 级	用于对电压、频率和波型特性有严格要求的连接设备（整流器和硅可控整流器控制的负载对发电机电压波型影响需要特殊考虑的）	无线电通信和硅可控整流器控制的负载
G4 级	用于对频率、电压和波型特性有特别严格要求的负载	数据处理设备或计算机系统

人防工程应急电源应选用2级以上自动化柴油发电机组。接自控或遥控指令或市电供电中断时，机组能自动起动并供电。机组允许三次自动起动，每次起动时间8~12s，起动间隙5~10s。市电失电后恢复向负荷供电一般为8~20s。

对于额定功率不大于250kW柴油发电机组，首次加载量不小于50%额定负荷，大于250kW柴油发电机组按产品技术条件规定。

柴油发电机组的额定功率指外界大气压力为101.325kPa（760mmHg）、大气温度为20℃、相对湿度为50%的条件下，保证能连续运行12h的功率（包括超负荷110%运行1h）。如连续运行时间超过12h，则应按90%额定功率使用。如气压、气温、湿度与上述规定不同，应对柴油发电机组的额定功率进行修正。

当允许发电机端电压瞬时压降为20%时，发电机组直接起动异步电动机的能力为每1kW电动机功率，需要5kW柴油发电机组功率。若电动机采用降压起动或软起动时，由于起动电流减小，柴油发电机组容量也按相应比例减小，据此，工程上可按电动机起动容量估算柴油发电机组的容量。

2. 成套配电装置

所谓成套配电装置，就是在生产厂中将若干单台电气设备组合在一起，使之成为满足某种功能的一个整体，这个整体一般装设在柜体中，习惯上将其称为开关柜或配电柜。生产厂家向用户提供的产品是整个配电柜，而不仅仅是其中的个别设备。与成套配电装置相对应的是装配式配电装置，它是指将若干单台电气设备在现场组装起来的配电装置。

1）高压开关柜

在供配电系统中，常用高压开关柜按防护方式分为半封闭式高压开关柜和金属封闭式高压开关柜两大类。

（1）半封闭式高压开关柜。开关柜中离地面2.5m以下的各组件都安装在接地的金属外壳内，2.5m及以上的母线或隔离开关无金属外壳防护，金属壳内、外的导电体及相间净距符合相关规范规定。典型产品有GG1A-10型固定式开关柜等。

（2）金属封闭式高压开关柜。除进、出线外，其余所有电气组件及其辅助回路完全安装在接地金属外壳内。这类配电柜又可分为以下三种类型：

①金属铠装式高压开关柜。这种配电柜将某些组件分装在用接地金属板隔开的隔离室中，其中，断路器及其两侧所连接的组件（如母线和馈电线路）必须装设在单独的隔离室内。隔板的防护等级应达到IP2X~IP5X或更高等级。典型产品有KGN-12型金属铠装固定式开关柜和KYN28A-12型金属铠装移开式开关柜等。

②间隔式高压开关柜。这种开关柜将某些组件分装在单独的隔离室内，但隔板允许采用非金属材料。隔板的防护等级与铠装式相同。典型产品有JYN2-12型间隔移开式开关柜等。

③箱式高压开关柜。除铠装式和间隔式以外的金属封闭式高压开关柜。这种开关柜隔离室的数量少于前两类，且隔板的防护等级较前两类低。典型产品有XGN15-12型箱式固定开关柜等。

常用高压开关柜如图2-26所示。金属封闭式高压开关柜又常按断路器等易损设备的安装方式分为固定式和移开式两种。固定式开关柜将所有设备固定安装在柜体上，检修与更换不方便。移开式开关柜将断路器等易损设备安装在手车上，手车可以容易地推入或拉

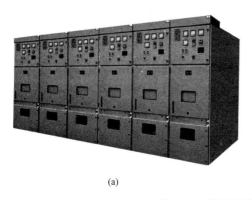
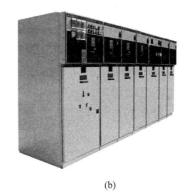

图 2-26　常用高压开关柜

（a）KYN28A-12 型交流金属铠装移开式开关柜；（b）XGN15-12 系列交流六氟化硫环网柜

出柜体。手车推入时断路器通过插接头、座与柜内母线、电缆等组件相连，插接头、座起到了隔离开关的作用；拉出手车易于检修或快速更换故障设备，同时自动实现了电气隔离。手车式高压开关柜近年来得到了广泛应用。

高压开关柜必须具有规定的防误操作技术措施，具体体现为以下五个方面，简称"五防"功能：（a）防止带负荷分、合隔离开关；（b）防止误分、合断路器；（c）防止带电合接地开关；（d）防止接地开关处于闭合状态时送电；（e）防止检修人员误入带电间隔。高压开关柜由于安全净距要求较高，电气设备体积与重量都较大，一般一只配电柜只实现一种典型组合。

2）低压配电装置

（1）低压配电柜

低压配电柜基本原理与高压配电柜相同，只是因为安全净距要求较小，且设备体积与重量都较高压设备小，一个柜体中可装设多个功能单元。按设备安装方式，可分为固定式、固定间隔式、固定间隔插接式和抽出式等几类，常用 MNS 型、GCS 型低压开关柜如图 2-27 所示。

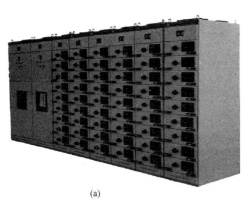

图 2-27　常用低压开关柜

（a）MNS 型低压抽屉式开关柜；（b）GCS 型低压抽出式开关柜

①GCS 型低压抽出式开关柜

GCS 型低压抽出式开关柜主要用于发电、供电中的配电、电动机集中控制、电抗器限流、无功功率补偿等。

开关柜构架采用全拼装和部分焊接两种结构形式。装置严格区分各功能单元室、母线室、电缆室；各相同单元室互换性强；各抽屉面板有合、断、试验、抽出等位置的明显标识。母线系统全部选用 TMY-T2 系列硬铜排，采取柜后平置式排列的布局，以提高母线的动稳定、热稳定能力并改善接触面的温升；电缆室内的电缆与抽出线的连接采用专用连接件，简化了安装工艺过程，提高了母线连接的可靠性。

②MNS 型低压开关柜

MNS 型低压开关柜主要用于发电、输电、配电、电能转换和电能消耗设备的控制。该设备的基本框架为组合装配式结构，由基本柜架，再按方案变化需要，加上相应的门、封板、隔板、安装支架以及母线、功能单元等零部件，组装成一台完整的装置，可组合成动力配电中心、抽出式电动机控制中心和小电流的动力配电中心（抽出式 MCC）、可移动式电动机控制中心和小电流的动力配电中心（可移式 MCC）。

（2）动力配电箱（柜）

动力配电箱是控制人防工程中的各种通风、给水排水等动力用电设备的主要装置，主回路由断路器、接触器、热继电器组成，可实现短路、过载保护。广泛使用的有 XL 型动力配电柜产品，其外形如图 2-28(a) 所示；风机、阀门控制箱如图 2-28(b) 所示。

(a)

(b)

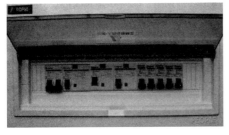

(c)

(d)

图 2-28 常用低压终端配电装置

(a) XL 型动力配电柜；(b) 风机、阀门控制箱；(c) 照明配电箱；(d) 双电源切换器

(3) 照明配电箱

照明配电箱是为人防工程照明灯具和插座供电的主要装置，箱中装有若干模数化小型断路器，具有短路、过载、漏电保护功能，用来向照明灯具和插座供电和保护线路安全。常用照明配电箱如图 2-28(c) 所示。

(4) 双电源自动切换箱

对重要负荷，为了保证不间断供电，通常采用双电源双回路负荷侧自动切换的措施。双电源自动切换箱，就是为满足这一要求而设置的。它的作用是：当正在供电的工作电源发生故障时，能自动地切除故障工作电源并迅速投入备用电源，以保证重要负荷的不间断供电。双电源切换器外形如图 2-28(d) 所示。

2.4.2 供配电系统的配置

供配电系统的配置是根据电气主接线和工程内负荷的分布、等级、容量、电压等情况确定整个供配电系统的概貌。供配电系统配置的任务包括确定配电电压，确定配电点和配电回路，选出配电屏、电缆等主要电气设备。

1. 配电电压的选择

配电电压的选择是根据送电距离和负荷容量的大小确定的。建筑工程供电系统电源的电压，高压一般为 10kV，低压为 230/400V，配电系统的电压一般为 220/380V。当负荷量较大、距离较远，不得不采用高压配电时，可以外电源电压作为统一的高压配电电压，此时可采用升降压共同使用的变压器，当外电源供电时变压器作为降压变压器，自备电源供电时，变压器作为升压变压器，升压配电，不需设内外电源两套变压设备。

2. 配电点的确定

根据工程内部负荷的重要程度及其分布情况，在负荷较集中且易于维护操作的房间内设置分区配电点，配电点应尽量靠近负荷中心，并避免电能反向输送。

在选择配电点时，一般应将通信、动力、照明和电热负荷分开，在同一类负荷中，应将一级与二级负荷分开，以便保证其对供电可靠性的要求。配电点的确定是一件仔细、重要的工作，必须对整个工程内各类用电负荷作详细地了解之后才能确定。

3. 配电方式与配电回路的确定

对于容量较大而集中的一组负荷，通常采用双电源双回路在负荷侧自动切换的系统。当在同一方向上有几个一级负荷配电点，且各配电点的容量不大时，可采用双回路树干式配电系统，但配电点一般不宜超过三个。

对于较次要的一级负荷（即允许短时停电的一级负荷）可在电源侧实行自动或手动切换。一般较集中的大容量负荷应采用放射式配电，容量较小、几个配电点又比较靠近的负荷可采用链式配电。

照明配电一般采用树干式、链式及放射式相结合的配电系统。根据工程照明负荷的分布将照明负荷划分若干个区，每区设一照明配电点。通道照明一般应与房间照明分开配电。

在进行供电系统的配置时，应初步选出各配电干线及发电机、变压器引出线的电缆。电缆截面一般根据允许发热条件选择，然后再根据电压损失进行校核，不足时应适当加大干线或支线电缆截面。电缆的型号应根据使用条件确定。

4. 负荷分配

供电系统如果用母线分段形式,则每段母线上的负荷,应按机组的实际出力,力求分配均衡。当系统出现故障时,应根据负荷情况,适当切除部分或全部三级负荷。

单相负荷应力求均匀地分布在三相内,当三相负荷不对称时,必须保证发电机中性线电流不超过发电机额定电流的 20%,变压器中线电流不超过其低压侧额定电流的 25%。

5. 配电屏的确定

配电屏是人防工程供配电系统的主要设备,它担负着集中、控制、分配电能的重要任务。配电屏的数量是由发电机、变压器、主接线的形式、配电回路的数目决定的。通常每台发电机组都有一台专用的控制屏,每台变压器低压侧也要有一台控制屏,此外母线之间的联络以及向负荷馈电都需要一定数量的控制屏,在确定配电屏的数量时,为了考虑发展,一般要留有 1/5~1/4 的备用回路。

2.4.3 变电所电气主接线配置图

1. 中压电气主接线的配置

成套配电装置中的电气设备除了主接线图中所表达的一次回路电气设备外,还包括为使主接线能够正常工作所必需的二次回路电气设备,如控制电器、保护电器和测量电器等。设备制造厂家对每一种典型组合都给予一个编号,称为配电柜的方案号。不同规格的开关柜内有不同的元件组合方案,如 KYN 系列开关柜规格有 KYN-03、KYN-01、KYN-05、KYN-08 等,其对应的柜内接线如图 2-29 所示。

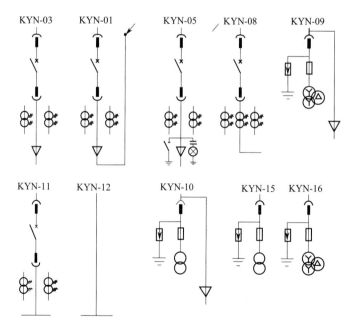

图 2-29 KYN 系列开关柜内接线方案示例

将不同规格的开关柜作适当的组合就可构成一种主接线。图 2-30（a）所示为一般形式的主接线图，图 2-30（b）所示为经过适当变换，可由开关柜组合起来的主接线图。两者的电气关系是相同的，只是表达方式有所区别。图 2-30（b）的形式又叫作主接线配置图，可用于直接向开关柜生产厂家订货用。

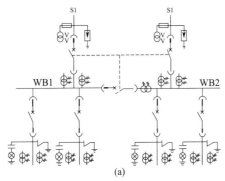

图 2-30　中压主接线与主接线配置图
（a）主接线图；（b）主接线配置图

2. 低压电气主接线的配置

同中压开关柜一样，低压成套配电装置的每种类型开关柜内也有不同的元件组合，如 MNS 系列开关柜有 MNS-01、MNS-04、MNS-07、MNS-12 等，其对应的柜内接线方案如图 2-31 所示。将它们作适当的组合就可构成一种主接线。图 2-32（a）所示为低压主接线图，图 2-32（b）所示为对应的主接线配置图。需要注意的是低压配电柜一个柜体中可装设多个功能单元。

成套配电装置具有积木块式结构的优点，在供配电系统中得到了广泛应用。所谓积木块式结构是指工程师们通过对各类电气主接线的仔细分析，找出了若干种典型的组合方式，将这些典型组合作为基本的构成单元，可以搭配出各种电气主接线。如果将每一种组合都集成在一只配电柜中，那么由若干只配电柜就可以拼搭出一个电气主接线，积木块式结构由此形成，它体现了技术人员的工程智慧。

2.4.4　变电所平面布置与土建要求

按装设地点，变配电所电气装置可分为户内式和户外式；按构成方式，又可分为成套式与装配式。以下仅针对建筑工程户内式成套配电装置的变配电所进行介绍。

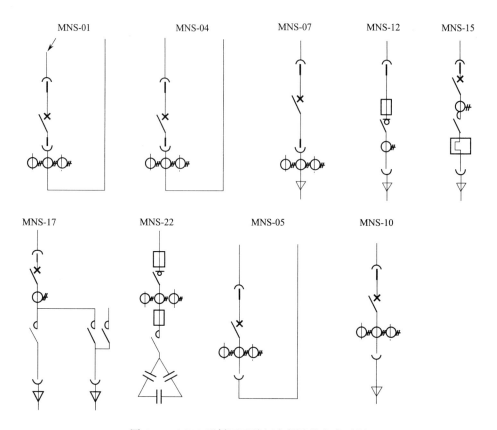

图 2-31 MNS 型低压开关柜内部接线方案示例

1. 变配电所的建筑平面布置

图 2-33(a) 为采用无油设备的变配电所房间布置实例，图 2-33(b) 为采用有油设备的变配电所房间布置实例。

组成变配电所的功能房间包括变压器室、高压配电室、低压配电室、电容器室、控制室、值班室、检修间、电缆夹层等，具体到某一变配电所，不一定具有以上所有的功能房间，可能有些房间可以不设，有些则可以合并。

1) 变压器室。对单台油量不小于 100kg 的三相油浸式变压器，应设置在单独的变压器室内，非油浸式变压器可不设单独的变压器室。

2) 高、低压配电室。带可燃性油的高压配电装置，宜设置在单独的高压配电室内。当高压开关柜的数量为 6 台及以下时，可与低压配电柜（屏）设置在同一房间内。

不带可燃性油的高、低压配电装置和非油浸式电力变压器，可设置在同一房间中。

特别说明，以上所谓的高压配电室，对于 10/0.4kV 变配电所而言，就是指的 10kV 配电装置室，"高压"是相对于"低压"而言，高压配电装置实际上为中压配电柜。以下有类似情况时，不再说明。

3) 电容器室。高压电容器装置宜设置在单独的电容器室内。当电容器容量较小时，可与高压配电柜设置在同一房间内，但间距不应小于 1.5m。低压电容器装置可设置在低压配电室内，但当电容器容量较大时，宜设置在单独的电容器室内。

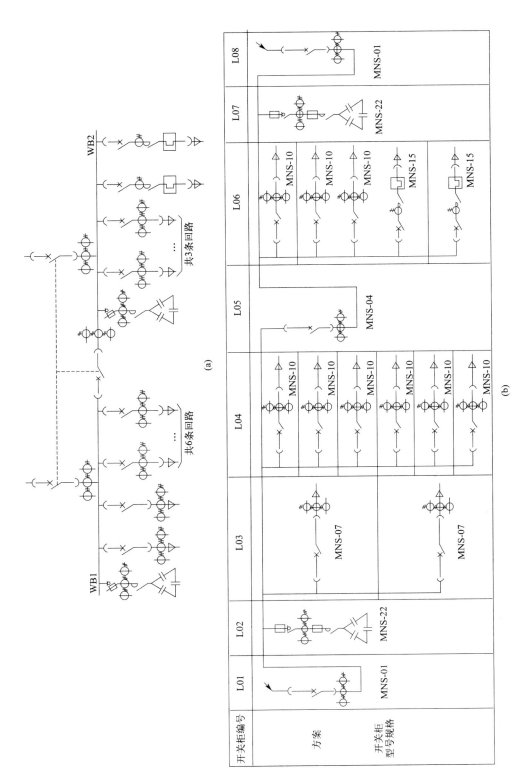

图 2-32　低压主接线图与主接线配置图
(a) 主接线图；(b) 主接线配置图

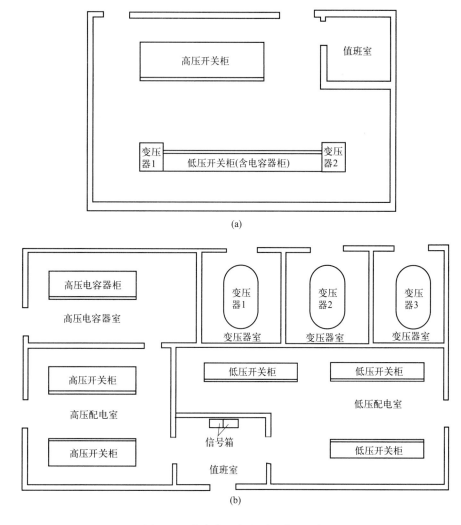

图 2-33 户内变配电所平面布置示例
（a）采用无油型设备；（b）采用有油型设备

4）控制室。一般有集中控制设备时才考虑设置。

5）值班室。有人值班的变配电所，应设置值班室。值班室可单独设置，也可与低压配电室或控制室共享，后一种情况下应适当加大原功能用房的面积。

2. 变配电所电气设备布置

成套电气装置和变压器的布置，主要应考虑设备与设备之间，以及设备与建筑墙（柱）之间的间距。这些间距所形成的空间有些是为了满足操作的需要，称为操作通道，如配电柜柜前通道；有些是为了满足维护检修的需要，称为维护通道，如配电柜柜后通道；有些则是为了安装的需要，称为安装距离；还有些是为了出现危险时便于人员疏散，称为疏散通道。表 2-4～表 2-6 分别示出了高、低压配电装置和变压器布置时必须满足的间距要求。

10kV配电室内各种通道最小宽度（单位：mm）　　　　表2-4

通道分类	柜后维护通道	柜前操作通道	
		固定式	手车（移开）式
单列布置	800	1500	单车长+1200
双列面对面布置	800	2000	双车长+900
双列背对背布置	1000	1500	单车长+1200

低压配电室内各种通道最小宽度（单位：mm）　　　　表2-5

布置方式	柜前操作通道	柜后操作通道	柜后维护通道
固定式柜单列布置	1500	1200	1000
固定式柜双列面对面布置	2000	1200	1000
固定式柜双列背对背布置	1500	1500	1000
抽出式柜单列布置	1800	—	1000
抽出式柜双列面对面布置	2300	—	1000
抽出式柜双列背对背布置	1800	—	1000

油浸式变压器外廓（防护外壳）与变压器室墙和门的最小净距　　　　表2-6

变压器容量(kV·A)	≤1000	≥1250
与后壁和侧墙的净距(m)	0.6	0.8
与门的净距(m)	0.8	1.0

对于成排布置的配电柜（屏），当其长度大于6m时，还应留出两个由柜后通向室内的出口。

有关电气装置布置更详细的要求，可参阅相关的设计规范，此处不再赘述。

3. 土建要求

除了承重、抗震等一般要求外，变配电所对土建的特殊要求主要体现在以下几个方面：

1）通风。由于电气设备工作时会散发热量，为保持室内温度在设备允许范围内，必须做好通风设计，可采用自然通风或人工强制通风等措施，风量大小与室内空间体积和电器发热量相关。采用自然通风时，通过选择进、出风口百叶（或网罩）面积来达到风量要求；采用强制通风时，应正确选用风机参数和风管尺寸。

2）防火抗爆。很多电气设备内部有可燃物质（如变压器油等），在电气故障时容易发生火灾，为了防止火灾蔓延，需要相应的防火措施；油浸式变压器、油浸式电容器等在故障时还可能发生爆炸，为了消减爆炸产生的破坏，需要采取抗爆措施。

常用防火抗爆的具体措施有：变配电所各功能房间必须达到相应的耐火等级；应选用相应等级的防火门；油浸式变压器应在其底部设置储油坑或采取排油措施，以防止火灾随变压器油蔓延；电容器室应达到相应的抗爆等级，或设置泄爆通道，以释放爆炸时所产生的高压气体。

3）通道设置。除满足正常操作维护需要以外，变配电所的通道（含门）设置还应满足设备运输、吊装、更换等要求，以及紧急情况下的疏散要求。

4）与电气安装和使用要求的配合。设备安装所需要的预留预埋件、柜底坑、电缆沟、预留孔洞、防水层、排水找坡等均需在土建时一并考虑并实施。

2.5 人防工程柴油电站

柴油发电站具有效率高、起动快、耗水量少、设备紧凑、运输方便、土建工程量小、建设速度快以及维护操作简便等许多优点，而且柴油电站一般可以与工程一起建于地下，具有一定的防护能力，增强了供电可靠性。下面以人防工程为例，介绍人防工程柴油电站。

2.5.1 人防工程柴油电站的主要形式

柴油电站按照它与主体工程的位置关系，一般可分为工程口部电站、支坑道式电站和独立电站三种。

1. 工程口部电站

工程口部电站是指在主体工程的口部适当位置所设置的电站，按照它与主体轴线之间的位置关系又可分为平行通道式电站、垂直通道式电站和 n 形电站。

1）平行通道式电站

平行通道式电站是电站机组的轴线与主通道轴线相平行的一种布置形式。其优点是：机组搬运、人员出入比较方便，管线拐弯少。其缺点是：占用坑道轴线长，坑道染毒地段长，对主体隔离效果差。一般在石质较好，机组容量较小，坑道轴线长度能排得下且对噪声要求不高的工程可采用这种形式。

2）垂直通道式电站

垂直通道式电站是电站的轴线与主通道轴线相互垂直的一种布置形式。其优点是：跨度较小，占用轴线短，对口部设备房间的布置影响小，可以根据石质及地形情况灵活配置，对主体隔离效果较平行通道式为好。其缺点是：不便于机组等大型设备的搬运，增加了辅助面积。当机组较多，房间较长时容易受地形的限制。这种布置形式多在工程轴线长度受到限制，机组容量大，机组数量不多而口部石质较差的工程中采用。

3）n 形电站

其整个电站呈 n 字形布置。n 形电站的优点是平面布置上有较大的灵活性，占用主体通道的轴线较短，对主体隔声效果较好。但这种布置形式不便于机组等大型设备的搬运，管线长、转弯多、被覆接头多、平面布置较复杂，面积较大，利用率较低。只有在机组台数较多、容量较大时才采用。

2. 支坑道式电站

在主体的适当位置专门打一支坑道作为电站，称为支坑道式电站。支坑道式电站由于仅用一小通道与主体工程相连，电站本身自成一套系统，管线等布置较为灵活，可以单独设置机械和人员出入口，对主体防毒隔声效果较好。其缺点是工程量较大，与其他形式相比，经济性较差。对噪声要求较高的人防指挥工程和重要的通信工程可以采用这种布置形式。

3. 独立电站

独立电站又称为外部窑洞式电站，其形式与支坑道式电站相同，只是无小通道与主体工程相通，一般由电站至主体采用埋设电缆的方式向主体工程或坑道群供电，这种电站的优点是对主体工程无干扰、隔离及防毒效果好，但工程量大，由于通过电缆线路与主体连接，供电可靠性较差。

柴油电站的形式很多，各种布置都有其不同的特点和不足，在选择电站布置形式时，一定要兼顾各方面因素，综合分析比较，才能最后确定比较合理的方案。在人防工程中，一般二类及以上供电的工程应尽量设置支坑道电站；在地形条件不允许时，宜设置独立电站；机组较少，容量小的工程也可设置口部电站。

2.5.2 人防工程常用电气主接线方案

人防工程一般要求设置备用电源，备用电源通常是选用柴油发电机组。人防工程中设置的柴油发电机组（简称内电）严禁与地方电力网（公用电网，简称外电或市电）并列运行。这是由于，一方面人防工程柴油电站的发电机容量较小，低压柴油发电机组的工作特性与地方电厂的大型发电机组工作特性差异较大；另一方面如果考虑与地方电力网的并列运行，不仅使得备用电源系统结构复杂，而且增加了继电保护的困难。内电源（柴油发电机组）与外电源（公用电网）不能并列运行，内外电源进线开关之间须设立机械和电气互锁是人防工程电气主接线拟定中应特别注意的问题。

1. 不分段的单母线主接线

图 2-34 所示为具有一路外电进线和一台柴油发电机组的不分段单母线主接线。由图 2-34 可见，这种主接线中，内、外电源进线和负荷回路引出线均接在同一条母线上。内、外电源可通过断路器构成电气互锁或采用双投开关实现机械互锁，既可以防止内、外电源的误并列，又可以实现内、外电源的互为备用。不分段单母线主接线的特点是：每一回路接到母线的电源线或负荷线都装设短路保护电气设备，即断路器。同时，对每一回路出线（馈线）来说，母线就是电源，故每回路出线的断路器都经过隔离开关接到母线，以便在检修时能隔离电源。凡是与母线相接的隔离开关都称为母线隔离开关。断路器线路侧装的隔离开关，则称为线路隔离开关。当线路的对侧也有电源引入或线路较长可能有高电压引入时，必须装设线路侧隔离开关。当断路器或线路需要停电检修时，操作流程如下：拉开断路器，拉开线路隔离开关，最后拉开母线隔离开关。当检修完毕，恢复送电时的操作流程是：先合上母线隔离开关，再合上线路隔离开关，最后合上断路器。

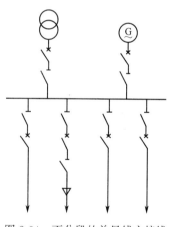

图 2-34　不分段的单母线主接线

此接线方案的不足之处是整个系统只有一条母线，当母线或母线隔离开关故障和检修时，将使整个系统停电。因此，这种不分段的单母线接线方案不能满足重要负荷的供电要求，只适用于对供电可靠性要求不高，负荷容量较小的工程。人防工程中采用双电源切换器的不分段单母线主接线配置图如图 2-35 所示。该方案利用具有机械联锁功能的 ATS 开关可防止各电源之间的误并列，不需要电气联锁装置，从而大大简化了二次线路。

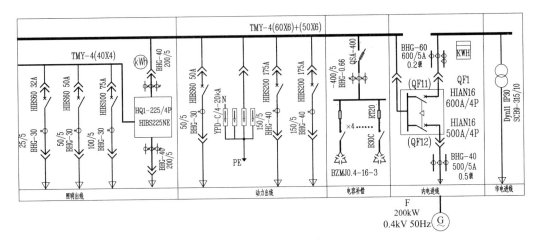

图 2-35 不分段的单母线主接线配置图

2. 用断路器分段的单母线主接线

用断路器分段的单母线主接线如图 2-36 所示，可简称为单母线分段主接线。

将图 2-34 所示主接线中的母线分为两段，发电机和变压器分别接到两段母线上，负荷也均衡地分接于两段母线上，两段母线间用母联开关相联络，便构成单母线分段主接线。为防止内、外电源之间的误并列，外电源进线断路器、内电源进线断路器和母联断路器之间采用电气联锁装置。

单母线分段主接线提高了供电的可靠性和灵活性。当某段母线故障或检修时，只影响一部分负荷停电；当引出线回路的断路器检修时，该回路要停止工作。因此，对于重要负荷，可采用从不同母线引出线的双回路供电。

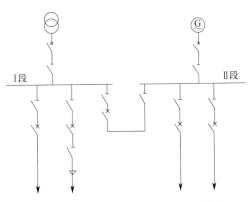

图 2-36 用断路器分段的单母线主接线

3. 高压供电主接线

1) 当工程轴线较长，负荷较大，输电距离较远，利用低压供电有困难，或者工程内高压用电设备所占比例较大时，可采用 6.3kV 等高压柴油发电机组，对高压负荷直接供电。另用一台变压器降压后供低压负荷用电。这类工程高压系统主接线一般采用单母线或分段单母线主接线，如图 2-37 所示。

2) 当工程中有部分负荷距离较远，用低压供电有困难，或者虽然有高用电设备，但所占比例较小时，可以采用有升压变压器的主接线，如图 2-38 所示。该主接线包括两部分：高压（10kV）系统和低压系统。

10kV 高压主接线为单母线分段形式。两路外电分别接在两段母线上，两段母线由高压断路器 QF_3 相联络，以便实现各种运行方式的转换。由 Ⅱ 段母线引出两路 10kV 高压回路送至 2T、3T 变压器，降压后供较远处的低压负荷用电，Ⅰ 段母线引出一路 10kV 回路接至 1T 变压器，降压后供附近低压负荷用电。

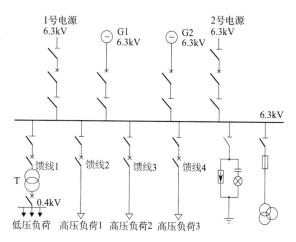

图 2-37 高压供电主接线

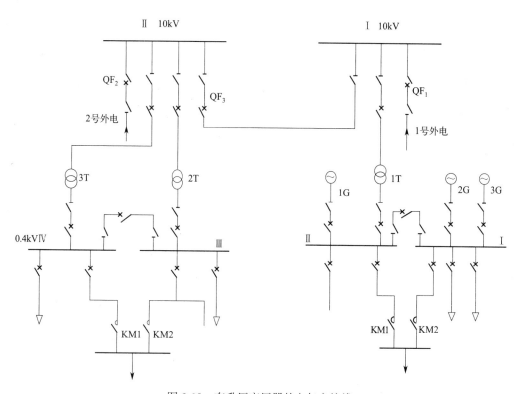

图 2-38 有升压变压器的电气主接线

0.4/0.23kV 低压母线共分为四段。Ⅰ、Ⅱ段设在电站控制室内,由断路器联络。三台柴油发电机分别接在Ⅰ、Ⅱ段上。Ⅲ、Ⅳ段低压母线分别由 2T、3T 变压器供电。

系统的运行方式是:外电正常情况下,两路外电分别经 1T、2T、3T 降压后供工程内部全部负荷。当一路外电故障或检修时,将高压母联开关 QF_3 闭合,由另一路外电供工程内部的全部负荷用电。有外电时,应尽量由外电供工程内的全部负荷。当全部外电中断后,发电机组自起动,投入两台运行机组,保证重要负荷用电。电站附近负荷,由Ⅰ、Ⅱ两段低压母线直接供电;距电站较远处的负荷,则经 1T 变压器升压后送至 2T、3T 变压器，降压后向重要负荷供电。

系统采用电气联锁装置，防止内外电源的误并列。三台柴油发电机组两台工作。一台备用，工作机组可并列运行，也可分列运行。

为保证Ⅰ、Ⅱ级负荷的不间断供电，在进行系统设计时可采用内、外电源自动切换装置及内部柴油发电机组自起动装置，这样一旦外部电源突然中断，内部柴油发电机组就能自动起动并投入运行。也可以采用热备用的形式，即在由外电供电期间，同时起动一台柴油发电机组投入运行，一旦外电中断，这台机组便可以暂时负担最重要的负荷供电，以免供电中断。

2.5.3 人防工程柴油电站的组成及相互关系

人防工程中柴油电站通常由机房、控制室、水库、油库、风机室、水泵间、维修间、备品间等房间组成。根据工程的规模、性质的不同，上述组成部分可以适当增减，但应以满足战术技术要求和使用功能为准则。

由于人防工程中机房通常是允许染毒的，因此，在布置各组成房间时，除满足使用功能外，还必须考虑防毒密闭问题。

1. 机房

当工程外部在染毒情况下，工程内部的清洁空气是有限的。为了使机组在外部染毒情况下继续工作，机房通常应设置在密闭范围之外，即所谓染毒区，这样，机组可以燃烧染毒空气，不致消耗工程内部的大量清洁空气。一般工程中电站机房通常设在缓冲通道或第一防毒通道段。

2. 控制室

控制室内装有发电机控制屏、高低压配电屏等设备，这些设备的操作均须与机房进行密切的联系。因此控制室一般应紧靠机房设置。但控制室内经常有人维护操作，不允许染毒，因此控制室必须设置在工程的密闭范围内。同时用密闭隔墙与机房隔开，墙上设置专用的密闭观察窗，以便于观察机组的运行情况。在控制室与机房之间应有专用的防毒通道，以及一系列的洗消设施，以便在机房染毒期间，人员进入机房检修和操作。

如果控制室与机房相连布置确实不允许时，或者数个电站机房只有一个中央控制室时，也可以将控制室与机房分开布置。但必须采用比较完整可靠的遥控、自控装置和通信联络、监视设备，以保证机房与控制室的联系。

3. 水库、油库

水库和油库通常可以设置在机房的一端或一侧，水泵和油泵一般应布置在离水库、油库较近的单独小间内，布置的位置应考虑水管、油管走向及操作的方便。

4. 机修、备品间

机修间主要是考虑柴油机和发电机检修而设置的。其面积不宜过大，一般在机修间内设置一些专用的工具台和小型加工机床以及电、气焊设备，此外还可以设置洗手盆、拖布池等。

备品间主要用来储存一些检修机组所用的贮备零件，小型零件可放在专用的柜内，大型备件可放在贮备架上。

机修间、备品间一般可以设在一起，布置在离机房较近的地方，以便于机修工作进行。

5. 通风机室

柴油电站的进风机和排风机通常设在专用的风机室内，风机室一般设在机房靠近工程口部的一端。

2.5.4 人防工程柴油电站布置示例

电站控制室，主要是用来监视操纵发电机组的，室内除布置发电机控制屏、联络信号装置外，还应设置必要的通信联络设备，如电话机、交换机以及遥控测量、隔室操作等设备。有条件的工程还可以设置电视或其他电子监视、测量设备。此外，还应设置值班桌、电工用品柜和值班人员的休息位置。

对于规模较小的人防工程，由于电站内机组台数不多，容量不大，单独设置控制室不经济，因而大多数中小型电站的控制室均与配电室合用一个房间。低压配电屏与发电机控制屏排列在一起，这样既便于对机组的控制，又便于对整个工程供电系统的监视操作。

如果工程内有高压配电装置，则应设置单独的高压配电室，当高压开关柜数量较少时，可以考虑与低压配电屏布置在同一房间内，但高、低压配电盘一般应分别布置在两侧，操作通道的宽高应按高压考虑。下面以某典型工程发供配电系统及柴油电站布置示例进行介绍。

图2-39～图2-42为某工程供配电系统图。其中图2-39为低压系统主接线示意图，图2-40为高压系统配置图，图2-41为低压系统配置图、图2-42为柴油电站平、剖面布置图。由图可以看出整个工程供配电系统的全貌。

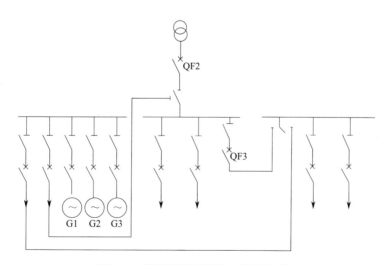

图 2-39　某工程低压系统主接线示意图

1. 内外电源的接入方式

图2-39为某工程低压系统主接线示意图。内电源（柴油发电机组）与来自公用电网的外电源不能并列，内外电源进线开关之间须设置机械或电气互锁，图2-39中采用双投

开关实现机械互锁，工程中可采用双电源自动切换开关（ATS）。

2. 高压系统配置图

高压系统采用单母线不分段主接线方案，系统配置如图 2-40 所示，其由进线计量柜 AH1、电压互感器柜 AH2、进线开关柜 AH3 及出线开关柜 AH4 共 4 块高压柜组成，一路外电源高供高计。

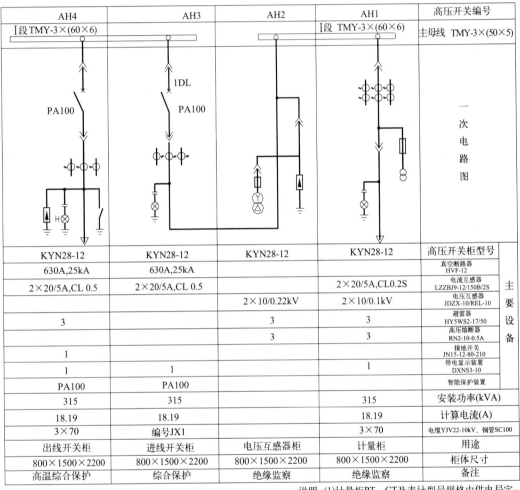

说明：(1)计量柜PT、CT及表计型号规格由供电局定；
(2)负控装置由供电部门安装；
(3)计量表由供电部门安装；
(4)操作电源交流220V，取自PT柜；
(5)进出线方式为下进下出线；
(6)按自控要求AH3、AH4柜二次预留断路器状态信号接口。

图 2-40 某工程高压系统配置图

3. 低压系统配置图

低压系统配置如图 2-41 所示，2 台柴油发电机组分别接至 F1、F2 控制柜上，两台自动化机组具有自起动、自动并列功能。低压供电系统采用单母线分段接线，由市电供电时，两段母线并列运行，整个负荷由市电供电；市电停电后，两段母线分开运行，整个负荷可由柴油发电机组供电；战时当市电正常时，一段母线可由市电供电，另一段母线可由柴油发电机组供电，柴油发电机组热备用。图2-41中在两段母线的照明柜AA3和AA7中增加了双电源切换装置，并分别引接柴油发电机组电源，可实现动力用电与照明用电分开计量。

4. 人防工程柴油电站的防护密闭要求

电站机房和控制室应用密闭隔墙分开。一般机房在核武器或化学武器袭击时是允许染毒的，而控制室不允许染毒，可与主体清洁区相通。

即使机房是允许染毒的，但也应尽量减少染毒的可能性。柴油机的燃烧空气除直接从机房吸取外，可另设一根可以直接由坑道外吸气的进气管，以便在战时的染毒情况下，机组可直接从外部吸取燃烧空气。进气管的防护密闭措施与通风系统相一致。

机房与控制室之间的密闭隔墙上应设置密闭观察窗。各种孔洞和防毒通道必须采取与主体口部相应的严格密闭措施。防毒通道设置的密闭门应不少于两道，并应有必要的防毒洗消设备。机房内还必须设置事故排风和排除有害气体的设施、洗消设备以及个人防护设备。

根据工程的重要程度和使用要求，电站内部的操作和控制应尽量采用各种自动装置，并实行隔室操作和遥测测量。在采用隔室操作的柴油发电站的布置中，为确保电站的正常和可靠运行，除设立必要的专门维修通道、密闭观察窗外，通常在主机房和控制室，以及控制室与主体内部及其他设备房间之间都必须设立各种信号、通信等联络装置。此装置又称作通信联络系统。

为确保柴油发电机能正确的在各种通风方式下运行，以及保证人员的安全和及时地维护操作，电站机房内和控制室内应分别装设通风方式信号。通风方式信号有：①清洁式通风；②滤毒式通风；③隔绝式通风。除有明显的灯光信号外，还应设置警铃装置。

人防工程具有"防核武器、常规武器、生物武器"等要求，电气线路及设备管线进出工程口部，穿越防护墙、防护密闭隔墙和密闭隔墙时必须作防护密闭或密闭处理，并应使之与工程主体的防护密闭功能相一致，否则，这些部位将成为整个工程防护密闭的薄弱环节，甚至造成整个工程战时失去其防护密闭效能。例如，当管线穿过密闭隔墙密闭不严密时，会造成漏气、漏毒等现象，甚至滤毒通风时工程内部不能形成超压。现代化人防工程内部设备管线繁多。由于在工程的建设过程中，土建和设备安装是分开进行的，常常不是由同一单位施工，这就增加了设备管线防护密闭处理的施工难度，若在土建施工阶段防护密闭套件不按要求制作、不预埋到位，到安装阶段很难补救。笔者在调研中发现，在许多重大工程的施工中，管线的防护密闭处理都未能按要求进行施工，甚至一些工程未采取任何防护密闭措施，有些虽然在竣工验收阶段采取密闭补救措施，但已不能满足工程的战技指标要求，成为整个工程防护密闭的薄弱环节，因此，在人防工程的建设与改造工作中，柴油电站管线集中，数量较多，柴油机房与控制室管线的防护密闭处理问题应引起高度重视。

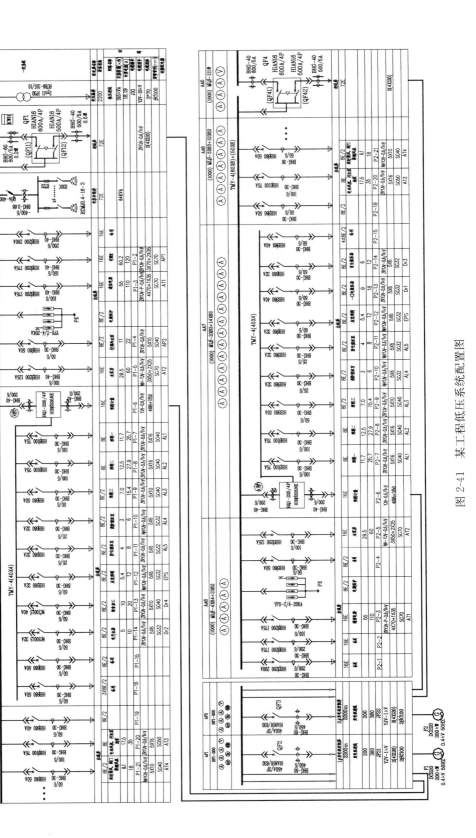

图 2-41 某工程低压系统配置图

典型人防工程柴油电站布置如图 2-42 所示。

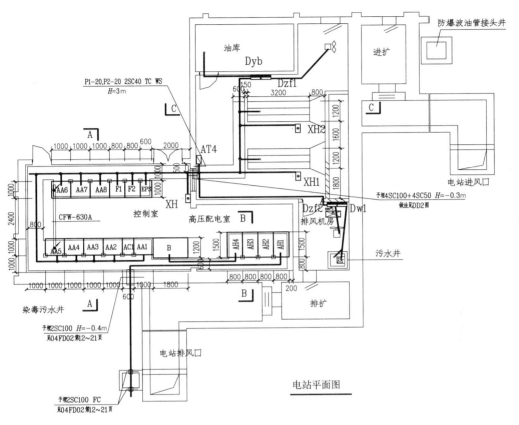

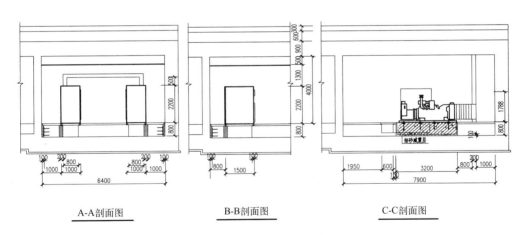

图 2-42 某工程柴油电站平、剖面布置图

2.6 供配电系统电力线路

电力线路是构成人防工程供电系统的重要设施。供配电系统的电力线路可分为外线和内线两大类。内线指建筑物室内的配电与照明线路；外线指建筑物的室外线路，通常是指

电源的进线,又分为架空线路和电缆线路两类。

2.6.1 架空线路

架空线路是敷设在露天电杆上的线路,是由导线、杆塔、绝缘子、金具等共同构成的电力设施,如图2-43所示。架空线的优点是成本低、敷设容易、检修维护方便,但它占用较大的空间、不美观、可靠性差,因此在城市中已逐渐被电缆所取代。

1. 架空线路的导线

架空线路的导线主要有裸导线和绝缘导线两类。高、中压架空线路一般采用裸线,它的散热性能好,载流量大,又节省绝缘材料。低压架空线一般采用绝缘导线,以利于人身和设备的安全。

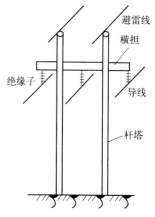

图 2-43 架空线路的结构

架空导线导体材质一般为铜或铝。截面积大于$16mm^2$的裸导线都采用多股导线绞合而成,称为铜(铝)绞线。采用绞线是为了增加导线的可挠性,便于生产、运输及安装。为了增加导线的机械强度,有些铝绞线还在导线中设置钢芯,称为钢芯铝绞线。裸导线结构如图2-44所示。因为在露天敷设,且只在杆塔处有机械支撑,因此要求架空线有一定的耐腐蚀能力和机械强度,为满足机械强度要求,中、低压架空线路导线最小截面积要求如表2-7所示。

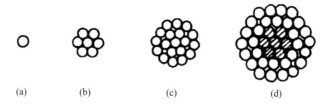

图 2-44 裸导线结构

(a) 单股线;(b) 一种金属的多股绞线;(c) 铜绞线;(d) 钢芯铝绞线

架空线路导线最小截面积(单位:mm^2)　　　　表 2-7

导线种类	35kV线路	3～10kV线路		3kV以下线路
		居民区	非居民区	
铝绞线及铝合金线	35	35	25	16
钢芯铝绞线	35	25	16	16
铜线	—	16	16	10

2. 架空线路的杆塔

杆塔的作用是支撑导线并维持导线的空间位置。按使用的材料,杆塔主要有木杆、水泥杆和铁塔三种,供配电系统中以水泥杆应用最为普遍,铁塔在110kV以上线路中使用较多,木杆现已较少使用。

按杆塔的受力要求,可将其分为直线杆、耐张杆、转角杆和终端杆等几种,如图2-45

所示。直线杆主要承受导线的重力和水平横向风载荷；耐张杆除了直线杆的功能外，还能承担邻档导线拉力差引起的水平纵向拉力，在倒杆故障时起到阻止多米诺骨牌效应的作用；转角杆和终端杆分别能承受转角导线拉力和终端处导线的单向拉力。

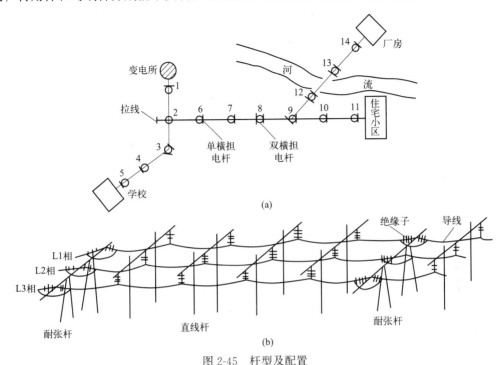

图 2-45 杆型及配置

(a) 杆型的配置；(b) 耐张杆和直线杆的形式

1、5、11、14-终端杆；2、9-分支杆；3-转角杆；4、6、7、10-直线杆；8-耐张杆；12、13-跨越杆

3. 横担、绝缘子及金具

1) 横担安装在杆塔的上部，用于安装绝缘子，常用的有木横担、铁横担和瓷横担。与杆塔的形式相对应，横担也可分为中间型、耐张型、终端型等种类。

2) 绝缘子又称瓷瓶，用来固定导线并使导线与杆塔绝缘。绝缘子常见实物的形式如图 2-46 所示。针式绝缘子主要用于 10kV 及以下线路。悬式绝缘子主要用于 35kV 及以上线路，可根据电压等级和污秽等情况选择不同片数的悬式绝缘子构成绝缘子串，以达到要求的耐压水平，如图 2-47 所示。棒式绝缘子（瓷横担）能同时起到横担与绝缘子的作用，广泛应用于 10～35kV 的电网中，如图 2-48 所示。

(a) (b) (c)

图 2-46 绝缘子实物图

(a) 针式；(b) 悬式；(c) 棒式（瓷横担）

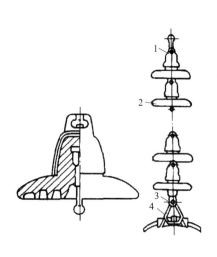

图 2-47 悬式绝缘子串
1-耳环；2-绝缘子；3-吊环；4-线夹

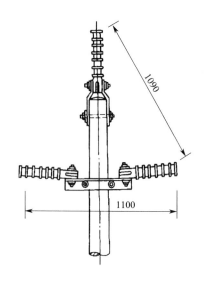

图 2-48 棒式绝缘子兼作横担

3) 用来连接导线，安装横担和绝缘子、固定和紧固拉线的金属附件，统称金具。以下是几种常见的金具，如图 2-49 所示。

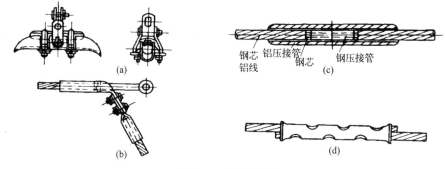

图 2-49 常用金具
(a) 悬垂线夹；(b) 耐张线夹；(c) 压接管；(d) 钳接管

4. 架空线路的敷设

1) 导线在杆塔上的排列方式

如图 2-50 所示，(a) 为低压系统线路常用的水平排列方式；(b)、(c) 为 10kV 高压线路常用的三角形排列方式；(d) 是高、低压线路共杆敷设的情况，高压线路应敷设在上面；(e) 是单杆双回路高压线路的敷设方式，每回线路的三相导线垂直排列；(f) 是 110kV 及以上高压线路常用的水平排列方式，线路上方架设有避雷线。

2) 档距与弧垂

如图 2-51 所示，档距是指线路相邻两杆塔间的水平距离，弧垂是指架空线一个档距内导线最低点与两端杆塔上导线固定点间的垂直距离。低压线路的档距一般为 25～40m，10kV 线路档距一般为 35～50m。弧垂的大小有一定的限制，弧垂过小，导线应力过大，容易拉断；但弧垂过大，会造成线路摆动增大，容易引起相间短路，还有可能使导线与建筑物或地面距离达不到安全要求。

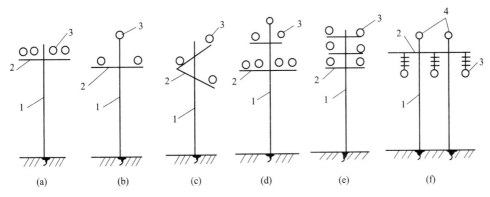

图 2-50 导线在杆塔上的排列方式
1-电杆；2-横担；3-导线；4-避雷线

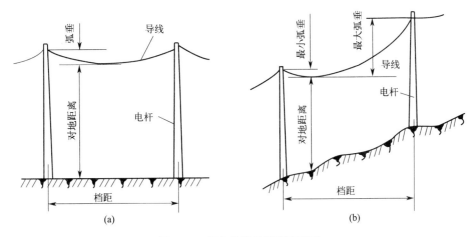

图 2-51 架空线路的档距和弧垂
（a）平地；（b）坡地

3）架空线走廊

架空线路的线间距离，导线对地面、水面或建筑物顶的最小距离，边导线与各种设施的水平距离等都有严格的规定，下面列举了一些常用数据，其他规定可在相关的设计规范中查到。这些距离以内的空间叫作架空线走廊，必须为架空线专用。因此，架空线占用了较大的空间资源，在市区这是一个很大的缺点。

城市架空线路的导线与地面的距离，在最大计算弧垂（架空导线最低点与悬挂点间的垂直距离）情况下，应不小于表 2-8 所列数值。

城市架空导线与地面的最小距离（单位：m）　　表 2-8

线路经过地区	线路电压(kV)			
	220	35-110	1-10	<1
居民区	8.5	7.5	6.5	6.0
非居民区	6.5	6.0	5.0	5.0
交通困难地区	5.5	5.0	4.5	4.0

城市架空线路与建筑物间的最小距离，应不小于表2-9所列数值。

城市架空线路与建筑物间的最小距离（单位：m）　　　表2-9

线路经过地区	线路电压(kV)				
	220	66-110	35	1-10	<1
导线跨越建筑物垂直距离（最大计算弧垂情况下）	6.0	5.0	4.0	3.0	—
边导线与建筑物水平距离（最大计算风偏情况下）	5.0	4.0	3.0	1.5	1.0

10kV及以下线路与35kV线路同杆架设时，导线间垂直距离应不小于2m；同杆架设的10kV及以下双回路或多回路线路的横担垂直距离，应不小于表2-10中所列数值。

同杆架设10kV及以下线路的横担间的最小距离（单位：m）　　　表2-10

横担间导线排列方式	直线杆	转角杆或分支杆
3～10kV与3～10kV	0.80	0.45/0.60
3～10kV与3kV以下	1.20	1.00
3kV以下与3kV以下	0.60	0.30

注：表中0.45/0.60是指转角杆或分支杆横担距上面的横担取0.45m，距下面的横担取0.60m。

2.6.2 电缆线路

电缆线路具有可靠性高、不占用地上空间、隐蔽性好等优点，在人防工程配电系统中被广泛采用，其缺点是造价高、维护检修相对困难，特别是故障点定位较难。

1. 电力电缆的构造

电力电缆的构造主要包括导体、绝缘层和护套层三大部分，如图2-52所示。

1) 导体常用多股铜绞线或铝绞线，以增加电缆的柔性，以便于弯曲存放和施工。根据导体的数量不同，电缆可分为单芯电缆和多芯电缆，中、高压多芯电缆一般为3芯，低压多芯电缆除了3芯外，还有2芯、4芯及5芯等。控制电缆有更多的芯线。三芯电力电缆的芯线截面通常为三芯等截面；四芯电力电缆的芯线截面通常为四芯等截面或三芯等截面加一芯二分之一截面。五芯电力电缆的芯线截面通常为三芯等截面加二芯二分之一截面或四芯等截面加一芯二分之一截面。

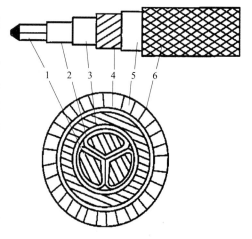

图2-52 电缆结构示意图
1-导体；2-相绝缘层；3-带绝缘层；
4-护套层；5-铠装层；6-外护套层

2) 绝缘层是用来使各导体之间及导体与地之间绝缘的，常使用的材料有：橡胶、聚乙烯、交联聚乙烯、氧化镁和油浸纸等。目前在中、低压系统中，油浸纸绝缘电力电缆已逐步被淘汰。绝缘层又分为相绝缘层和带绝缘层，相绝缘层的作用是使各导体芯线之间相互绝缘，属于工作绝缘；带绝缘层的作用是使整个缆芯与地绝缘，属于保护绝缘。相绝缘层外与带绝缘层内的空隙部分常用填料填充。

3) 护套层主要用于保护绝缘层，使之在运输、安装和运行中防止外部水分侵入，并具有防腐蚀性。护套层通常又分为内护层和外护层。内护层一般由1～3层材料组合而成，用来保护绝缘层。外护层可根据需要设置铠装层、防化学腐蚀层、防辐射层等，并在有些功能护层外施以外被层。如铠装电缆，外护层由内衬层、铠装层和外被层组成，用来防止外界的机械损伤和化学腐蚀。内衬层一般由麻绳或麻布带经沥青浸渍后制成，用于作铠装的衬垫，以免钢带或钢丝损伤内护层。铠装层由钢带或钢丝缠绕而成，是外护层的主要部分。外被层与内衬层同样制作，用来防止钢带或钢丝锈蚀和便于施工安装。塑包电缆的内衬层为塑料，铠装层外的外被层也由塑料带绕制。

我国6kV以上电缆一般设有屏蔽层，屏蔽层分为半导电屏蔽层与金属屏蔽层两种。半导电屏蔽层材料是一种电阻率大于金属导体的质软塑性形变物质，能很好地填充空隙，降低电位梯度突变导致的局部电场集中。导体芯线外表和相绝缘层外表通常各设有一层半导电屏蔽层，分别称为内、外（或导体、绝缘）半导电屏蔽层。内半导电屏蔽层是为了均匀线芯外表面电场，避免因导体表面不光滑以及线芯绞合产生的气隙所造成的导体和绝缘间的局部放电。外半导电屏蔽层与绝缘层表面接触良好，且与金属屏蔽层等电位，避免了因电缆绝缘表面裂纹等缺陷而与金属屏蔽层发生局部放电。在相绝缘层和带绝缘层的外表面，电缆通常还可以设置接地的金属屏蔽层，主要作用是将电场限制在绝缘层内，均衡半导电层可能产生的轴向电位梯度，提供电容电流通道并均衡三相电容电流、故障电流通道等。

2. 电力电缆的种类

电力电缆按绝缘材料性质、结构特征和敷设环境，可分为不同的种类。通常是按绝缘材料性质来分类。

1) 聚氯乙烯绝缘电力电缆主要优点是制造工艺简便，没有敷设高差限制，重量轻，弯曲性能好，接头制作简便，耐油、耐酸碱腐蚀，不延燃，价格便宜。其尤其适合在线路高差较大或敷设在桥梁、槽盒内以及在含有酸、碱等化学性腐蚀土质中直埋敷设。

其缺点是绝缘电阻较低，介质损耗较高，因此高压重要回路电缆，不宜用聚氯乙烯绝缘电力电缆。

2) 橡皮绝缘电力电缆的弯曲性能较好，能够在严寒气候下敷设，特别适用于敷设线路水平高差较大或垂直敷设的场合。它不仅适用于固定敷设的线路，而且可用于定期移动的固定敷设线路。

普通橡胶遇到油类及其化合物时，很快就被损坏，因此在可能经常被油浸泡的场所，宜使用耐油型橡胶护套电缆。普通橡胶耐热性能差，允许运行温度较低，故对于高温环境又有柔软性要求的回路，宜选用乙丙橡胶绝缘电缆。

乙丙橡胶绝缘电缆它具有较优异的电气、机械特性，即使在潮湿环境下也具有良好的耐高温性能，线芯长期允许工作温度可达90℃。

3) 交联聚乙烯绝缘电力电缆的性能优良，结构简单，制造方便，外径小，重量轻，载流量比同截面的上述绝缘形式的电缆大，敷设方便，除不受高差限制外，其终端和接头方便。

对于1kV电压级及6～35kV电压级的非重要回路电缆可采用"非干式交联"工艺制作的电缆,使生产成本大大降低,且由于聚乙烯料重量轻,故交联聚乙烯的电缆价格与聚氯乙烯塑料电缆相差不大。

对于6～35kV重要回路应选用干式交联工艺制作的电缆,电气性能更优异。

4) 矿物绝缘电缆将高电导率的铜导线嵌置在内有紧密压实的氧化镁绝缘材料的无缝铜管中,构成铜芯铜护套氧化镁绝缘电缆。

氧化镁是一种矿物耐火材料,熔点为2800℃,绝缘性能很好,在常温下电缆绝缘电阻达103MΩ,在2800℃以下基本不起变化。

由于这种电缆的全部结构都是由无机材料组成,因此具有一些其他电缆所不可能具有的特点,如耐火、防爆、耐腐蚀、耐机械损伤、载流量大、过载能力强、寿命长等,适用于钢铁企业、发电厂、油库、高层建筑、核电站、采油平台、冷库等的交流额定电压500V及以下的高温、高湿、易燃、易爆环境。矿物绝缘电缆还可以作为加热电缆和热电偶电缆。

在中、低压供配电系统中常用的电力电缆如下:
(1) 聚氯乙烯绝缘聚氯乙烯护套电缆(VV);
(2) 聚氯乙烯绝缘聚乙烯护套电缆(VY);
(3) 交联聚乙烯绝缘聚氯乙烯护套电缆(YJV);
(4) 交联聚乙烯绝缘聚乙烯护套电缆(YJY);
(5) 矿物绝缘电缆[BTTZ(Q)]。

目前我国人防工程普遍使用的电力电缆主要是交联聚乙烯绝缘电力电缆,并严禁在工程内使用VV类全塑电缆。

3. 电力电缆的敷设

电缆的敷设方式常用的有:直接埋地敷设、电缆沟内敷设、电缆排管敷设、电缆托盘或线槽内敷设或明敷等方式。

1) 直接埋地敷设

其是将电缆按要求直接埋入地下,特别是野外敷设的电缆。如人防工程外电源进线电缆等,大多采用直埋方式。直接埋地敷设电缆时应在电缆上面和下面各均匀铺设100mm厚的软土或细沙层,再盖保护板(混凝土板、石板或砖等),保护板应超出电缆两侧各50mm,如图2-53所示,并应注意以下七个方面内容:

(1) 电缆直接埋地敷设时敷设根数一般不超过8根。
(2) 电缆在室外敷设时直接埋地深度不应小于0.7m,以避免地面重物的直接作用。
(3) 不能将电缆放在其他管道上面或下面平行敷设,否则在电缆检修或其他管道检修时将影响其他管道或电缆的正常使用。
(4) 电缆在壕沟内作波状敷设,预留1.5%的长度,以免电缆冷却收缩受到拉力而损坏电缆。
(5) 在土壤中含有对电缆有腐蚀性物质(如酸、碱、矿物、石灰等),或有地中电流的地方,不宜采用电缆直接埋地敷设。
(6) 电缆在通过建筑物或构筑物的基础、散水坡、楼板和穿过墙体等处,通过铁路、道路和可能受到机械损伤等地段,应穿保护管保护,穿管的内径应等于或大于电缆外径的1.5倍。

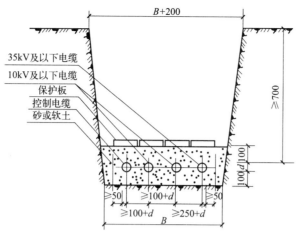

图 2-53 电缆直埋地敷设

（7）特别应注意：直接埋地敷设电缆施工时，应同时要在地面沿电缆线路埋设电缆桩标志。

2）电缆沟敷设

电缆沟敷设方式造价低、检修更换方便，占地面积小，走线灵活。它的不足之处是：沟内活动范围小，施工不便，检修更换电缆要搬运大量笨重盖板。根据电缆数目的多少，可采用单侧支架或双侧支架的电缆沟。电缆沟的主要形式和规格如图 2-54 所示。

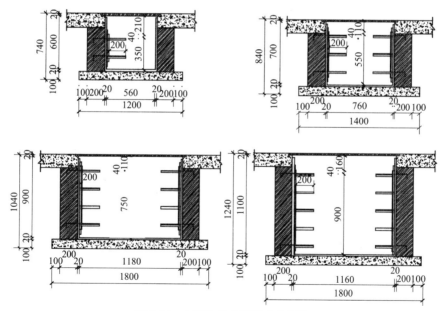

图 2-54 电缆沟的主要形式和规格

施工中应注意的问题如下：

（1）室内电缆沟的盖板应与室内地坪相平；室外电缆沟的沟口宜高出地面 50mm，以减少地面排水进入沟内，但当其影响地面排水或交通时，可采用具有覆盖层的电缆沟，盖板顶部一般低于地面 300mm。

(2) 电缆沟一般采用钢筋混凝土盖板，在室内且需要经常开启的电缆沟盖板，宜采用花纹钢盖板。

(3) 电缆沟应采取防水措施。底部还应做不小于 0.5% 的纵向排水坡度，并设集水井。

(4) 电缆在多层支架上敷设时，电力电缆应放在控制电缆上层，但 1kV 以下的电力电缆和控制电缆可并列敷设。当电缆沟两侧均有支架时，1kV 以下的电力电缆和控制电缆宜与 1kV 以上的电力电缆分别敷设于两侧支架上。

(5) 电缆沟中的支架长度不宜大于 350mm。

3) 室内电缆的其他敷设方式

(1) 桥架敷设

桥架是由托盘、梯架的直线段、弯通、附件以及支、吊架等构成，用以支承电缆的具有连续的刚性结构系统的总称，如图 2-55 所示。

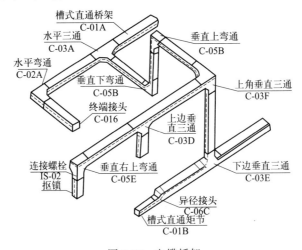

图 2-55 电缆桥架

电缆在梯架、托盘或线槽内可以无间距敷设。电缆在梯架、托盘或线槽内横断面的填充率，电力电缆不应大于 40%，控制电缆不应大于 50%。

(2) 电气竖井中敷设

电气竖井是建筑物中（尤其是民用建筑物中），用于电气线路垂直敷设的通道，在建筑物某一部位，由下至上层层连通而形成的井道，在设备安装后需按要求做层间封堵，各层的电气竖井也可兼做各层的配电小间。

(3) 穿管敷设

这种敷设方式，占地小，能承受大的荷重，电缆之间无相互影响。但此种方式敷设及检修电缆困难，散热条件差使电缆载流量下降。电缆穿管敷设时的基本要求：一是保护管的内径不小于电缆外径的 1.5 倍；二是保护管弯曲半径为保护管外径的 10 倍，且不小于所穿电缆的最小允许弯曲半径；三是室外电缆排管敷设时，电缆直线敷设路径上每隔一定距离（一般为 50~80m，取决于排管管径和管内壁摩擦系数）需要设置电缆工作井，大的俗称为人孔，小的俗称为手孔，在电缆转弯、分支和改变敷设方式处也需要设置电缆工作井。

4. 电力电缆的附件和配线装置

电缆附件主要是电缆头，包括终端头、中间头、分支头等。终端头用于缆芯导体的引出；中间头用于两根电缆的连接，一般在线路长度大于一卷电缆长度时用到；分支头用于从树干式配电的电缆上分出支路，一般用于单芯电缆，由于故障率较高，现已较少采用。

电缆配线装置主要有 T 接分支箱、金属护层电压限制器等，对自容式充油电缆，还有相应的供油装置。

5. 低压绝缘导线

低压绝缘导线是低压供配电系统中与人接触最多的一类导线，根据使用对象的不同，有多种敷设方式：

（1）绝缘导线明敷布线

室内直敷布线一般采用护套绝缘导线，在建筑物吊顶内严禁采用这种方式。

（2）绝缘导线穿管布线

导线可穿钢管、电线管或硬塑料管等管材，采用明敷设或暗敷设的方式布线。

（3）绝缘导线穿线槽布线

导线可穿金属线槽或塑料线槽，采用明敷设或暗敷设的方式布线。

6. 密集母线

密集母线又叫插接式母线，是一种有绝缘层的低压母线，它将 3 条、4 条或 5 条矩形截面的硬母线用绝缘材料作相间和相对地绝缘，可根据使用者要求，在预定位置留出插接口。其特点是载流量大，便于分支。密集母线通常作干线使用或向大容量设备提供电源。其敷设方式有：电气竖井中垂直敷设，用吊杆在天棚下水平敷设，也可以在电缆沟或电缆隧道内敷设。密集母线的断面形式及外形如图 2-56 所示。

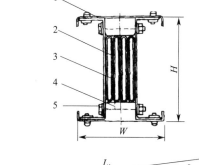
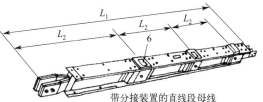

带分接装置的直线段母线

图 2-56　密集母线的断面形式和外形
1-结构外壳；2-导电带；3-热缩套管；
4-绝缘垫块；5-紧固螺钉；6-插接口

2.6.3　电力线路绝缘电阻的测量

测定绝缘电阻，通常在电缆耐压试验前进行。应使用 1000V（2500V 更佳）的绝缘摇表来试验电缆芯之间及电缆芯对地的绝缘电阻，其值不应低于表 2-11 的要求。

电缆绝缘电阻要求　　　　　　　　　　表 2-11

额定电压(kV)	3	10	35
绝缘电阻(MΩ)	300～750	400～1000	600～1500

其试验步骤如下：

1）拆除被测试电缆的电源及一切对外连线，并将电缆线芯全部接地放电。

2）擦去电缆头表面污垢。

3）按图 2-57 接线，用试验接地线将电缆的铅包或钢铠接到摇表的"接地"（E）端子上；电缆芯接摇表"线路"（L）端子上；由于电缆有可能产生表面漏泄电流而影响测试，因此应用摇表的"保护"（G）端子加以屏蔽，将保护环接到端子 G 上。

4）以恒定速度（一般为 120r/min）摇动摇表，读取 15s 和 60s 时的电阻值。60s 时的电阻值 R_{60} 和 15s 时的电阻值 R_{15} 的比值 R_{60}/R_{15} 为吸收比，电缆的吸收比要求在 1.2 以上。

5）测试完毕，应立即充分放电，放电时间不少于 2min。

6）测试时应记录当时的温度、湿度和其他气象条件，以便进行对比和参考。

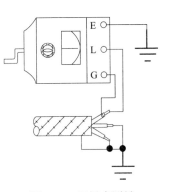

图 2-57　用摇表测量电缆的绝缘电阻

2.6.4　人防工程电气线路的防护密闭处理

人防工程具有"防核武器、常规武器、生物武器"等要求，电气线路及设备管线进出工程口部，穿过外墙、临空墙、防护密闭隔墙和密闭隔墙时必须作防护密闭或密闭处理，并应使之与工程主体的防护密闭功能相一致，否则这些部位将成为整个工程防护的薄弱环节，甚至造成整个工程战时失去其防护密闭效能。例如，当管线穿过密闭隔墙密封不严密时，会造成漏气、漏毒等现象，甚至会导致滤毒通风时工程内部不能形成超压。因此，在人防工程的建设与改造工作中，管线的防护密闭处理问题应引起高度重视，对防护密闭或密闭处理方式及技术措施的理解是做好这方面工作的关键。

1. 密闭与防护密闭处理措施

《人民防空地下室设计规范》GB 50038—2005（2023 年版）明确规定：穿过外墙、临空墙、防护密闭隔墙和密闭隔墙的各种电缆（包括动力、照明、通信、网络等）管线和预留备用管，应进行防护密闭或密闭处理，应选用管壁厚度不小于 2.5mm 的热镀锌钢管。

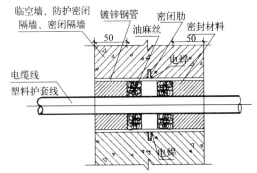

图 2-58　穿墙管密闭处理示意图

1）电气线路穿墙管的密闭措施

电气线路穿过外墙、临空墙、防护密闭隔墙和密闭隔墙时必须作密闭处理，以保证密闭处理后电气线路穿墙部位与墙体、密闭门的密闭效能相一致。穿墙管密闭处理方式如图 2-58 所示。

设计与施工中应注意的问题有：

（1）密闭肋在预埋位置应与结构钢筋焊接牢靠；

（2）电缆、电线穿管应选用管壁厚度不小于 2.5mm 的热镀锌钢管，并与密闭肋双面焊接；

（3）密闭施工时应将穿管内表面擦拭干净，不得有油和水，金属表明应清除锈迹；

（4）电缆应去麻包层；

（5）塞入的油麻丝，至管口留约 50～60mm 深度；

(6) 密封材料可采用环氧树脂,亦可采用"隔离密闭胶泥""石棉沥青"自行配料。

2) 电气线路穿墙管的防护密闭措施

电气线路穿过外墙、临空墙、防护密闭隔墙时必须采取防护密闭措施,以保电气线路穿墙部位与墙体、防护密闭门的防护密闭效能相一致。穿墙管的防护密闭措施主要采取密闭穿墙管加抗力片的方式,其做法如图 2-59 所示。

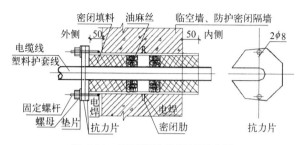

图 2-59 穿墙管防护密闭示意图

该处理方式适用于电缆、电线明敷时穿外墙、临空墙、防护密闭隔墙;穿相邻防护单元防护密闭隔墙时,应在穿墙管两端都加抗力片。除应按密闭处理方式施工外还应注意:

(1) 抗力片电缆槽口 d_0 必须严格按电缆处理后的外径开设,槽口必须光滑;
(2) 单根穿墙管管径密闭肋钢板厚度及抗力片参数应参照表 2-12。

单根穿墙管管径密闭肋及抗力片参数　　表 2-12

穿管公称直径 ϕ (mm)	密闭肋钢板厚度 ρ (mm)	抗力片外径 ε (mm)
20	3	70
25	3.25	70
32	3.25	80
40	3.5	90
50	3.5	100
80	4	130

3) 多根穿墙管的防护密闭措施

多根穿墙管密闭套件如图 2-60 所示。该套件适用于多根电缆穿外墙、临空墙、防护

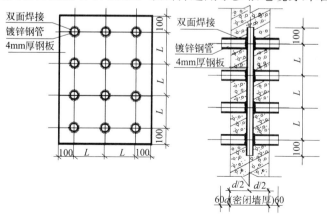

图 2-60 多根穿墙管密闭套件示意图

密闭隔墙和密闭隔墙的防护密闭或密闭处理，密闭或防护密闭处理方式参见图 2-58、图 2-59 所示。注意密闭肋钢板应一律采用 4mm 厚钢板，开孔间距应符合表 2-13 要求。

多根穿墙管管径与密闭肋开孔间距参数　　　　　　表 2-13

序号	穿管公称直径(mm)	开孔间距 L (mm)
1	20	50
2	25	50
3	32	75
4	40	75
5	50	100
6	70	125
7	80	150

4）暗管加密闭盒处理方式

暗管加密闭盒处理方式如图 2-61 所示。密闭盒应选用厚度不小于 2.5mm 的热镀锌钢板制作；在防护门或防护密闭门外侧受冲击波方向，密闭盒应采用防护盖板，盖板厚度选用不小于 3mm 的热镀锌钢板。

该处理方式适用于电缆、电线及弱电线路穿外墙、临空墙、防护密闭隔墙和密闭隔墙的防护密闭或密闭处理。

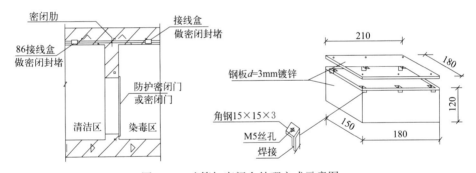

图 2-61　暗管加密闭盒处理方式示意图

2. 电气线路防护密闭设计

1）电气线路明管敷设防护密闭设计

电缆、电线明敷或明管敷设时穿过外墙、临空墙、防护密闭隔墙、密闭隔墙主要采取密闭穿墙管加抗力片的措施，以保证防护密闭或密闭处理后，电气线路穿墙部位与墙体防护、密闭效能相一致。单根电缆、电线明敷防护密闭或密闭处理做法如图 2-58、图 2-59 所示；多根电缆、电线的做法参考图 2-60。

（1）对核 4 级、核 4B 级、核 5 级、常 5 级人防工程的电气管线采用明敷或明管敷设时，在受冲击波方向（外墙、临空墙、工程顶板、防护密闭墙）临战封堵外侧时，应设置抗力片保护，即进行防护密闭处理。

（2）对核 6 级、核 6B 级、常 6 级人防工程的电气管线采用明敷或明管敷设时，当穿墙密闭管两端采用环氧树脂封堵，深度大于 50mm 时，可不再设置抗力片。

(3) 一根穿墙管只能穿一根电缆。

考虑到工程竣工后，工程内部可能会增加各种电气管线，在防护密闭隔墙上随便钻洞、打孔会影响到防空地下室的密闭和结构强度，因此，在各人员出入口和连通口的防护密闭门门框墙、密闭门框墙上均应预留 4～6 根备用管，管径为 50～80mm，管壁不小于 2.5mm 的热镀锌钢管，并应符合防护密闭要求。预留备用穿线钢管的做法参照图 2-60，设计与施工预埋时不应遗漏。

2）电气线路暗管敷设防护密闭设计

电气线路暗管敷设穿外墙、临空墙、防护密闭隔墙，密闭隔墙及工程顶板主要采用暗管加密闭盒的方式，进行防护密闭或密闭处理。其安装方法参考图 2-61。对核 5 级、核 6 级、核 6B 级、常 5 级、常 6 级人防工程的电气管线，进行防护密闭处理时，只需在密闭接线盒内填密封材料，不需再设置抗力片，但防护密闭门外的密闭接线盒应采用防护盖板，盖板厚度应选用不小于 3mm 厚的热镀锌钢板。

3）弱电线路防护密闭设计

现代人防工程具有消防、自动化、视频监视等弱电系统。与强电线路不同的是同类多根弱电线路可合穿在一根保护管内，主要采用暗管加密闭盒的方式进行防护密闭或密闭处理。但由于多根导线在一起，会有空隙，不易作密闭封堵处理，为了保证密闭效果，控制管内导线的根数，一般要求保护管径不得超过 25mm。

4）电缆桥架穿防护密闭隔墙设计

电缆桥架内，电缆或导线的数量较多，如果电缆桥架直接穿过临空墙、防护密闭隔墙和密闭隔墙，多根电缆或导线穿在一个孔内，防空地下室的防护密闭性能就会被破坏，影响密闭效果，因此，电缆桥架不得直接穿过临空墙、防护密闭隔墙、密闭隔墙。当必须通过时应改为穿管敷设，并应采取防护密闭措施，符合防护密闭要求。电缆桥架穿密闭隔墙示意图如图 2-62 所示。穿外墙、临空墙、防护密闭隔墙时应另加抗力片，具体做法参见图 2-59 所示。密闭肋一律采用 4mm 厚钢板，开孔间距应符合表 2-13 要求；密闭肋钢板应与预埋位置结构焊接牢固，以增强防护效能。该图 2-62 中管子数量仅为示意，设计时

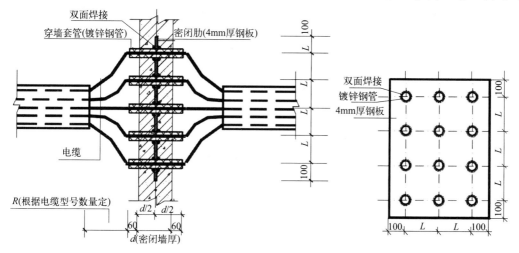

图 2-62 电缆桥架穿密闭墙示意图

应按实际电缆根数再适当留有备用管。

5) 密闭母线槽穿防护密闭隔墙设计

各类母线槽是由铜排用绝缘材料包裹绑扎而制成的，层间是不密闭的，若直接穿过密闭隔墙时其内芯会漏气。因此，各类母线槽不得直接穿过临空墙、防护密闭隔墙、密闭隔墙，当必须要通过时，需采用防护密闭母线（防护密闭型母线槽的线芯是经过密封处理的，能达到密闭的要求），并应采取防护密闭措施，符合防护密闭要求。防护密闭型母线槽穿防护密闭隔墙示意图及抗力片的加工安装方法如图2-63所示。

图 2-63 密闭母线槽穿防护密闭墙安装图

3. 平战结合的处理

由于电缆管线采取防护密闭或密闭处理措施后，不便于平时管线的维护、更换，也影响到战时封堵的效果。因此，《人民防空地下室设计规范》GB 50038—2005（2023年版）又明确规定：电缆、护套线、弱电线路和备用预埋管穿过临空墙、防护密闭隔墙、密闭墙，除平时有要求外，可不作密闭处理，在30d转换时限内完成。对于不符合一根电缆穿一根密闭管的平时设备的电缆，应在临战转换期限内拆除。根据这一要求，在防空地下室的设计与施工中，应注意按战时要求将密闭管及防护密闭套件设计、预埋到位，以便于临战时进行防护密闭或密闭封堵。对于平时有封堵要求的管线，也仍应按平时要求实施，如防火分区的管线封堵等。

由于在工程的建设过程中，土建和设备安装是分开进行的，常常不是由同一单位施工，这就增加了电气管线防护密闭处理的施工难度，若在土建施工阶段防护密闭套件不按要求制作、不预埋到位，到安装阶段很难补救，更谈不上临战时顺利封堵，对平战结合的防空地下室，做好这一工作的关键是设计到位，预埋到位。

思考与练习题

2-1　供配电系统的电压层次与用电电压和供电电压之间有什么关系？

2-2　电气主接线有哪些常用电气设备？它们分别有什么作用？

2-3　断路器、负荷开关、隔离开关的区别是什么？

2-4　为什么断路器两侧均应装设隔离开关？此时隔离开关的作用是什么？什么情况下可只在断路器电源侧装设？

2-5　"断路器＋隔离开关"的开关组合形式在进行分、合操作时，应注意的操作顺序是什么？

2-6　中、低压供配电系统中常见的网络结构有哪几种？各有何特点？

2-7　什么叫主接线？中、低压供配电系统中常用的主接线形式有哪几种？各有何特点？

2-8　试分析单母线分段与单母线不分段主接线的优缺点。

2-9　试分析图2-8单母线分段主接线的运行方式。

2-10　请查阅文献，综述如何确定开环运行环式配电网的开环点位置。

2-11　变配电所高、低压系统图和系统配置图之间是什么关系？

2-12　供配电系统的配电方式有哪些？各有什么优缺点？

2-13　成套配电装置与装配式配电装置有什么异同？

2-14　中压手车式开关柜中用什么装置来替代隔离开关？其图形符号是什么？

2-15　变电所对土建有哪些要求？

2-16　人防工程柴油电站的主要布置形式有哪些？各有什么优缺点？

2-17　试分析内桥式接线和外桥式接线的各自特点及应用范围。

2-18　人防工程供电系统结构有什么特点？

2-19　架空线路由哪几部分组成？各有什么作用？

2-20　电缆由哪几部分构成？各有什么作用？

2-21　电缆的型号由哪几部分构成？试举例说明。

2-22　电缆线路的敷设方式有哪些？人防工程常用哪些敷设方式？

2-23　试述架空线路和电缆线路的优、缺点。

2-24　电缆的绝缘电阻测量使用什么仪表？简述该仪表测量电缆绝缘电阻的步骤。

第 3 章

电力负荷计算

电力负荷的分级与计算是供配电系统进行规划、设计和建设的基础。本章首先讲述电力负荷的调查统计与分析方法，然后重点介绍人防工程采用需要系数法计算电力负荷的方法和步骤，最后讨论目前负荷计算方法存在的问题。

3.1 负荷的调查与分析

按工程研究的一般方法，对负荷的研究可以从两方面入手：一是机理研究，即研究各种用电设备产生电能需求的原理和特性；二是现象研究，即通过观察用电设备实际产生了何种电能需求，总结规律。由于供配电系统面对的是大量的各种各样的用电设备，更关注大量用电设备总体对电能的综合需求，因此机理研究的方法在大多数时候不适合于供配电系统的负荷研究，工程上主要采用现象研究的方法。现象研究就要从调查统计开始。首先用科学的方法选取被调查的对象（样本），然后对相关的现象和参数进行记录，最后对记录进行分析计算，找出规律。

电力系统普遍采用负荷曲线来记录负荷量值随时间的变化。表示电力负荷随时间变化情况的图形称为负荷曲线。画在直角坐标轴内，纵坐标表示负荷值，横坐标表示对应的时间。负荷曲线分为有功负荷曲线和无功负荷曲线两种。有功负荷曲线的纵坐标以有功负荷的千瓦数表示，无功负荷曲线的纵坐标以无功负荷的千乏数表示。根据横坐标延续的时间，又可分为日负荷曲线和年负荷曲线。日负荷曲线表示一日 24h 内负荷变化的情形，而年负荷曲线表示一年中的负荷变化情况。

3.1.1 日负荷曲线

1. 逐点绘制的日负荷曲线和即时负荷曲线

供配电系统运行日负荷曲线可根据变电所中的有功功率表、无功功率表，用测量的方法绘制。在一定时间间隔内（如每隔半小时）将仪表读数的平均值记录下来，并根据记录的数据在直角坐标中逐点用依次连续的折线进行绘制而成，逐点绘制而成的有功日负荷曲线如图 3-1 所示。负荷曲线所包围的面积代表了一天 24h 内负荷所消费电能的度数（总用电量），测量时间间隔越短，则描绘的负荷曲线越能精确反映负荷的变化情况。

目前，装设了功率自动记录仪的变配电所中，能自动记录有功功率和无功功率瞬时值随时间变化的曲线，工程上也称为即时负荷曲线。即时负荷曲线能精确反映负荷的变化情况，如图 3-2 所示。

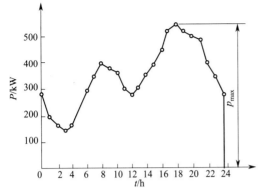

图 3-1　逐点绘制的有功日负荷曲线　　　　图 3-2　有功即时日负荷曲线

2. 阶梯形日负荷曲线

即时负荷曲线和逐点用依次连续的折线绘制而成的平滑负荷曲线，不便于计算，不适合工程应用。工程上都是用等效的阶梯形曲线来代替。

所谓阶梯形日负荷曲线是以一天为一个报告期，以一定的时间间隔读取有功和无功功率的量值大小，并认为在前后两次读取的间隔期内，负荷功率大小总是等于前一次读取的量值，以此在功率-时间坐标系上逐点绘制而来。阶梯形日负荷曲线如图 3-3 所示。

读取功率值的时间间隔可以取 15min、30min、60min 等几种，现在也有学者建议取 5min，在供配电系统中，一般采用 30min 的间隔取值。

阶梯形负荷曲线所包围的面积（总用电量）与逐点用依次连续的折线绘制而成的日负荷曲线以及即时负荷曲线所包围的面积误差很小，几乎相等，工程上是允许的。这是因为测绘的阶梯状曲线与实际负荷相比较，当负荷上升时，虽少算了电能，但当负荷下降时，又多算了电能，这样当负荷变化较缓慢时，前后电能的盈亏基本相当。当负荷变化较快时，可以通过缩短测量时间间隔来减少误差。

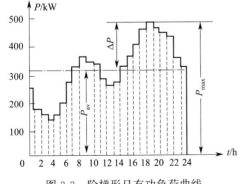 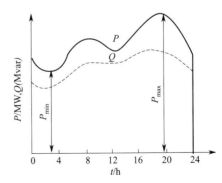

图 3-3　阶梯形日有功负荷曲线　　　　图 3-4　有功负荷曲线与无功负荷曲线

此外，值得注意的是，同一负荷，其有功功率日负荷曲线一般均与无功功率日负荷曲线的变化规律不同，这是因为当有功功率增加或减少时，无功功率并不是成比例地增加或减少，且无功功率曲线一般比相应的有功功率曲线平缓，如图 3-4 所示。不同性质的电力用户有不同的日负荷曲线，相同性质的用户在不同时间和季节也有不同的日负荷曲线。

3. 冬（夏）典型日负荷曲线

测绘供配电系统每天的日负荷曲线工作量较大，也没有必要。为了方便，工程上常用一些有代表性的典型的日负荷曲线来近似一定时期内的实际日负荷曲线。这些典型负荷曲线主要有冬（夏）典型日负荷曲线、工厂最大生产班日负荷曲线等。

3.1.2 年负荷曲线

年负荷曲线是反映供配电系统全年负荷变动情况。年负荷曲线不是直接读取数据绘制的曲线，而是对全年的日负荷曲线数据进行统计处理的结果。依据绘制方法的不同，有下列两种年负荷曲线。

1. 电力负荷全年时间持续曲线

电力负荷全年时间持续曲线，反映了电力用户一年内各种不同大小负荷所持续工作的时间，也称为负荷年持续时间曲线，一般就简称为全年时间负荷曲线。

电力负荷全年时间持续曲线是以电力负荷实际使用的时间为横坐标，以负荷功率的大小为纵坐标，将一年中所有日负荷曲线上的功率值由大到小依次排列，并在功率-时间坐标系上从左到右依次绘制出来，每一功率值所对应的时间长度为该功率值在一年中出现的累计时间。

为减小工作量，工程上一般不需要连续测绘全年的日负荷曲线，通常选用有代表性的夏季典型日负荷曲线和冬季典型日负荷曲线各一条，并按当地气象条件确定一年中冬、夏日的天数，例如在我国北方，可近似地认为夏日 165d，冬日 200d，全年的时数为 8760h；而在我国南方，则可近似地认为夏日 200d，冬日 165d。

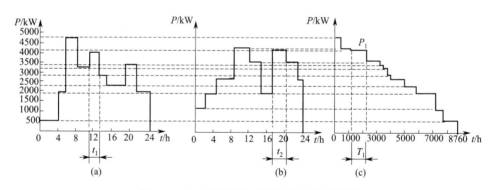

图 3-5 电力负荷全年时间持续曲线的绘制
（a）典型冬季日负荷曲线；（b）典型夏季日负荷曲线；（c）全年时间负荷曲线

电力负荷全年时间持续曲线具体的绘制方法如图 3-5 所示。年负荷曲线纵坐标是电力用户负荷的千瓦数，横坐标是一年的小时数 8760h，从典型的冬季和夏季日负荷曲线的功率最大值开始，依负荷功率递减的顺序，经过两个典型日负荷曲线上的每一个阶梯作若干水平线。如在北方，负荷功率 P_1 所占全年时间 T_1 是根据典型冬季日负荷曲线持续时间为 t_1，如图 3-5(a) 所示，典型夏季日负荷曲线持续时间为 t_2，如图 3-5(b) 所示求得，即 $T_1 = t_1 \times 200 + t_2 \times 165$。对应纵坐标 P_1 将 T_1 按一定比例标于横坐标上，以此类推，便可绘制出全年时间负荷曲线，如图 3-5(c) 所示。

由此可见，年负荷曲线并不是表示一年中负荷具体变化情况，而只表示一年内各种不同大小负荷所持续的时间，年负荷曲线所包围的面积，等于一年时间内所消耗的有功电能。

2. 年每日最大负荷曲线

表示一年中每日最大负荷变动情形的负荷曲线，称为日最大负荷全年时间变动曲线，或者称为年每日最大负荷曲线。它是按全年每日的最大负荷（一般取每日最大负荷的半小时平均值）绘制的。横坐标依次以全年十二个月份的日期来分格。这种年每日最大负荷曲线，可以用来确定拥有多台电力变压器的电力用户变电所在一年内不同时期宜于投入几台运行，即所谓经济运行方式，以降低电能损耗，提高供配电系统的经济效益。

3.1.3 负荷曲线的指标体系

绘制负荷曲线虽是一项既费时又繁琐的工作，但负荷曲线具有重要的工程意义，例如，可以从日负荷曲线中清晰地读出日最大（小）负荷、最大峰谷差、峰（谷）值时间等反映负荷运行规律的特征参数，既可对供配电系统的运行管理提供依据，又可对新建工程供配电系统的规划设计提供指导。

通过对已建工程典型负荷曲线的分析，从负荷曲线图上提炼出的反映负荷运行规律的特征参数又称为负荷曲线的指标。工程应用目的不同，所关注的指标也不同，因此即使对同一种负荷曲线，也可以提炼出多个指标。将负荷曲线的各种指标归纳分类，即构成了负荷曲线的指标体系。以下介绍几种常用的负荷曲线指标。

1. 年最大负荷和年最大负荷利用小时

1) 年最大负荷。它是指电力用户全年中负荷最大的工作期内（为了排除偶然出现的大负荷，最大负荷在这样的工作期内全年要至少出现 2~3 次）消耗电能最大的半小时平均功率的最大值。有功、无功和视在功率最大负荷分别用 P_{max}、Q_{max} 和 S_{max} 来表示。由于负荷曲线一般是以半小时平均功率绘制的，因此年最大负荷也就是电力用户在最大的工作期内负荷曲线中的半小时最大负荷（$P_{30 \cdot max}$），即：

$$P_{max} = P_{30 \cdot max} \tag{3-1}$$

2) 最大负荷利用小时数 T_{max}。它是指如果电力用户以年最大负荷 P_{max} 持续运行，要消耗掉该用户实际负荷在全年消耗的电能，需要的小时，即：

$$P_{max} T_{max} = \int_0^{8760} p(t) \mathrm{d}t \tag{3-2}$$

式中　P_{max}——年最大负荷；

　　　$p(t)$——年实际负荷。

最大负荷利用小时是反映工程负荷是否均匀的一个重要参数，显然 T_{max} 越大，则负荷越平稳。同时 T_{max} 还是一个重要的技术经济指标，它是以时间这一参数来反映设备的利用率。因为工程上电力设备容量是按最大负荷配置的，若实际运行负荷一直持续为最大负荷，则说明设备容量在所有时间都是被充分利用，T_{max} 应为一年的总时间 8760h，但实际上，在很多时间里运行负荷并未达到最大负荷值，设备容量闲置程度与运行负荷偏离最大值的程度和相应的持续时间相关。T_{max} 巧妙地将偏离程度与持续时间这两个关联因素同时联系了起来，只要将 T_{max} 与 8760h 作比较，就可得出设备利用率的准确数据。

$T_{\max}$ 典型值的范围很大,大致为 1500~7000h,其中工业用户一般大于民用用户,生产过程不间断的工业用户大于生产过程可间断的工业用户。提高 $T_{\max}$,不管是对电力企业还是对电力用户都具有积极意义。

2. 平均负荷和负荷系数

1)平均负荷。与实际负荷在报告期(年、月、日等)内消耗电能相等的一个等效恒定负荷,叫作实际负荷在报告期内的平均负荷。平均负荷也就是电力负荷在一段时间内所消耗电能的平均值,记作 P_{av}、Q_{av}、S_{av},即:

$$P_{av}=\frac{W_P}{T}=\frac{1}{T}\int_0^T p(t)dt \tag{3-3}$$

$$Q_{av}=\frac{W_Q}{T}=\frac{1}{T}\int_0^T q(t)dt \tag{3-4}$$

式中 T——报告期时间长度(h);

W_P——报告期内负荷消耗的总有功电能(kW·h);

W_Q——报告期内负荷消耗的总无功电能(kvar·h);

$p(t)$——负荷的有功功率瞬时值;

$q(t)$——负荷的无功功率瞬时值。

2)负荷系数。又称负荷率或负荷曲线填充系数,指平均负荷与最大负荷之比,有功和无功负荷系数分别用 α 和 β 来表示,即:

$$\alpha=\frac{P_{av}}{P_{\max}};\quad \beta=\frac{Q_{av}}{Q_{\max}} \tag{3-5}$$

负荷系数反映了负荷曲线的波动程度。负荷系数值高说明曲线平稳,负荷变动少;其值低说明曲线起伏,负荷变动大。有功负荷系数 α 的典型值为 0.70~0.75;无功负荷系数 β 的典型值为 0.76~0.82;可见,无功负荷的波动较有功负荷更为平缓。

对于用电设备来说,负荷系数是指设备在最大负荷时的输出功率与其额定容量的比值,它表明设备或设备组的容量被充分利用的程度。

3. 需要系数、利用系数和二项式系数

通过对大量不同类型的工矿企业、学校、医院、住宅小区等电力用户负荷的统计分析,长期观察其负荷曲线,可以发现同一类型的电力用户(或用电设备组)的负荷曲线,均有大致相似的形状。如果我们定义下列负荷曲线指标:

1)需要系数。电力用户(或用电设备组)负荷曲线最大有功功率与其用电负荷设备容量(不包括备用设备在内)的比值,记作 K_d,即:

$$K_d=\frac{负荷曲线最大有功功率}{设备容量} \tag{3-6}$$

2)利用系数。电力用户负荷曲线平均有功功率与其用电负荷设备容量(不包括备用设备在内)的比值,记作 K_L,即:

$$K_L=\frac{负荷曲线平均有功功率}{设备容量} \tag{3-7}$$

大量的统计调查表明:同一类型电力用户负荷曲线的需要系数 K_d 的数值都很接近,可以用一个典型值来代表它。同样,同一类型电力用户负荷曲线的利用系数 K_L 的数值,也十分相近,也可以用一个典型值来代表它,我国设计部门通过长期的实践和调查研究,已经统计出一些电力用户用电设备的典型的需要系数和利用系数。

3) 二项式系数。在需要系数的基础上,工程上对由台数较少、容量差别很大且负荷曲线形状显著不同的用电设备所组成的电力用户(或用电设备组),按需要系数的定义可将它们转化为用两个计算系数来表示出总额定负荷、大容量用电负荷与最大负荷之间的关系,称为二项式系数 b 和 c,在这里就不一一介绍了,对其有兴趣者可查阅相关资料。

3.1.4 负荷的热效应与计算负荷的概念

供配电系统要能够在正常条件下可靠地运行,则其中各个元件(包括电力变压器、开关设备及导线、电缆等)都必须选择得当,除了满足工作电压的要求外,最重要的就是要满足负荷的热效应要求,即对工作电流的要求,要确保负荷连续运行时,供电系统中各个元件的最高温升不应超过其允许值。

1. 负荷电流的热效应

当电流通过电阻时,电流做功而消耗电能,产生了热量,这种现象叫作电流的热效应。研究证明,电流通过导体产生的热量和电流的平方,导体本身的电阻值,以及电流通过的时间成正比。这是由英国科学家焦耳和俄国科学家楞次得出的结论,称作为焦耳-楞次定律。

在正常工作条件下,电气设备的寿命主要取决于其长期工作温度,而电气设备的工作温升又是其发热和散热动态平衡的结果。发热主要源于电气设备工作时的电能损耗,散热则主要取决于电设备工作时的环境条件。对于一个已经建好的电气系统来说,环境条件是确定的,因此电气设备的工作温升主要取决于发热,即电能损耗的大小,而电能损耗大小又取决于负荷电流的大小与持续时间。工程上是以设备寿命为约束条件,将负荷在电气设备上达到的温升作为评价负荷轻重的判据,即要保证在实际运行中导体及电器的最高温升不超过其允许值。

2. 用电设备的工作制

各类电力用户的用电设备多种多样,工程上一般是从发热角度出发,将用电设备按其工作情况加以分类,然后根据不同情况确定其额定容量。

用电设备按其工作方式和温升特点,分为三种,即连续工作制(长期工作制)、短时工作制和断续工作制(反复短时工作制)。

1) 长期工作制

用电设备运行时间长,并且连续运行,其温升足以达到稳定值,这种工作状态称为长期工作制或连续工作制。如通风机、水泵、电热设备等,这些设备的负荷基本上均匀稳定,仅在起动或偶尔出现异常时才引起负荷波动。

2) 短时工作制

用电设备运行时间很短,温升尚未达到稳定值就已经停止,而间歇时间又相对较长,足以使用电设备冷却到周围环境温度,这种工作状态称为短时工作制。如工程中各种管道的阀门电动机,电动防护门、防护密闭门、卷帘门的电动机等。

3) 反复短时工作制

用电设备时而工作,时而停歇,反复交替,不断循环的运行方式,称为反复短时工作制或断续工作制。它具有重复性和短时性的特点，用电设备工作时间 t_g 与停歇时间 t_0 交替出现，而时间都比较短，两者之和，即重复周期 T，一般不超过 10min。其设备温升周期起伏，但温升仍达不到长期运行的稳定值。属于反复短时工作制的设备有起重机用电机、电梯用电机等。

反复短时工作制用电设备的运行情况用暂载率 ε 来表示。所谓暂载率是断续工作制设备的工作时间（t_g）与其运行周期（T）的百分比，又称为负荷持续率，即：

$$\varepsilon = \frac{t_g}{T} \times 100\% = \frac{t_g}{t_g + t_0} \times 100\% \tag{3-8}$$

我国规定的标准暂载率有 15％、25％、40％和 60％四种。各种反复短时工作制用电设备铭牌所标出的额定功率都是在具体的暂载率下给出的，在使用中应特别注意。

3. 计算负荷的概念

计算负荷是一个假想的恒定的持续性负荷，计算负荷所产生的热效应与实际变动负荷所产生的最大热效应相等。我国过去普遍将计算负荷用汉语拼音的缩写 j 来表示，即记作 P_j、Q_j 和 S_j，本书记作 P_c、Q_c、S_c。

由于供电系统中实际运行的负荷是不断变化的，工程上是用半小时平均负荷的最大值作为计算负荷，记作 $P_{30 \cdot max}$、$Q_{30 \cdot max}$ 和 $S_{30 \cdot max}$。取半小时的平均负荷作为计算负荷的原因是，电气设备温升达到稳定值的时间约为 3τ（τ 为导体的温升时间常数，一般为 10~30min，取最不利值为 10min），即 30min，因此，只有持续时间在 30min 以上的负荷，才有可能形成导体的最高温升。对于持续时间小于 3τ 的负荷则不是造成电气设备达到最高温升的主要矛盾，对设备寿命的影响可忽略不计。由此，对按温升选择的电气元件都是采用 30min 平均负荷的最大值作为计算负荷，如导线、变压器和开关电器等。

对已建成运行的供电系统，计算负荷是由负荷曲线来确定的。由于阶梯状负荷曲线一般是以 30min 时间间隔记录的负荷功率来绘制的，也就是说负荷曲线上的每一个功率值都至少持续了 30min，因此，从工程应用的角度看，可以近似地认为计算负荷就是一年中 30min 阶梯状日负荷曲线上的最大值，即年最大负荷 P_{max}。

计算负荷是按发热条件选择电气设备的一个假定负荷，即"计算负荷"产生的热效应和实际变动负荷可能产生的最大热效应相等。所以根据计算负荷选择导体及电器时，在实际运行中导体及电器的最高温升就不会超过允许值。工程上所说的计算负荷 P_c、Q_c、S_c，年负荷曲线上的年最大负荷 P_{max}、Q_{max}、S_{max}，及一年中日负荷曲线的半小时最大负荷 $P_{30 \cdot max}$、$Q_{30 \cdot max}$、$S_{30 \cdot max}$ 有下列关系：

$$\left. \begin{array}{l} P_C = P_{max} = P_{30 \cdot max} \\ Q_C = Q_{max} = Q_{30 \cdot max} \\ S_C = S_{max} = S_{30 \cdot max} \end{array} \right\} \tag{3-9}$$

3.2 电力负荷的计算

计算负荷是供配电系统设计计算的基本依据。对已建成运行的系统，可以通过测量，记录并绘制其日负荷曲线，就可以直接读出计算负荷的大小。但对于在设计阶段的新建工程，只有工艺设计提供的用电设备的安装容量等基本原始资料，负荷大小是无法进行记录并绘制负荷曲线的,这种情况下如何估算计算负荷大小,就是负荷计算要解决的问题。

3.2.1 负荷计算的意义

负荷计算的目的是确定计算负荷,即在工程设计阶段应用某种计算方法估算出工程建成后可能出现的 30min 平均负荷的最大值,进而根据估算出来的计算负荷来确定发电机组和变压器等电源的容量,选择供电线路导线的截面积,选择开关电器及整定保护设备等。因此,计算负荷确定得是否合理,将直接影响到供配电系统的经济指标和运行安全,如果计算负荷确定得过大,将使开关电器、导线截面、发电机组和变压器等设备选得过大,不仅会使工程的一次性投资增加,造成浪费,而且过大的设备在负荷率长期严重不足的情况下运行也不经济。反之,如计算负荷确定得过低,依此选择的设备实际运行时就会增大电能损耗,并产生过热,加速其绝缘损坏,甚至烧毁设备,引发事故;因此正确确定计算负荷具有重要的工程意义。不过由于电力用户千差万别,负荷情况复杂,影响计算负荷的因素也很多,虽然各类负荷的变化有一定的规律可循,但要真正准确地进行计算,却是非常困难的,这也是有待于进一步研究解决的问题。

目前,负荷计算的方法主要有需要系数法、单位指标法、二项式法、利用系数法、"ABC"法等。但这几种负荷计算的方法都有一定局限性,有待于进一步完善和改进。

3.2.2 需要系数法

需要系数法是根据用电设备功率来推测计算负荷的一种负荷计算方法。它是先通过对已经运行的系统进行调查分析,方法为按一定的规则(如工艺相似性等)将用电设备进行分组,找出各组设备功率与计算负荷之间的关系并给出相应的参数(需要系数),然后用这些参数去推测一个类似的待建系统的计算负荷。我国相关标准规定,人防工程应采用需要系数法来确定计算负荷。大量的统计调查数据表明,同一类型的电力用户(或用电设备组)半小时平均负荷的最大有功功率(计算负荷)与设备容量(功率)的比值,即需要系数的数值非常相近。这使我们有理由相信,在待建的系统中,类似的电力用户(或用电设备组)也应该有同样的需要系数,这也就是用需要系数进行负荷计算的依据。

人防工程用电设备组平均需要系数和平均功率因数如表 3-1 所示。

人防工程用电设备组平均需要系数及平均功率因数表　　　　表 3-1

分组负荷	该分组内包括的设备	用电设备		分组负荷计算值		说　明
		台数	工作容量 (kW)	需用系数 K_d	功率因数 $\cos\varphi$	
风机类	进风机、排风机、送风机、轴流风机、冷冻机		20~100 20 以下	0.85~0.8 0.85	0.8	风机均属此分组
泵类	水泵及电站油泵	<4 4~6 6~8 <6 6~8	<15 15~25 25~35 ≈40 ≈50	0.8~0.7 0.7~0.65 0.65~0.6 0.75 0.7	0.89 0.88 0.87 0.87 0.87	

续表

分组负荷	该分组内包括的设备	用电设备		分组负荷计算值		说明
		台数	工作容量(kW)	需用系数 K_d	功率因数 $\cos\varphi$	
电热类	0.5~1.5kW 分散电加热器	<20 20~50 50~100	20左右 20~50 50~100	1.0~0.95 0.95~0.85 0.85~0.75	1.0 1.0 1.0	对集中式电加热器 K_d 取1.0
电灶类	电灶、电冰箱、电炒锅	<2 2~4	<35 <65	0.85 0.8	1.0 1.0	
照明类	各种照明灯具		0~10 10~20 20~40 通道照明	1.0~0.95 0.95~0.9 0.9~0.85 <0.95	1.0 1.0 1.0 1.0	1. 照明负荷包括插座容量，但 K_d 值仅对房间总容量而言； 2. $\cos\varphi$ 为白炽灯数值，未装电容器的日光灯：$\cos\varphi=0.5~0.6$
通信设备	载波机 电报 电话 收信机 发信机			0.95~0.85 0.85~0.75 0.85~0.75 0.9~0.8 0.8~0.7	0.8	通信类的数据供参考，设计时应和通信部门协商确定

1. 需要系数

工程上是将用电设备组的计算有功功率与同组设备功率总和（不包括备用设备）之比，称为需要系数，记作 K_d，即：

$$K_d = \frac{P_c}{\sum_{i=1}^{n} P_{N,i}} \tag{3-10}$$

式中　K_d——用电设备组需要系数；

　　　P_c——用电设备组计算负荷；

　　　$P_{N,i}$——用电设备组单台设备功率（不包括备用设备）；

　　　n——设备台数。

统计数据表明，K_d 一般总是小于1，主要原因有以下四点：①一组设备并不一定同时处于工作状态；②处于工作状态的设备，其工况不一定都处于额定状态；③电动机等用电设备的额定功率，与输入电功率并不相等，其间有一个效率的差异；④考虑电网损耗，电力系统向用电设备组提供的功率与设备组消耗的功率并不相等。

以上①、②使 K_d 趋向于小于1，而③、④使 K_d 趋向于大于1。但综合来看，K_d 一般总是小于1的。

需要系数 K_d 是通过大量的测量与统计求得的。由于电力负荷的种类和性质各不相同，其需要系数一般也不相同，为便于计算，工程上是先将负荷按用途和性质进行分类，再给出各类用电设备组的平均需要系数。

2. 需要系数法的计算步骤

1）设备分组

按给定的需要系数表格将用电设备分成若干组。如表3-1所示，人防工程电力负荷按用途将负荷分成了六大类：

（1）风机类：包括进风机、排风机、送风机、循环风机、轴流风机、冷冻机等；

（2）泵类：包括水泵及油泵等；

（3）电热类：包括电沸水器、电热水器等；

（4）电灶类：包括电灶、电冰箱、电炒锅等；

（5）照明类：包括各种照明灯具，白炽灯和荧光灯应分别计算；

（6）通信设备类：包括载波机、电报、电话、收信机、发信机等。

2）计算用电设备功率 P_N

需要系数法中用电设备的额定容量即用电设备功率 P_N，并不完全等同于用电设备的铭牌功率（用电设备在某一暂载率下的额定功率 P_r），这是由于各种用电设备的铭牌功率（额定功率）都是在一定暂载率下给出的，因此在进行负荷计算时，首先要将用电设备按不同工作制进行分类，并根据不同负荷计算方法的要求将给定的用电设备的额定容量统一换算为某一规定暂载率下的额定容量，然后才能进行计算。需要系数法中的设备功率 P_N 与用电设备的铭牌功率即额定功率 P_r 的换算方法如下：

（1）长期工作制用电设备

$$P_N = P_r \tag{3-11}$$

（2）反复短时工作制电动机类设备，应统一换算到暂载率为25%时的等效额定功率，即：

$$P_N = \sqrt{\frac{\varepsilon_r}{\varepsilon_N}} P_r = 2P_r \sqrt{\varepsilon_r} \tag{3-12}$$

式中　ε_r——电动机的额定暂载率；

ε_N——要求换算到的暂载率，需要系数法规定为25%（利用系数法规定为100%）。

（3）反复短时工作电焊机及电焊装置类设备，应统一换算到暂载率为100%时的等效额定功率，即：

$$P_N = P_r \sqrt{\varepsilon_r} \tag{3-13}$$

（4）短时工作制电动机的设备功率是将额定功率换算为长期工作制的有功功率。将短时工作制电动机近似的看作反复短时工作制电动机，用式（3-13）换算。0.5h工作制电动机可按 $\varepsilon \approx 15\%$ 考虑，1h工作制电动机可按 $\varepsilon \approx 25\%$ 考虑。电梯按工作情况为"较轻、频繁、特重"，分别按 $\varepsilon \approx 15\%$、$\varepsilon \approx 25\%$、$\varepsilon \approx 40\%$ 考虑。

（5）照明设备的额定功率，应考虑镇流器等辅助元件的附加功率。

对白炽灯、碘钨灯光源的照明设备，其额定容量就是指灯泡上所标的额定功率，即 $P_N = P_r$。

对荧光灯光源的照明设备：带普通型电感镇流器，$P_N = 1.25 P_r$；带节能型电感镇流器，$P_N = 1.15 P_r$；带电子镇流器，$P_N = 1.10 P_r$。

（6）整流变压器的设备功率是指直流功率。

（7）不对称单相负荷的额定容量。

当系统中有多台单相用电设备时，工程中应尽量将他们均匀地分配到三相中去，力求减少三相负荷的不平衡度。当单相用电设备的设备功率之和不超过三相用电设备的设备功率之和15%时，可按三相平衡分配来考虑；如果单相用电设备的设备功率之和大于三相用电设备的设备功率之和 15% 时，则其额定容量应按三倍最大相负荷来进行换算。对不同接线方式，其换算方法为：

单相负荷接于相电压时： $P_N = 3P_{rP,max}$ (3-14)

单相负荷接于线电压时： $P_N = \sqrt{3} P_{rL,max}$ (3-15)

式中 P_N——换算后设备的额定容量；

$P_{rP,max}$——接于相电压的单相最大负荷；

$P_{rL,max}$——接于线电压的单相最大负荷。

3）单个用电设备组计算负荷的确定

当用电设备组的设备台数 $n \leq 3$ 台时，计算负荷不考虑需要系数，直接用用电设备功率相加即可；当设备台数 $n > 3$ 台时，按以下公式计算：

$$P_C = K_d \sum_{i=1}^{n} P_{N,i} \quad (3-16)$$

$$Q_C = P_C \tan\varphi \quad (3-17)$$

$$S_C = \sqrt{P_C^2 + Q_C^2} \quad (3-18)$$

$$I_C = \frac{S_C}{\sqrt{3} U_N} \quad (3-19)$$

式中 K_d——用电设备组需要系数，见表 3-1；

P_C、Q_C、S_C——用电设备组计算负荷的有功功率（kW）、无功功率（kvar）、视在功率（kV·A）；

I_C——计算电流（A）；

$P_{N,i}$——用电设备组中单台设备功率；

$\tan\varphi$——用电设备组功率因数角正切值；

U_N——系统标称电压；

n——设备台数。

4）多个用电设备组计算负荷的确定

当供电系统中有若干个性质不同的用电设备组时，应按以上步骤分别计算每一组的计算负荷。考虑到系统中各用电设备组的最大负荷（计算负荷）不可能同时出现的因素，因此在确定多个用电设备组总的计算负荷时，应结合具体情况对其有功负荷和无功负荷分别计入一个同时系数（又称参差系数），即将每一组的计算有功功率、无功功率分别相加之后再乘以其同时系数。多个用电设备组计算负荷的计算公式如下：

$$P_{C \cdot \Sigma} = K_{\Sigma P} \sum_{j=1}^{m} P_{C \cdot j} \quad (3-20)$$

$$Q_{C \cdot \Sigma} = K_{\Sigma Q} \sum_{j=1}^{m} Q_{C \cdot j} \quad (3-21)$$

$$S_{C \cdot \Sigma} = \sqrt{P_{C \cdot \Sigma}^2 + Q_{C \cdot \Sigma}^2} \quad (3-22)$$

式中 m——用电设备组数；

$P_{C \cdot \Sigma}$、$Q_{C \cdot \Sigma}$、$S_{C \cdot \Sigma}$——m 个用电设备组总的计算有功、无功、视在功率；

$P_{C \cdot j}$、$Q_{C \cdot j}$——第 j 个用电设备组的计算有功、无功功率；

$K_{\Sigma P}$——有功功率同时系数，一般取值为 0.8~1.0，对配电干线范围内的负荷取较大值，对变配电所范围内的负荷取较小值；

$K_{\Sigma Q}$——无功功率同时系数，一般取值为 0.8~1.0。

必须注意的是，由于各用电设备组的功率因数不一定相同，因此总的视在计算功率和计算电流一般不能用各组的视在计算功率或计算电流之和来确定，总的视在计算功率更不能按式 $S_{C.\Sigma}=P_{C.\Sigma}/\cos\varphi$ 来计算。

$$S_{C.\Sigma}=P_{C.\Sigma}/\cos\varphi$$

3. 需要系数法计算示例

需要系数法是在大量测量和统计的基础上，给出各类负荷的需要系数，然后用设备容量（功率）乘以需要系数，进而直接求出计算负荷。此外，在进行负荷计算时应只考虑工作的设备，备用设备不应计算在内。下面以一个典型的工程为例，演示如何用需要系数法确定工程的计算负荷。

例：某通信工程用电设备台数及容量如表 3-2 所示，试按需要系数法计算该工程的计算负荷。

解：1) 首先将用电设备分为风机类、泵类、照明类、电加热器类及通信类五组。

2) 计算用电设备功率，如表 3-2 所示。

某通信工程电力负荷计算表　　表 3-2

负荷分组	设备名称	单机容量(kW)	电压(V)	装机台数	工作台数	工作容量(kW)	需用系数 K_d	功率因数 $\cos\varphi$	$\tan\varphi$	计算容量 P_C (kW)	计算容量 Q_C (kvar)
风机类	冷冻机	22	380	3	3	66	—	—	—	—	—
	进风机	5.5	380	1	1	5.5	—	—	—	—	—
	进风机	2.2	380	2	2	4.4	—	—	—	—	—
	排风机	5.5	380	1	1	5.5	—	—	—	—	—
	排风机	2.2	380	1	1	2.2	—	—	—	—	—
	轴流风机	4	380	1	1	4	—	—	—	—	—
	送风机	4	380	4	4	16	—	—	—	—	—
	冷冻机	0.4	380	1	1	0.4	—	—	—	—	—
	小计	—	—	14	14	104	0.85	0.8	0.75	88.4	66.3
泵类	电站给水泵	2.2	380	4	2	4.4	—	—	—	—	—
	冷却水泵	5.5	380	2	1	5.5	—	—	—	—	—
	生活水泵	5.5	380	2	1	5.5	—	—	—	—	—
	加压泵	55	380	2	1	55	—	—	—	—	—
	油泵	3.3	380			3.3	—	—	—	—	—
	小计	—	—	11	6	73.7	0.7	0.87	0.568	51.6	29.3
照明类	房间照明	—	220			21.2				19	0
	通道照明		220			3.6				3.42	0
	小计	—	—			24.8	0.925	1.0	0	22.9	0
电加热器类	电热水器	12	220	1	1	12	1.0	1.0	0	12	0
通信类	各类设备		380/220	40	36	276	0.9	0.8	0.75	248.4	186.3
	合计									423.3	282

3) 计算各用电设备组的计算负荷：
(1) 风机组
$$P_{N1} = 104 \text{kW}$$
查表 3-1，取 $K_{d1} = 0.85$，$\cos\varphi_1 = 0.8$，$\tan\varphi_1 = 0.75$。
$$P_{C1} = K_{d1} \times P_{N1} = 0.8 \times 104 = 88.5 \text{kW}$$
$$Q_{C1} = P_{C1} \times \tan\varphi_1 = 88.5 \times 0.75 = 66.4 \text{kvar}$$

(2) 泵组
$$P_{N2} = 73.7 \text{kW}$$
查表 3-1，取 $K_{d2} = 0.87$，$\cos\varphi_2 = 0.87$，$\tan\varphi_2 = 0.568$。
$$P_{C2} = K_{d2} \times P_{N2} = 0.87 \times 73.7 = 51.6 \text{kW}$$
$$Q_{C2} = P_{C2} \times \tan\varphi_2 = 51.6 \times 0.568 = 29.3 \text{kvar}$$

(3) 照明组
$$P_{N3} = 24.8 \text{kW}$$
查表 3-1，取 $K_{d3} = 0.925$，$\cos\varphi_3 = 1$，$\tan\varphi_3 = 0$。
$$P_{C3} = K_{d3} \times P_{N3} = 0.925 \times 24.8 = 22.4 \text{kW}$$
$$Q_{C3} = P_{c3} \times \tan\varphi_3 = 0$$

(4) 电加热器组
$$P_{N4} = 12 \text{kW}$$
查表 3-1，取 $K_{d4} = 1$，$\cos\varphi_4 = 1$，$\tan\varphi_4 = 0$。
$$P_{C4} = K_{d4} \times P_{N4} = 12 \times 1 = 12 \text{kW}$$
$$Q_{C4} = P_{C4} \times \tan\varphi_4 = 0$$

(5) 通讯组
$$P_{N5} = 276 \text{kW}$$
查表 3-1，取 $K_{d5} = 0.9$，$\cos\varphi_5 = 0.8$，$\tan\varphi_5 = 0.75$。
$$P_{C5} = K_{d5} \times P_{N5} = 0.8 \times 276 = 248.4 \text{kW}$$
$$Q_{C5} = P_{C5} \times \tan\varphi_5 = 248.4 \times 0.75 = 186.3 \text{kvar}$$

4) 计算总的计算负荷
$$P_{C,\Sigma} = K_{\Sigma P} \sum_{j=1}^{m} P_{C \cdot j}$$
$$Q_{C,\Sigma} = K_{\Sigma Q} \sum_{j=1}^{m} Q_{C \cdot j}$$

取 $m = 5$；$K_{\Sigma P} = K_{\Sigma Q} = 1$，则：
$$P_{C \cdot \Sigma} = P_{C1} + P_{C2} + P_{C3} + P_{C4} + P_{C5}$$
$$= 88.4 + 51.6 + 22.9 + 12 + 248.4$$
$$= 423.3 \text{kW}$$
$$Q_{C \cdot \Sigma} = Q_{C1} + Q_{C2} + Q_{C3} + Q_{C4} + Q_{C5}$$
$$= 66.3 + 29.3 + 186.3$$
$$= 282 \text{kvar}$$
$$S_{C \cdot \Sigma} = \sqrt{P_{C \cdot \Sigma}^2 + Q_{C \cdot \Sigma}^2} = \sqrt{423.3^2 + 282^2} = 508.6 \text{kVA}$$

$$I_{C.\Sigma} = \frac{S_{C.\Sigma}}{\sqrt{3}U_N} = \frac{508.6}{\sqrt{3} \times 0.38} = 772.8A$$

则整个工程的计算负荷为:

$$P_{C.\Sigma} = 423.3 \text{kW}$$
$$Q_{C.\Sigma} = 282 \text{kvar}$$
$$S_{C.\Sigma} = 508.6 \text{kVA}$$

以上数据是设计中确定发电机和变压器容量、选择导线、开关的依据。

4. 对需要系数法的评价

需要系数法简单直观,适用于设备台数较多,且设备功率相差不大的用电设备组负荷计算。但若使用不当,结果可能误差过大,甚至出现荒谬的结果,见下例。

例:某工程有 6 台通风设备,其中 1 台 22kW,另 5 台每台 0.5kW,试用需要系数法求其计算有功功率。

解:查表 3-1,取风机设备组的需要系数 $K_d = 0.8$,有:

$$P_C = 0.8 \times (22 + 5 \times 0.5) = 19.6 \text{kW}$$

这一结果显然是错误的,因为即使只使用 1 台 22kW 通风设备工作,其计算有功功率也应有 22kW。究其原因,主要是设备功率相差太悬殊,而设备台数又较少,需要系数法在这种情况下失效。

3.2.3 二项式法

二项式法是对需要系数法的一种补充,针对的正是设备台数少,功率相差又大的用电设备组负荷计算。二项式法认为计算负荷由两部分构成,一部分是所有用电设备的平均负荷,又称作均值负荷;另一部分专门考虑少数大功率设备对计算负荷的影响,即对大功率设备产生的计算负荷偏差进行修正的附加负荷。二项式法的计算步骤如下。

1. 单个用电设备组的计算负荷

设备台数 $n > 3$ 时单个用电设备组的计算负荷按下式计算:

$$P_C = b\sum_{i}^{n} P_{Ni} + cP_x \tag{3-23}$$

$$Q_C = P_C \tan\varphi \tag{3-24}$$

式中　b、c——二项式系数;

　　　x——设备组中功率最大的设备台数;

　　　P_x——功率最大的 x 台设备的设备功率之和;

　　　P_C、Q_C——计算有功、无功功率。

式(3-23) 等号右边的第一项与需要系数法有相同的含义,称为均值项;第二项是对大功率设备产生的偏差进行的修正,称为附加项。二项式系数 b、c 也是通过统计得到的数据,是对负荷曲线上的特征值进行再运算后得出的参数值,可查阅相关设计手册。

2. 多个用电设备组的计算负荷

多个用电设备组总的计算负荷是将各个设备组计算负荷的均值项直接相加,再与所有设备组附加项中最大的一个附加项相加,即:

$$P_{C\Sigma} = \sum_{j=1}^{m}(b_j \sum_{i=1}^{n_j} P_{N_{ij}}) + \max\{(cP_x)_j, j=1,2,\cdots,m\} \tag{3-25}$$

$$Q_{C\Sigma} = \sum_{j=1}^{m}(b_j \tan\varphi_j \sum_{i=1}^{n_j} P_{N_{ij}}) + \max\{(cP_x)_j \tan\varphi_j, j=1,2,\cdots,m\} \tag{3-26}$$

式中 $P_{C\Sigma}$、$Q_{C\Sigma}$——所有用电设备组总的计算有功、无功功率；

$P_{N_{ij}}$——第 j 设备组中第 i 台设备的设备功率；

$(cP_x)_j$——第 j 设备组的附加项；

m——设备组数；

n_j——第 j 设备组的设备台数；

b_j——第 j 组设备的均值项系数。

3.2.4 利用系数法

利用系数法是通过平均负荷来计算负荷。这种方法的计算思路是先求易于实测的平均负荷，再乘以最大系数求得最大负荷。最大系数取决于平均利用系数和用电设备有效台数，后者计及设备台数和设备间功率差异的影响。利用系数（K_u）的定义为一组设备的平均功率与设备功率之比。利用系数是对一定的时间阶段而言的，如班、月、年等。利用系数法的计算步骤如下。

1. 最大负荷班的用电设备组平均负荷

有功功率：
$$P_{av} = K_u P_N \tag{3-27}$$

无功功率：
$$Q_{av} = P_{av} \tan\varphi \tag{3-28}$$

式中 P_{av}——用电设备组的有功平均功率（kW）；

Q_{av}——用电设备组的无功平均功率（kvar）；

P_N——用电设备组的设备功率（kW），设备功率的确定参见需要系数法；

K_u——最大负荷班的用电设备组利用系数；

$\tan\varphi$——用电设备组的功率因数角的正切值，相关设计资料可查得。

2. 全计算范围的总利用系数（平均利用系数）

$$K_{ut} = \frac{\sum P_{av}}{\sum P_N} \tag{3-29}$$

式中 K_{ut}——总利用系数，有些文献称为平均利用系数；

$\sum P_{av}$——各用电设备组的有功平均功率之和（kW）；

$\sum P_N$——各用电设备组的设备功率之和（kW）。

3. 用电设备的有效台数

为便于比较，从发热角度出发，将各台设备功率和运行方式不相同的实际用电设备组归算为某一假想的各台设备功率和运行方式均相同的用电设备组，且其最大计算负荷仍保持不变，则该假想用电设备组的台数就称为实际用电设备组的有效（换算）台数 n_{eq}。用电设备有效台数的精确计算式为：

$$n_{eq} = \frac{(\sum_{i=1}^{n} P_{Ni})^2}{\sum_{i=1}^{n} P_{Ni}^2} \tag{3-30}$$

式中　n_{eq}——用电设备组的有效台数；

　　　P_{Ni}——第 i 台用电设备的设备功率（kW）。

用电设备有效台数 n_{eq} 的简化计算方法有较多的研究文献，有兴趣者可查阅相关资料，这里就不一一介绍。

4. 最大利用系数（附加系数）

根据用电设备有效台数 n_{eq} 和总利用系数（又称平均利用系数）K_{ut} 可从相关设计手册查得最大利用系数 K_m，有些文献又称其为附加系数。

注意：由于工程中规定，较小截面导体（不大于 $3×35mm^2$ 的绝缘线和电缆）采用 0.5h 最大系数；中等截面导体（大于 $3×35mm^2$ 的绝缘线和 $3×50mm^2 \sim 3×120mm^2$ 的电缆）采用 1h 最大系数；变压器和大截面导体（不小于 $3×150mm^2$ 的电缆）采用 2h 最大系数。从相关设计手册中查出的最大利用系数一般为 0.5h 最大系数，当导体达到稳定温升的时长 t 大于 0.5h 时，最大利用系数 $K_{m(t)}$ 应按下式换算：

$$K_{m(t)} \leqslant 1 + \frac{K_{m(0.5)} - 1}{\sqrt{2t}} \tag{3-31}$$

式中　$K_{m(t)}$——任意时长的最大利用系数；

　　　$K_{m(0.5)}$——0.5h 最大系数；

　　　　t——导体达到稳定温升的时长（h）。

5. 计算负荷

有功功率：　　　　　　　　$P_C = K_m \sum P_{av}$ 　　　　　　　　(3-32)

无功功率：　　　　　　　　$Q_C = K_m \sum Q_{av}$ 　　　　　　　　(3-33)

式中　P_{av}——用电设备组的有功平均功率（kW）；

　　　Q_{av}——用电设备组的无功平均功率（kvar）；

　　　P_C——计算有功功率（kW）；

　　　Q_C——计算无功功率（kvar）；

　　　K_m——最大利用系数。

3.2.5　单位指标法

在工程设计阶段，很多时候连用电设备台数和功率都是不知道的（如办公楼、住宅等），采用需要系数法等负荷计算方法的前提条件都不具备，这时可采用单位指标法进行负荷估算。单位指标法有两种应用途径，一是先估算出设备安装功率，再用需要系数法等方法求出计算负荷；二是直接用计算负荷的单位指标求出计算负荷。

单位指标法包括负荷密度指标法（单位面积功率法）、综合单位指标法、单位产品耗能法等。单位指标法的计算公式为：

$$P_{N\Sigma} = \alpha N \tag{3-34}$$

式中　α——单位指标；

　　　N——单位数量；

　　　$P_{N\Sigma}$——设备安装总功率。

单位指标可以是宾馆的"kW/床"、建筑的"kW/m^2"（又称负荷密度）、住宅楼的

"kW/户"等。单位指标法应用的关键是能否取得可信的单位指标数据。表 3-3 列出了一些用户的单位面积负荷指标,更多的可见相关设计手册。

常见电力用户单位面积负荷指标 表 3-3

用 途	单位指标(kW/m^2)	用 途	单位指标(kW/m^2)
旅游宾馆(有中央空调)	0.07~0.08	办公楼(有中央空调)	0.07~0.08
商场(有中央空调)	0.12~0.15	博展馆	0.06~0.07
科研实验楼(有中央空调)	0.08~0.10	中、小学(有空调)	0.07~0.08
医院(有中央空调)	0.08~0.10	中、小学(无空调)	0.03~0.04

3.2.6 负荷计算方法的选择

1) 单位指标法(包括负荷密度指标法、综合单位指标法、单位产品耗电量法等)源于对实用数据的归纳和总结,用相应的指标能直接求出计算负荷,计算过程简便快捷,但指标受多种因素的影响,变化范围很大,因而计算精度低,适用于设备功率不明确的各类项目,如民用建筑中的分布负荷、住宅负荷等;尤其适用于设计前期的负荷估算和对计算结果的校核。

2) 需要系数法源于负荷曲线的分析,计算方法是设备功率乘以需要系数得出需要功率;多组负荷相加时,再逐级乘以同时系数;计算简单,是最为常用的一种计算方法,适合用电设备数量较多,且容量相差不大的情况。

组成需要系数的同时系数和负荷系数都是平均的概念,若一个用电设备组中设备容量相差过于悬殊,大容量设备的投入对计算负荷起决定性的作用,这时用需要系数计算的结果很可能不能满足大容量设备投入时的功率要求,甚至出现不合理的结果。

影响需要系数的因素非常多,对于运行经验不多的用电设备,很难找出较为准确的需要系数值,适用于设备功率已知的各类项目,尤其是照明、高低压系统和初步设计的负荷计算。计算范围内全部用电设备数为 5 台及以下时,不宜采用需要系数法。

3) 二项式法针对的是设备台数少、功率相差又大的用电设备组负荷计算。它是把计算负荷看作由两个分量组成,一个分量是平均负荷,另一个分量是数台大功率设备工作对负荷影响的附加功率,适用于用电设备数量较少和容量差别大的支干线的负荷计算,是对需要系数法的一种补充,弥补了需要系数法的不足之处,扩大了需要系数法的适用范围。但是,二项式系数过分突出最大用电设备容量的影响,其计算负荷往往较实际偏大。

4) 利用系数法的理论依据是概率论与数理统计,它是通过平均负荷来求计算负荷。计算步骤为先求易于实测的平均负荷,再乘以最大系数求得最大负荷;最大系数取决于平均利用系数和用电设备有效台数,后者计及了设备台数和设备间功率差异的影响,计算结果比较接近实际,可用于设备台数较少的情况。但其计算过程相对繁琐,尤其是用电设备有效台数的计算有待改进,利用系数的实用数据也有待积累,适用于设备功率或平均功率已知的各类项目,特别是工业企业电力负荷计算,通常不用于照明负荷计算。

利用系数法和需要系数法是关联的。

(1) 当电力负荷采用利用系数法计算时,照明负荷仍应采用需要系数法计算。变电站或更大计算范围的总负荷,应为前者最大负荷与后者需要负荷的有功、无功分量分别相加。

（2）在一定条件下，需要系数和利用系数存在转换关系。当缺乏某些计算系数的资料时，两者可相互补充。需要系数与利用系数的关系见表3-4。

需要系数与利用系数的关系　　　　　　　　表3-4

需要系数	0.5	0.6	0.65～0.7	0.75～0.8	0.85～0.9	0.92～0.95
利用系数	0.4	0.5	0.6	0.7	0.8	0.9

5）目前人防工程根据负荷计算方法得出的计算结果往往偏大，导致人防工程供电保障中长期存在"大马拉小车"的现象，这是因为：

（1）负荷计算的基础数据偏大。在选择电气设备时，一般都是按最不利的负荷情况选择，常常还在此基础上加裕度系数，使得设备容量偏大。

（2）负荷计算所用的计算系数偏大。在负荷计算时，各种系数都是以求出负荷曲线上持续30min最大负荷来给出的，对于大多数电气设备来讲，显然过于保守。

近年来，针对负荷计算中存在的问题，许多研究人员改进或提出了新的负荷计算方法，如新利用系数法、变系数需要系数法等，但由于缺少相关实测数据的支撑，未能在行业中推广应用，有待进一步积累和改进。进一步研究人防工程负荷计算的方法，有待大家共同探索。

3.3 功率与电能损耗计算

损耗是供配电系统关心的另一个指标。这里所说的损耗是指电源供给的电能（或功率）与用电设备消耗的电能（或功率）之差，不包括用电设备自身的损耗，因此也叫作电网损耗，简称网损。网损主要是变压器和线路损耗，少部分为其他配电设备的损耗。

3.3.1 电网的功率损耗

1. 线路的功率损耗

通过线路的电流是变化的，其损耗因此也是变化的，此处只计算在最大负荷时的功率损耗。从前面的分析可知，计算负荷即日负荷曲线上的最大负荷，因此三相线路的最大功率损耗为：

$$\Delta P_L = 3I_C^2 R \times 10^{-3} \quad (3-35)$$

$$\Delta Q_L = 3I_C^2 X \times 10^{-3} \quad (3-36)$$

式中　R——每相线路的电阻（Ω）；

　　　X——每相线路的电抗（Ω）；

　　　I_C——线路上的计算电流（A）；

　　　ΔP_L——线路的有功功率损耗（kW）；

　　　ΔQ_L——线路的无功功率损耗（kvar）。

应该注意，电阻R是随温度变化的，应按设计的长期工作温度取相应的电阻值。若不知道设计长期工作温度，可取线路的长期最高允许工作温度计算。

2. 电力变压器的功率损耗

电力变压器功率损耗包括有功损耗和无功损耗两部分。变压器的有功损耗也由两部分构成,一部分是铁芯中的损耗,称为铁损,用 ΔP_{Fe} 表示。只要外加电压和频率不变,其铁损也就不变,它与负荷的大小无关,一般可以用变压器的空载损耗 ΔP_0 作为变压器的铁损 ΔP_{Fe}。另一部分有功损耗是变压器负载运行时在其一、二次线圈电阻中所产生的有功损耗,亦称为铜损,用 ΔP_{Cu} 来表示。铜损与负载电流的平方成正比,一般可由短路实验测定,变压器的短路损耗 ΔP_k 可以认为是额定负荷下的铜损。因此变压器的有功损耗即为:

$$\Delta P_T = \Delta P_{Fe} + \Delta P_{Cu}\left(\frac{S_C}{S_r}\right)^2 = \Delta P_0 + \Delta P_k\left(\frac{S_C}{S_r}\right)^2 \tag{3-37}$$

式中 S_r——变压器的额定容量(kV·A);

S_C——变压器的计算负荷(kV·A)。

变压器的无功损耗也由两部分构成。一部分无功功率用来产生主磁通,也就是用来产生激磁电流或空载电流 I_0 的,用 ΔQ_0 表示,ΔQ_0 与负荷的大小无关,即:

$$\Delta Q_0 \approx S_r \times I_0\% / 100 \tag{3-38}$$

式中 $I_0\%$——变压器的空载电流占其额定电流的百分值,由产品样本给出。

另一部分无功功率消耗在变压器一、二次线圈的电抗上,如果在额定负荷时这部分无功损耗用 ΔQ_k(又称变压器的短路无功损耗,kvar)表示,则:

$$\Delta Q_k \approx S_r \times U_k\% / 100 \tag{3-39}$$

式中 $U_k\%$——变压器短路电压占其额定电压的百分值,由产品样本给出。

这部分无功损耗与负载电流(或功率)的平方成正比。因此变压器的无功损耗 ΔQ_T 应为:

$$\Delta Q_T = \Delta Q_0 + \Delta Q_k\left(\frac{S_C}{S_r}\right)^2 \approx S_r\left[\frac{I_0\%}{100} + \frac{U_k\%}{100}\left(\frac{S_C}{S_r}\right)^2\right] \tag{3-40}$$

以上各式中的 ΔP_0、ΔP_k、$I_0\%$ 及 $U_k\%$ 均可从变压器产品样本中查得。

在设计中,当变压器负荷率不大于85%时,变压器的有功和无功损耗也可以采用下列近似公式计算:

$$\Delta P_T \approx 0.01 S_C; \quad \Delta Q_T \approx 0.05 S_C \tag{3-41}$$

3.3.2 电网的电能损耗

1. 年最大负荷损耗小时数

由于电网的功率损耗是时刻变化的,大多数时候小于计算负荷产生的损耗,因此不能用上面的最大功率损耗乘以工作时间来求出一年的电能损耗。为计算方便,工程上提出了年最大负荷损耗小时数的概念。

定义:假设电网中的损耗一直等于计算负荷产生的损耗,要消耗掉电网一年实际损耗的电能所需要的时间,称为年最大负荷损耗小时数,记作 τ_{max}。

年最大负荷损耗小时数 τ_{max} 与年最大负荷利用小时数 T_{max} 和功率因数有关,图3-6示出了它们之间的关系。

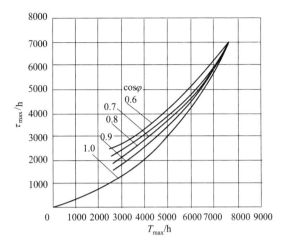

图 3-6　τ_{max} 与 T_{max}、$\cos\varphi$ 的关系

2. 年电能损耗计算

1) 线路的年电能损耗

$$\Delta W_L = 3I_C^2 R \tau_{max} \times 10^{-3} \tag{3-42}$$

2) 变压器的年电能损耗

$$\Delta W_T = \Delta P_0 t_{0p} + \Delta P_k \left(\frac{S_C}{S_T}\right)^2 \tau_{max} \tag{3-43}$$

式中　ΔW_L——线路的年有功电能损耗（kW·h）；

　　　ΔW_T——变压器的年有功电能损耗（kW·h）；

　　　t_{0p}——变压器全年投入电网的运行时间（h）；

　　　τ_{max}——年最大负荷损耗小时数（h）；

其余同上。

3.4　功率因数计算与无功功率补偿

无功功率是在电源与负荷之间来回交换的电功率，它是由电感性和（或）电容性阻抗产生的。供配电系统中的用电设备以电感性居多，因此在大多数情况下，总是需要电源提供感性无功功率。

按电磁感应原理工作的设备需要建立电磁场才能正常工作，感性无功功率的作用正是用于建立这个电磁场，因此无功功率不是无用的功率，对很多设备来说没有无功功率就不能工作。尽管无功功率不在负荷中消耗，但它在负荷与电源之间交换时必然会通过电网，会造成网损增加、电压损失加大、电网设备和线缆利用率降低等不良后果。减少电网中的无功功率，对供配电系统具有多方面的重要意义，电力公司对此也有明确的要求。

减少电网中的无功功率首先应着眼于提高自然功率因数，即提高设备本身的功率因数，这包括合理选用电动机、变压器以达到较佳工况，合理选择变配电所位置以减小线路长度，合理调度运行等措施。在采取以上措施后若仍不能满足功率因数要求，则应进行人工补偿。

3.4.1 功率因数的计算

供电系统的功率因数，随着负荷的变化在经常不断地变化。系统中某一时刻的功率因数，称为系统瞬时功率因数，可由功率因数表直接测得，也可以通过电流表、电压表和功率表测得的数据间接求得，即：

$$\cos\varphi = \frac{P}{\sqrt{3}UI} \tag{3-44}$$

但在实际系统中，负荷是时刻变化着的，每一时刻，都有一个瞬时功率因数值。瞬时功率因数对系统控制等是一个有用的参数，但不适合于电力公司考核用户功率因数，因为不能仅凭某一个或某几个瞬时的量值来判断用户功率因数的长期情况。实际工程中该如何解决这一问题呢？

1. 对供配电系统功率因数的要求

功率因数这一参量的本质是反映无功功率在视在功率中的相对大小。在工程应用中，通常取一段时间（一个月）的平均功率因数，作为经济技术考核指标，其计算方法为：

$$\cos\varphi_{\mathrm{av}} = \frac{W_{\mathrm{P}}}{\sqrt{W_{\mathrm{P}}^2 + W_{\mathrm{Q}}^2}} = \frac{1}{\sqrt{1 + \left(\frac{W_{\mathrm{Q}}}{W_{\mathrm{P}}}\right)^2}} \tag{3-45}$$

式中 W_{P}——计算时间段内有功电能（kW·h）；

W_{Q}——计算时间段内无功电能（kvar·h）。

电力公司对供配电系统平均功率因数的要求为：10kV 及以上用户不低于 0.90，0.38kV 用户不低于 0.85。对达不到要求的用户，电力公司可采取经济处罚措施，甚至停止供电。

2. 设计阶段功率因数计算

按上式计算平均功率因数 $\cos\varphi_{\mathrm{av}}$ 需要系统运行数据才能计算出来，但在设计阶段，尚无系统运行参数，我们如何求取平均功率因数呢？由于在设计阶段我们掌握有计算负荷等数据，我们希望根据这些数据来求取功率因数，且结果与系统投入运行后电力公司考核用的功率因数相一致，这就需要我们找出 P_{C}、Q_{C} 与 $\cos\varphi_{\mathrm{av}}$ 的关系。请看以下推导：

系统最大负荷时的功率因数，可按下式计算：

$$\cos\varphi_{\mathrm{av}} = \frac{W_{\mathrm{P}}}{\sqrt{W_{\mathrm{P}}^2 + W_{\mathrm{Q}}^2}} = \frac{P_{\mathrm{av}}t}{\sqrt{(P_{\mathrm{av}}t)^2 + (Q_{\mathrm{av}}t)^2}} = \frac{\alpha P_{\mathrm{C}}t}{\sqrt{(\alpha P_{\mathrm{C}}t)^2 + (\beta Q_{\mathrm{C}}t)^2}} \tag{3-46}$$

式中 P_{C}、Q_{C}——有功、无功计算负荷；

α——有功平均负荷系数，$\alpha = \frac{P_{\mathrm{av}}}{P_{\mathrm{C}}}$，一般 $\alpha = 0.7 \sim 0.8$；

β——无功平均负荷系数，$\beta = \frac{Q_{\mathrm{av}}}{Q_{\mathrm{C}}}$，一般 $\beta = 0.75 \sim 0.85$。

可见，平均功率因数理论上完全可以用计算负荷来表达，其准确度取决于 α、β 取值与实际情况的差异。上式也就是供配电工程设计中采用的功率因数计算公式。

3.4.2 无功功率补偿原理与补偿量计算

1. 无功功率补偿原理

当用户平均功率因数达不到要求时,需要进行功率因数的人工补偿。所谓补偿,并不是减少设备本身的无功功率需求,而是减少设备向电源索取的无功功率。这就需要就近向设备提供其所需的无功功率,或者说需要在设备附近设置一个无功电源,这个无功电源就叫作补偿装置。图 3-7 示出了无功补偿的原理:补偿前负荷经电网向电源索取无功功率 Q_C,也就是说负荷工作所需的无功功率 Q_C 是通过整个电网的,补偿后补偿装置向负荷提供一定量的无功功率 Q_{CC},由此通过电网的无功功率减少为 $Q_C - Q_{CC}$。

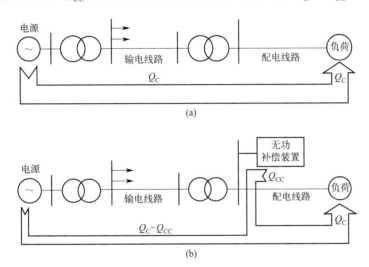

图 3-7 无功补偿的原理
(a) 无补偿装置;(b) 有补偿装置

供配电系统多为感性系统,因此无功补偿就是向系统注入容性无功功率。常用的补偿装置有同步发电机和电容器。同步发电机主要用于输变电系统的无功调节,供配电系统中则主要采用电容器补偿。近年来结合电力电子等新技术,出现了兼有无功补偿、谐波补偿、电压波动与闪变补偿等多种功能的综合补偿装置。本节主要介绍常规的移相电容器补偿。

2. 补偿容量的计算

设用户补偿前的平均功率因数为 $\cos\varphi_1$,要求补偿后达到 $\cos\varphi_2$,则:

补偿前:

$$\tan\varphi_1 = \frac{Q_{av}}{P_{av}} = \frac{\beta Q_C}{\alpha P_C} \tag{3-47}$$

补偿后:

$$\tan\varphi_2 = \frac{Q_{av} - Q_{CC}}{P_{av}} = \frac{\beta Q_C - Q_{CC}}{\alpha P_C} \tag{3-48}$$

式中 P_{av}、Q_{av}——补偿前的平均有功功率(kW)和平均无功功率(kvar);
P_C、Q_C——补偿前的计算有功功率(kW)和计算无功功率(kvar);
Q_{CC}——无功补偿容量(kvar);

α、β——有功、无功负荷系数。

从上两式可以求出无功补偿容量为：

$$Q_{CC} = \alpha P_C (\tan\varphi_1 - \tan\varphi_2) \tag{3-49}$$

人防工程一般是按最大负荷计算补偿容量。

3. 补偿电容器数量计算

补偿容量是靠多台电容器拼搭出来的。设单台电容器容量为 Q_r，则补偿所需电容器台数 n 为：

$$n \geqslant \frac{Q_{CC}}{Q_r} \tag{3-50}$$

所需电容器台数对三相电容器，n 必须是整数；对单相电容器，n 不仅必须是整数，还必须是 3 的倍数，因为补偿是针对三相系统的。所以有时实际补偿量会大于计算补偿量，这时应对补偿后的实际功率因数重新校核。

3.4.3 补偿电容器的接线与控制方式

1. 补偿电容器的接线

补偿电容器的基本接线有三角形和星形两种，理论上两种接法均可，但在实际工程中，三角形接法时电容器直接接在线电压上，哪怕只有一只电容器发生贯穿性击穿，就会形成相间短路，故障电流很大，而星形接法发生同样故障时，只是非故障相电容器承受的电压由相电压升高为线电压，故障电流仅为正常电容电流的 3 倍，远小于短路电流。因此，在较低电压等级的系统中才采用三角形接线，在中高压系统中均采用星形接线。就供配电系统来说，10kV 以上系统采用星形或双星形接线，0.38kV 系统采用三角形接线。

在采用星形接法时，为了充分利用电容器的容量，最好选择按相电压标定额定电压的电容器，如 10kV 系统可选用额定电压 $11/\sqrt{3}$ kV 的电容器进行星形连接，若选用额定电压为 11kV 的电容器，因为工作时只承受相电压，其实际补偿容量仅为标称容量的 1/3。

2. 无功补偿的控制方式

因为负荷是时刻变化的，为了避免过补偿的情况出现，或为了避免轻载时电压偏高，可根据负荷变化情况对补偿容量进行调整。常用的方式有以下三种：

1) 固定无功补偿

固定无功补偿以恒定的补偿容量进行补偿，适用于负荷平稳的系统。

2) 手动投切的无功补偿

根据系统所需补偿量大小手动增加或减少补偿电容器的组数，以维持设定的功率因数范围。这种控制方式适合于自然功率因数变化较大，但变化不频繁且有一定规律性的系统。

3) 自动投切的无功补偿

根据补偿效果自动确定投切电容器的组数，适用于自然功率因数变化较频繁或变化规律性不强的系统。

3.4.4 并联补偿电容器装置的装设地点

理论上，补偿装置距负荷越近，补偿效果作用范围越大，但受补偿的负荷范围越小。在供配电系统中，综合考虑造价、运行控制、维护管理等因素，一般有三种安装方式：就地补偿，变电站低压侧集中补偿，变电站中压侧集中补偿。

1. 就地补偿

就地补偿是将补偿装置设置在用电设备附近，一般与设备一起投切。这种方式补偿效果作用范围最大，从用电设备至电源的整个电网都减少了无功功率，但投资大、维护管理不便，且存在合闸涌流冲击、与用电设备相互影响等诸多技术问题，一般较少采用。

2. 变电站低压侧集中补偿

变电站低压侧集中补偿是将补偿装置设置在变配电所 0.4kV 低压母线上，通常与变压器相对应。一般有手动或自动投切控制。这种方式不能减少低压母线与用电设备之间电网的无功功率，但可减少通过变压器的无功功率，运行、维护管理都比较方便，是目前较常用的一种方式，适合于大多数一次降压的供配电系统。

3. 变电站中压侧集中补偿

变电站中压侧集中补偿是将补偿装置设置在变配电所中（高）压母线上，通常与电源进线相对应。这种方式补偿效果作用范围小，不能减少通过变压器和低压线路上的无功功率，但装设集中，便于维护管理，投资较少，一般用于二次降压的供配电系统中的次级变配电所。

3.5 电源设备的选择

3.5.1 变压器的选择

变压器的容量和台数，应根据工程对供电系统的要求、计算负荷的大小和实际使用情况来确定。变压器的容量除应满足人防工程内部全部用电负荷和地面工程必要的用电外，还应适当考虑工程扩建而增加的用电负荷。此外，为了提高变压器的运行效率，变压器应运行在最佳负荷率附近。为此，变压器的容量一般应大于计算负荷的 15%～25%，即：

$$S_r = (1.15 \sim 1.25) S_C \tag{3-51}$$

式中　S_C——工程视在计算负荷（kVA）；
　　　S_r——变压器的额定容量（kVA）。

变压器的台数在很大程度上取决于所供负荷对供电可靠性的要求。只给三级负荷供电的变电所，应尽量采用一台变压器，这样既可节省投资，又便于维护；对只包含少量一、二级负荷的工程，如果设置了备用电源，也可采用一台变压器。

另外，要结合工程负荷的实际运行与维护管理方式，考虑选择 2 台变压器，其中一台用于工程维护性运行时的供电。如负荷较小时，可考虑选择一台变压器供电。另一台切除，以减小变压器损耗，节约电能。

必须指出，在一些特殊情况下，由于道路、桥涵等运输条件的限制，或受工程本身的门洞、通道尺寸的限制，不允许选择大容量变压器时，也可选择较小容量的多台变压器。因此，在选择大型设备方案时，必须与土建专业的设计人员密切协同，共同协商确定。

3.5.2　柴油发电机组的设置与选择

1. 柴油发电机组的设置原则

人防工程供电系统的运行实践经验表明，从电力网引接两路电源进线加双电源自动投切装置的供电方式，不能满足一级负荷中特别重要负荷对供电可靠性的要求。发生全部停电事故的原因，有的是由工程内部故障引起，也有由电力网故障引起的，因公用电力网在主干网架上都是并网的，因此，电力用户无论从电网取几回电源进线，也无法得到严格意义上的两个独立电源。事实上，电力网的各种故障，都可能引起所有进线同时失去电源，造成停电事故。

因此，人防工程内部应设置备用电源。如我国《人民防空地下室设计规范》GB 50038—2005 规定，凡是建筑面积大于 5000m² 的人防工程，必须在工程内部设置内部电源。工程内部一级负荷应由两个独立电源保证供电，其中一个独立电源应是该地下室的内部电源；5000m² 以下的人防工程，二级负荷可引接区域电源，当引接区域电源有困难时，应在地下室内设置自备电源。人防工程备用电源大多采用柴油发电机组。

2. 柴油发电机组容量和台数的确定

在人防工程中，为保证特别重要用电负荷的供电可靠性，除设有正常运行机组外，还应设置一定容量的备用机组。正常运行机组的长期运行输出功率，应能满足工程各种运行状态下需由柴油电站供电的最大计算负荷的需要。当多台发电机组并联运行供电时，应考虑机组功率分配不平衡的影响，应留有最大计算负荷容量的 10% 左右的裕量，即：

$$P_{F\Sigma}=1.1P_{C\Sigma} \tag{3-52}$$

式中　$P_{F\Sigma}$——运行机组实际所发出的总功率（kW）；

　　　$P_{C\Sigma}$——需由柴油电站供电的最大计算负荷（kW）。

机组台数的确定，应从供电要求、技术经济和运行维护等条件综合考虑。具体有以下五个因素：

（1）在有一级负荷的工程中，柴油发电机组台数应不少于两台。这样可保证工程内部有两个或两个以上的独立电源，以便在一台机组故障或检修时，一级负荷可切换到非故障机组上，确保供电可靠性。

（2）除非负荷容量很大，选用大型机组又受到限制，没有多台机组又不能满足容量要求外，一般工程运行机组的台数尽量不要超过四台，这样既可简化系统，又能减少运行维护工作量。

（3）在同一工程中应尽量选用国家定型配套的同型号、同容量的机组。这样既增加了备用零部件的互换性，便于运行、维护、修理，又便于机房的布置和安装。

（4）单台机组容量应考虑起动鼠笼型电动机的能力，机组全压起动鼠笼型电动机容量的百分比如表 3-5 所示。

发电机、变压器全压起动鼠笼型电动机容量百分数　　表 3-5

电源种类	励磁调压方式	$\dfrac{鼠笼型电动机容量}{发电机(变压器)容量}$	
柴油发电机组	带励磁机的可控硅调压器	15%～25%	
	可控硅、相复励自耦恒压装置、无刷励磁带自动调压器	15%～30%	
	三次谐波励磁	50%	
变压器		不经常启动	30%
		经常启动	20%

（5）尽量选用性能好、运行可靠的机组。机组是供电系统中最重要的设备，它的性能将直接影响系统供电的可靠性。因而，在确定机组时必须持极为慎重的态度。在确定某一机型前，必须认真研究该机组详细资料，详尽了解其功能。

在保证一、二级负荷供电的柴油电站还应设备用发电机组。备用机组的总容量应不小于电站正常运行时供给的一、二级负荷的总计算容量，即 100% 的备用容量。考虑到当一台发电机组在检修时，对一级负荷仍有备用机组，供给一级负荷的机组台数不应少于两台。

对于医疗救护工程中的中心医院、急救医院，其内部柴油发电机组的容量除必须满足本工程一、二级负荷需要外，并宜作为区域电站，以满足在低压供电半径范围内的其他人防工程中一、二级负荷的需要；机组的台数不应少于两台，其容量应按任一台机组发生故障后，其余机组应能满足一级负荷的用电需要来确定。

发电机组额定电压一般应为 400V，应采用 TN-S 或 TN-C-S 系统。当工程规模较大、工程内部必须采用高压配电时，也可以采用 6.3kV 或 10.5kV 的三相高压发电机组。

以上机组的选择只是初步的选择。当工程所在地的海拔高度、温度、湿度以及柴油机进气、排烟阻力与柴油机规定的额定运行条件不同时，实际所能发出的功率将小于其铭牌规定的额定功率。因此，在最后确定机组之前，必须对机组的出力进行修正，以便校核机组的实际出力是否满足要求。

思考与练习题

3-1　负荷曲线有哪些类别？

3-2　负荷曲线的主要技术指标有哪些？

3-3　如何绘制年负荷曲线？

3-4　为什么说年最大负荷利用小时数反映了电气设备的利用率？

3-5　试述最大负荷、平均负荷、年最大负荷利用小时数等参数的含义。

3-6　计算负荷等效了实际负荷的什么物理效应？

3-7　工程上如何确定计算负荷？

3-8　试述正确确定计算负荷的意义，并说明需用系数法计算负荷的特点和步骤。

3-9　用电设备工作制有哪几种类型？对各种不同工作制的用电设备应如何确定其额定容量？

3-10　在确定多组用电设备的总视在计算负荷和总计算电流时，为什么不能直接将各组视在计算负荷或计算电流相加?

3-11 变压器空载损耗、短路损耗与变压器负载率有什么关系?

3-12 供电系统中的功率损耗、电能损耗应如何计算?使用需用系数法如何通过逐级上推求得整个工程的计算负荷?

3-13 设计阶段功率因数如何计算?

3-14 按装设地点,无功功率补偿有哪几种方式?

3-15 采用静止电容器补偿无功功率时,电容器的容量、个数如何选择?安装上有什么要求?

3-16 如何选择变压器的容量和台数?

3-17 人防工程柴油发电机组的设置有什么要求?如何确定柴油发电机组的容量?

3-18 某工程三班制运行,其计算负荷为 $P_C=580\text{kW}$,$Q_C=800\text{kvar}$,试计算工程总视在计算负荷及平均功率因数。如果要使工程平均功率因数提高到 0.95,则需装设多大容量的电容器?补偿后工程总的计算负荷有何变化?

3-19 某变压器型号为 SC-800/10,10/0.4,低压侧计算有功、无功功率分别为 620kW、465kvar,若要求将变压器低压侧功率因数补偿到 0.9,则变压器低压母线上应并联多大容量的电容器?若选用额定电压 0.4kV,单台标称容量 16kvar 的单相电容器作补偿,按三角形接线,需要多少只电容器?

3-20 按表 3-6 中的人防工程设备台数、容量,试按需用系数法计算该工程的计算负荷并填表。

题 3-20 用表　　　　　　　　　　　　　　　　表 3-6

类别	负荷名称	单台功率(kW)	安装台数	使用台数	使用功率(kW)	K_d	$\cos\varphi$	$\tan\varphi$	计算负荷			使用时间	负荷等级
									P_C(kW)	Q_C(kvar)	S_C(kVA)		
通风空调	排烟风机	7.5	25	25	187.5								
	防火卷帘	1	89	89	89								
	排风机	3	25	25	75								
	空调风机	5.5	56	56	308								
	扶梯	14	15	15	210								
	小计	—											
泵类	喷淋泵	75	2	1	75								
	消火栓泵	30	2	1	30								
	稳压泵	7.5	2	1	7.5								
	稳压泵	5.5	2	1	5.5								
	污水泵	2.2	34	17	37.4								
	污水泵	2.2	56	56	123.2								
	污水泵	2.2	10	5	11								
	污水泵	1.5	5	5	7.5								
	小计	—											

续表

类别	负荷名称	单台功率(kW)	安装台数	使用台数	使用功率(kW)	K_d	$\cos\varphi$	$\tan\varphi$	计算负荷			使用时间	负荷等级
									P_C(kW)	Q_C(kvar)	S_C(kVA)		
电热类	电开水器	6	10	10	60								
	电热器	20	16	16	320								
照明类	照明灯	330			330								
	插座	22			22								
	应急照明	32			32								
其他	消防监控	10			10								
合计	总负荷	—	—	—	—	—	—	—					
	一级负荷	—	—	—	—	—	—	—					
	消防负荷	—	—	—	—	—	—	—					

第4章

高压开关设备及选择

供配电系统配电设备主要有开关电器、测量电器和保护电器,此外还有母线、支撑绝缘子、绝缘套管等元件。电气设备的选择不仅要考虑正常运行,还要考虑能否经受故障冲击。电气设备的选择包括类型选择与参数选择两个方面。开关设备切断有电流的电路时,触头间将产生电弧。电弧的存在,将延长电路断开时间,容易造成飞弧短路事故,有引发断路器爆炸的危险等。因此,灭弧性能是开关设备最重要的性能之一。

4.1 开关电器的电弧与灭弧

电弧是一种气体放电现象,是气体绝缘介质电离后所形成的一个电流通道。当开关开断电路时,只要电压大于10~20V,电流大于80~100mA,动、静触头间就会出现电弧。此时触头虽已分开,但是通过触头间的电弧,电流仍然继续流通,一直到触头分开到足够的距离,电弧熄灭后,电路才能真正断开。因此,电弧是开关开断电路过程中不可避免的现象,在制造有开断电路功能的电器时,必须考虑电弧问题。

4.1.1 电弧的产生与维持

1. 电弧的特性

1)电弧是一种能量集中、温度高、亮度大的气体放电现象。其电导大、温度很高、形状与路径不稳定,轻则损坏开关电器,重则引发短路或燃烧、爆炸。

2)电弧是由阴极区、阳极区和弧柱区三部分组成。在电弧的阴极和阳极区,温度常超过金属汽化点。弧柱是在阳极、阴极之间明亮的光柱,弧柱中心温度可高达六、七千摄氏度,弧柱的直径很小,一般只有几毫米到几厘米。在弧柱周围温度较低,亮度明显减弱的部分称为弧焰。电流几乎都在弧柱内流通。

3)电弧是一种自持放电现象,只要很低的电压就能维持电弧稳定燃烧而不熄灭。如大气中1厘米长的电流电弧的维持电压只有15~30V,在变压器油中也不过100~200V。

4)电弧是一束游离的气体,质量极轻、容易变形。在外力作用下,如气体、液体的流动作用,以及在电动力的作用下,电弧能迅速移动,伸长及卷曲,这对冷却和吹灭电弧是有利的。对敞露在大气中的电弧将"飞"出很大距离,例如,在大气中开断交流100kV、5A的电流时,电弧长度可能超过7m;电流更大时,电弧长达二三十米,这种电弧，称为飞弧或者开弧。显然，在高压电气设备中，如果没有灭弧装置而发生开弧是极其危险的。

2. 开关电器电弧形成的过程

当电压大于 10～20V、电流大于 80～100mA 时开断电路，就会产生电弧。当开关触头分开的瞬间，由于触头间缝隙很小，有很高的电场强度，电场力将电子从阴极金属触头中拉出；这一现象称为强电场发射。发射出的电子在电场力的作用下向阳极加速运动，途中可能与中性的介质粒子发生碰撞，若碰撞的动能足够大，可将介质粒子裂解成自由电子和正电离子，这一过程称为碰撞游离。游离出的电子和正电离子又在电场力的作用下加速运动，进而发生更多的碰撞游离。当触头间有足够多的电子和正电离子（统称为载流子）时，导电通道形成，载流子在此通道中流动，形成电弧弧柱。

电弧弧柱温度很高，高温区可达 5000℃。高温使介质粒子的布朗运动加剧，产生更多碰撞，又会使一些中性介质粒子裂解为电子和正电离子，这一过程称为热游离。在电弧稳定燃烧期间，电弧电压很低，弧柱主要靠热游离维持。另外，电弧高温还会使阴极触头表面发射电子，同时熔化触头形成金属蒸气，称为热发射，热发射是维持电弧的另一个因素。电弧产生与维持的过程如图 4-1 所示。

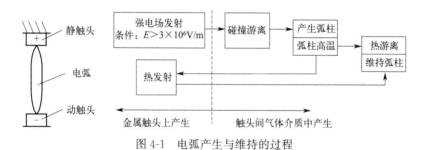

图 4-1 电弧产生与维持的过程

4.1.2 电弧的熄灭

以上所述的是电弧形成的游离过程。然而在游离的同时，还存在着一种与游离现象相反的过程，即带电质点相互中和为不带电的中性质点，使带电质点大大减少，这种现象称为去游离。去游离的强弱是能否熄灭电弧的主要因素，在电弧的形成过程中，游离和去游离过程是同时存在的。当游离作用大于去游离作用时，电弧电流就越来越大；如果两者作用相互平衡，电弧就将稳定燃烧；若游离作用小于去游离作用时，则电弧电流减小，直至电弧熄灭。因此，要使电弧迅速熄灭，就应人为地创造一种条件或环境，加强去游离作用。开关电器中的灭弧装置就是在这一理论基础上实现的。

1. 电弧的去游离方式

电弧的去游离方式有复合和扩散两种。

1）复合

异性带电质点的电荷彼此中和成为中性质点的现象称为复合。由于电子运动的速度约为离子运动速度的 100 倍，所以正、负离子间的复合要比电子和正离子的复合容易得多。通常，利用电子在碰撞时，有些电子附在中性质点上，形成负离子后，将易与正离子复合。

另外，电弧与固体表面接触，也可以加强复合。其原理是，电子首先附在固体介质表面，然后，再把正离子吸引到固体介质表面进行中和。

2）扩散

弧柱中的带电质点，由于热运动而从弧柱内部逸出，进入周围介质的现象称为扩散。电弧中发生扩散是由于电弧与周围的介质温度相差很大以及弧柱与周围介质的离子浓度相差很大的缘故。扩散作用的存在，使弧柱内的带电质点减少，有助于电弧的熄灭。

2. 影响去游离的因素

1）介质的特性

电弧中去游离的强度，在很大程度上取决于电弧所在介质的特性，如气体介质的导热系数、介质强度、热游离温度和热容量等。若上述各项数值越大，则去游离过程越强烈，电弧越容易熄灭。气体介质中，氢气导热性能好，是比热最大的气体介质，具有良好的灭弧性能，其灭弧能力约为空气的 7.5 倍；水蒸气、二氧化碳和空气次之。六氟化硫（SF_6）气体的灭弧能力更强，约为空气的 100 倍。

2）冷却电弧

电弧是靠热游离来维持的，所以，降低电弧的温度就可以减弱热游离，正所谓"釜底抽薪"，不但减少新带电质点的形成，而且使带电质点的运动速度减小，复合作用加强。另外，迅速拉长电弧，用气体或油（变压器油）吹动灭弧，加强电弧与固体介质表面接触等方式，都可以加强电弧的冷却，有利于灭弧。

3）气体介质的压力

电弧在气体介质中燃烧时，气体介质的压力对电弧去游离的影响很大。气体压力越大，则质点密度就越大，质点间距就越小，复合作用就越强。因此，增加气体介质的压力，电弧就容易熄灭。开关电器的灭弧装置中，广泛利用这一特性。

4）触头材料

触头的材料对去游离也有一定影响，触头应采用熔点高、导热能力强和热容量大的耐高温金属，以减少热电子发射和电弧中的金属蒸气。

综上所述，触头间电弧的形成与熄灭，取决于游离和去游离的强弱。触头间的电压和电场强度是碰撞游离的主要条件，而电弧的温度是影响游离和去游离及热游离能否维持的重要因素。电弧的温度一方面取决于电弧的能量（当电弧电压和电弧电流一定时，电弧能量和电弧燃烧的时间成正比），另一方面又取决于电弧的冷却情况。当电弧能量一定时，电弧的熄灭取决于电弧被冷却后的去游离作用。

3. 交流电弧的熄灭条件

交流电弧和直流电弧的基本区别在于交流电弧的电流每半周都要过零一次，此瞬间电弧自然熄灭，所以交流电弧每一个周期（2π 电角度）要暂时熄灭两次。如果在电流过零瞬间，采取有效措施，加强弧隙的去游离，使弧隙介质的绝缘能力达到不被弧隙外加电压所击穿的强度，则电弧就不会重燃，而最终熄灭。显然，一般交流电弧比直流电弧容易熄灭。

交流电弧电流过零时，是熄灭交流电弧的有利时机。但电弧电流过零后是否重新燃烧，则取决于弧隙中去游离和游离的速度。在电弧电流过零前的几百微秒，由于电流已经很小，输入弧隙的能量也大大减小，弧隙温度要下降，因此，弧隙的游离程度下降，弧隙电阻增大。当电流过零时,电源停止向弧隙输入能量。因此,由于弧隙不断散出热量,使其温度继续下降,去游离继续加强。但是,由于电流过零的速度较快,而弧隙温度的降低和弧隙介质强度恢复到绝缘的正常情况总需要一定的时间,因此,当电流过零后的很短时间内,弧隙中的温度仍很高,特别是在开断大电流时,还会存在热游离,这时弧隙仍具有一定的导电性(称为残余电导)。在弧隙电压的作用下,由于残余电导,使弧隙中有残余电流通过,此时,电源仍然可以向弧隙输入能量,使弧隙温度升高,热游离加强。所以,此时弧隙中存在着散失能量和输入能量的两个矛盾过程。如果输入的能量大于散失的能量,则弧隙游离过程将会胜过去游离过程,电弧将重燃,这种由于热游离加剧而使电弧重燃的现象称为热击穿。反之,如果在电流过零时,加强弧隙的冷却,使散失的能量大于输入的能量,弧隙温度将继续下降,去游离过程将胜过游离过程,弧隙温度降低到使热游离基本停止时,弧隙将由导电状态向绝缘状态转变,电弧也将熄灭。

当弧隙温度降低到热游离基本停止时,弧隙已转变为介质状态,此时不会出现热击穿而重燃。但是弧隙的绝缘能力或称介质强度(以能承受的电压表示)要恢复到绝缘介质的正常情况仍需要一定的时间,即弧隙介质强度的恢复时间;而在电弧电流过零后,弧隙电压将由原来的熄弧电压经过由所开断电路的参数所决定的电磁振荡过程,逐渐恢复到电源电压,这就是电压的恢复过程。因此,当电流过零后,弧隙中存在着两个恢复过程。这时,如果恢复电压高于介质强度,弧隙仍将被击穿,电弧又会重燃。只有介质强度始终高于恢复电压时,电弧才不会重燃,而最终熄灭。

弧隙介质强度的恢复过程,主要与弧隙的冷却条件有关;而弧隙电压的恢复过程,主要与线路参数有关。事实上,弧隙电压又影响到弧隙的游离,而弧隙电阻又是线路参数之一,也影响着弧隙电压的恢复。因此,它们之间又是互相牵连的。弧隙中存在着的这两个相互牵连的对立过程,是决定电流过零以后电弧是重燃还是熄灭的根本条件,如图4-2所示。

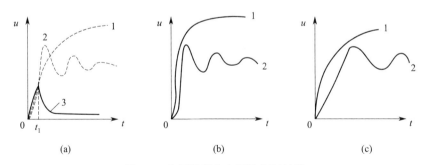

图4-2 介质强度和电压的恢复过程

图4-2中,曲线1为介质强度恢复过程,曲线2为电压恢复过程,曲线3为电弧电压。图4-2(a)表示在t_1时发生击穿,电弧重燃。图4-2(b)为加强冷却,加速介质强度恢复过程后,介质强度始终大于恢复电压,电弧不发生重燃而熄灭。图4-2(c)为改变线路参数,延缓电压的恢复过程(如在触头两端并联小电阻r,r越小,电压恢复越慢),使恢复电压始终小于介质强度,同样能防止电弧重燃而熄灭。

如果以$U_{hj}(t)$表示弧隙介质强度的恢复函数,以$U_{hf}(t)$表示电压的恢复函数,则交流电压的熄灭条件是：

$$U_{hj}(t) > U_{hf}(t) \tag{4-1}$$

上式的物理意义是明显的，即在电流过零后，如果弧隙介质强度始终大于恢复电压，弧隙将不被击穿，电弧熄灭；否则，电弧将会重燃。

4. 交流电流过零后，介质强度的恢复——近阴极效应

由图 4-2(b) 可以看出，加速介质强度的恢复过程，对熄弧有利。不过电流过零后，弧隙介质强度的恢复过程是比较复杂的。在电流过零前，弧隙空间充满着电子和正离子。当电流过零后，弧隙的电极极性发生了变化，实验表明，这时，在弧隙间将形成一起始介质强度。当电流过零后 $0.1 \sim 1 \mu s$ 的极短时间内弧隙将出现大约 $150 \sim 250 V$ 的起始介质强度，这种现象称为近阴极效应。如果电极的温度过高，则起始介质强度较小，近于 150V；如果电极的温度较低（电流很小），则起始介质强度较大，近于 250V。当 $150 \sim 250V$ 的起始介质强度出现以后，介质强度的增长速度就慢得多，此时，它主要决定于冷却电弧的条件。

电弧过零后，弧隙立刻出现 $150 \sim 250V$ 介质强度的原因可解释如下：当电流过零，改变极性时，弧隙中剩余离子的运动也随着极性的改变而变更方向，由于正离子的质量比电子大 1000 倍以上，因此，在电极的极性改变以后，电子能很快回头向相反的方向运动，而正离子的质量很大，这时还来不及马上变更方向，几乎还停留在原来的地方，这样，由于电子早已跑向新阳极，使新阴极附近缺少电子，而残留着许多正离子，即在新阴极附近将形成正电荷空间。显然，如果要电弧重新产生，即要电子重新发射，外加电压必须超过一定值（$150 \sim 250V$），才能使新阴极开始发射电子。电极温度高时，电子发射比较容易，只要较小的电压便可造成热电子的发射；电极温度较低，则需要较高的电压。这就是说，当交流自然过零后反相时，在阴极附近的空间将立刻造成 $150 \sim 250V$ 的介质强度。

介质强度的恢复过程与弧隙的冷却条件有关，同时与电弧电流的大小有关。电弧电流越大，也就是电弧温度越高，介质强度恢复的越慢；反之，对电弧的冷却越好，电流过零时的电弧温度下降越快，介质强度的恢复也越快。

介质强度的恢复还与所采用介质的特性有关。如采用绝缘强度高，介质强度恢复快，热传导系数大的气体，提高气体的压力等都可以提高电流过零后弧隙的介质强度，还可以利用真空作"介质"。此外，触头分断速度也影响介质强度的恢复过程，提高分断速度，则弧隙的电阻增大的速度快，也可提高介质强度的恢复速度。

4.1.3 开关电器灭弧的基本方法

根据上述讨论的电弧现象和熄弧过程，在高、低压开关电器中，广泛采用的基本灭弧方法有下列四种。

1. 迅速拉长电弧

拉长电弧有利于散热和带电质点的复合和扩散，具体方法如下：

1) 加快触头的分离速度

如采用强力跳闸弹簧等。目前高压断路器的分闸速度已经从每秒 1m 提高到每秒 16m。

2) 采用多断口

在触头行程、分闸速度相同的情况下，多一个或几个断口，总比单个断口的电弧长，电弧被拉长的速度也成倍增加，因而能提高灭弧能力，如图 4-3 所示。如 35kV 及 110kV 的断路器常采用双断口；又如我国 220kV 及 330kV 少油断路器主体采用两个或三个 110kV 少油断路器串联构成，这样，220kV 及 330kV 少油断路器每相分别有四个和六个断口。

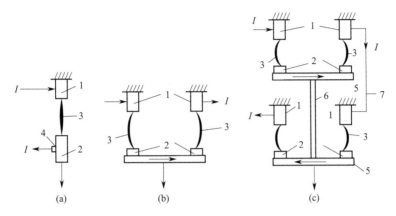

图 4-3　一相内有几个断开点时的触头示意图
(a) 一个断开点；(b) 两个断开点；(c) 四个断开点
1-固定触头；2-可动触头；3-电弧；4-滑动触头（导电滚轮）；5-触头的横梁；6-绝缘杆；7-载流连接条

2. 低压短弧的熄灭——灭弧栅片

在交流低压开关电器中，常使电弧进入灭弧栅片，利用近阴极效应使电弧迅速熄灭。在触头间设置灭弧栅片，灭弧栅片可采用钢片制作。此时，电弧将靠磁力线的收缩力，被拉入灭弧栅，从而将一个长弧被分隔成许多段短弧。当交流电流过零时，所有短弧同时熄灭，由于近阴极效应，在每一短弧的新阴极附近都将立即出现 150~250V 的起始介质强度，只要所有串联短弧的起始介质强度的总和大于触头间的外加电压，电弧将不再重燃，如图 4-4 所示。

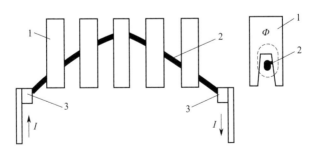

图 4-4　灭弧栅片灭弧原理
1-钢栅片；2-电弧；3-触头

在直流电路中，是利用所有短弧上的阴极和阳极电压降的总和，大于触头上的外加电压，使电弧熄灭，由于直流电弧较交流电弧难于熄灭，常采用磁吹线圈迅速吹弧灭弧。

此外，金属栅片本身还有冷却电弧的作用。

3. 吹弧灭弧

吹弧广泛应用于高压断路器中。吹弧作用使电弧强烈冷却并拉长，去游离增强，加速扩散，使电弧迅速熄灭。

利用气流或磁场吹动电弧（分别称为气吹和磁吹），使电弧拉长、冷却，从而达到加强去游离、增大弧隙介质强度的作用，使电弧熄灭。

吹弧的方式有横吹、纵吹和混合吹等几种。横吹指吹动方向与触头运动方向垂直，如图 4-5(a) 所示；纵吹指吹动方向与触头运动方向平行，如图 4-5(b) 所示；混合吹指同时使用纵吹和横吹两种方式。

横吹的优点是拉长电弧提高燃弧电压，并增大散热面积，具有较好的灭弧效果。纵吹的优点是吹细电弧，加强电弧冷却。不少断路器的灭弧室两者兼而有之，即混合吹灭弧室。

从吹弧的能源来看，可分为自能式和外能式。利用电弧本身的能量吹动电弧称为自能式，这种方式吹弧强度与电弧的强度直接相关；利用外加能源（如事先准备好的压缩空气）吹动电弧称为外能式，其吹弧强度与电弧强度无关。

4. 介质狭缝灭弧

电弧与固体介质接触时将受到冷却，当燃烧产气材料时，产气介质在电弧高温的作用下分解而产生有利于灭弧的气体（如产生氢气，其比热是气体中最大的，冷却效果好），使吹入狭缝或狭沟中的电弧拉长并冷却，去游离显著增强。图 4-6 所示为电弧吹入绝缘灭弧栅，电弧被拉长并冷却。

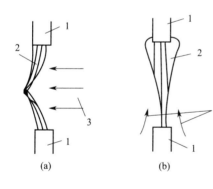

图 4-5　吹弧方式
(a) 横吹；(b) 纵吹
1-触头；2-电弧；3-吹弧方向

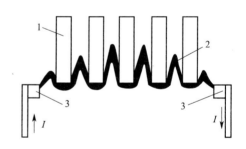

图 4-6　介质狭缝灭弧
1-绝缘灭弧片；2-电弧；3-触头

4.2　高压断路器

断路器是控制电路通断的开关电器，它不仅可以开、合正常的负荷电流，而且可以开断量值很大的短路电流，是供配电系统中最重要的配电设备之一。高压断路器是高压电路的主开关，也是开关电器中功能最完善、结构最复杂、价格较昂贵的一种设备。

4.2.1 高压断路器的分类

广泛应用的高压断路器有少油断路器、真空断路器和 SF_6 断路器。

少油断路器是利用绝缘油作为熄弧介质的油断路器。目前在人防工程中已淘汰。

真空断路器将触头密封在真空室内，真空有很高的绝缘强度，为空气的 14~15 倍。由于真空中没有多少气体分子可供游离，电弧较易熄灭。真空断路器的特点是触头行程小，体积小，重量轻，维护方便并无爆炸危险，额定电流可达千安，每一个触头断口间的电压可达 18kV，可以组合起来用于较高的电压级，目前是人防工程中主要采用的高压断路器。

六氟化硫断路器以六氟化硫气体作灭弧介质。SF_6 气体具有很高的介质强度和很好的灭弧性能，在 1 个大气压力下 SF_6 的介质强度为空气的 2~3 倍，而在 2 个大气压时就与变压器油的介质强度相近。特别是 SF_6 气体分子具有独特的吸收（捕捉）自由电子的能力，使它具有优异的灭弧能力。它的灭弧能力比空气强 100 倍，目前已广泛采用 SF_6 断路器作高压和超高压开关。

4.2.2 高压断路器的主要参数及其意义

高压断路器可以用来接通和断开带负荷的正常电路，也可以在事故情况下断开和接通故障电路，因此高压断路器具有足够的断流能力和尽可能短的动作时间。高压断路器是高压电路中的主开关，其工作性能的好坏影响整个系统的可靠性。断路器的主要参数有：

1. 额定电压 U_r

额定电压是指能保证断路器长期工作的标准电压（线电压）。断路器运行的最高工作电压可高于其额定电压的 10%~20%。断路器的额定电压体现了其绝缘等级和水平。

2. 额定电流 I_r

额定电流是指断路器在规定的温升下允许长期通过的电流。它与其长期允许发热有关。

3. 短路开断电流

这是由断路器灭弧能力确定的一个参数，指断路器在规定条件下能保证开断的最大短路电流，一般以短路电流交流分量有效值表示。开断电流又分额定开断电流（I_{cr}）和最大开断电流（I_{cmax}）。前者指开断该电流后，断路器仍可继续正常运行，并可反复开断至规定次数；后者指虽能保证开断该电流，但开断后，断路器已受到实质性损坏，必须维修或报废。开断能力校验一般使用额定开断电流，要求

$$I_{cr} \geqslant I_{k,max}^{(3)} \tag{4-2}$$

式中 I_{cr}——断路器的额定开断电流（kA）；

$I_{k,max}^{(3)}$——断路器安装处的最大三相短路电流有效值（kA）。

4. 额定开断容量 S_{kd}

额定开断容量指断路器的额定开断电流 I_{cr} 与额定电压 U_r 的乘积，再乘以 $\sqrt{3}$ 所得的数值（对三相断路器），又称为额定断流容量，即：

$$S_{kd} = \sqrt{3} U_r I_{cr} \tag{4-3}$$

同样，对应于极限（最大）开断电流，还有一极限（最大）开断容量。

为保证切除故障，额定开断容量应大于或等于装设点最大短路电流所对应的短路容量。

5. 额定短路关合电流

断路器在合闸位置允许通过的最大电流称为极限通过电流。断路器通过此电流时，应能经受其电动力的作用，并不致发生触头的熔结和其他妨碍断路器正常工作的损坏现象。

断路器应具有足够的关合短路故障电流的能力，表示这一能力的参数就是断路器的额定短路关合电流 i_{sp}。i_{sp} 是指断路器能关合的短路电流最大瞬时值。要求：

$$i_{sp} \geqslant i_p \tag{4-4}$$

式中　i_{sp}——断路器的额定短路关合电流（kA）；

　　　i_p——断路器安装处的最大三相短路峰值电流（kA）。

断路器铭牌上一般不给出 i_{sp} 的量值，该量值等于断路器生产厂家常提供的断路器的额定峰值耐受电流 i_{pw}。

6. 额定短时耐受电流

它是断路器热稳定校验的容许指标，由断路器生产厂家给出。由短路电流热效应的分析可知，短路后导体达到的最高温度与短路电流热脉冲有单调的正相关性，因此设备生产厂家通过试验给出产品所能承受的最大热脉冲，短路热稳定性校验只需将短路时设备实际承受的热脉冲与其所能承受的最大热脉冲相比较即可。要求：

$$I_k^2 t_{im} \leqslant I_{th}^2 t_{th} \tag{4-5}$$

式中　I_k——设备安装处的最大三相短路电流稳态值（kA）；

　　　t_{im}——短路电流作用的假想时间（s）；

　　　I_{th}、t_{th}——产品样本给出的一对参数，指设备在 t_{th}（s）内的热稳定电流为 I_{th}（kA），一般 t_{th} 为 1s、2s、4s；现在大多数产品样本称 I_{th} 为"额定短时耐受电流 I_{sw}"，称 t_{th} 为"额定短时耐受时间 t_{sw}"；下标"sw"的含义为"short time withstand"。

7. 固有分闸时间 t_0

固有分闸时间是指从分闸线圈通电起，至触头刚分开的一段时间。

8. 分闸时间 t_{fz}

分闸时间指从断路器的操作机构的分闸（跳闸）线圈通电起，至触头分开，电弧熄灭为止的一段时间。它由断路器的固有分闸时间 t_0 与电弧持续时间 t_{hu}（又称灭弧时间）两部分组成，即：

$$t_{fz} = t_0 + t_{hu} \tag{4-6}$$

从系统对切断短路电流的要求看，希望分闸时间尽可能短。我国断路器按开断时间不同可分为三种：快速（高速）断路器不超过 0.08s；中速断路器不超过 0.12s；低速断路器不超过 0.24s。

分闸时间的长短取决于断路器脱扣机构的动作时间和灭弧装置的灭弧时间。

9. 合闸时间

合闸时间指断路器操动机构合闸回路通电起到断路器主电路触头刚接触为止的时间。从电力系统的要求来看，对合闸时间要求一般不高，但希望稳定，且不大于 0.2~0.3s。

10. 断路器重合闸操作顺序

断路器的自动重合闸，是断路器在分闸后，按照命令自动进行再次合闸。由于电力系统中80%~90%的短路故障都是临时性的（如雷击、鸟害等），即故障电路切除后，故障原因就迅速消除，因而采用自动重合闸，可显著提高系统供电可靠性。自动重合闸后若短路故障未消除，则断路器应该立即再次跳闸，这种情况称为不成功自动重合闸。无论从灭弧还是从机械特性来看，不成功自动重合闸都加重了对断路器的要求，其短路开、合能力与单次开、合时会有比较大的下降。因此，相关标准规定了标准的重合闸操作顺序，称为额定操作顺序，要求生产厂家通过试验给出在这些操作顺序下断路器最后一次开断时的开断能力参数。断路器一般有以下两种额定操作顺序可以选择：

1）"O—t—CO"，即"分—t—合分"

该操作顺序对应着故障跳闸后重合闸失败的情况。在这个循环中存在着一个无电流的间隔时间t，这个时间就是从第一次故障跳闸时电弧最终熄灭起到断路器重合时电流重新出现为止的时间。显然无电流的间隔时间越短，则短路对系统造成的影响越小，一般无电流间隔时间t取为0.3s。

2）"O—t—CO—t'—CO"，即"分—t—合分—t'—合分"

该操作顺序对应着重合闸失败后人工进行强行送电又失败的情况。自动重合闸失败后人工强送电的无电流间隔时间t'一般取为180s。

11. 断路器参数示例

以ZN28-10I-1250真空断路器为例，其主要参数如下。

额定电压：10kV；最高工作电压：12kV；额定电流：1250A。

额定峰值耐受电流：50kA（峰值）；额定短时耐受电流：20kA（有效值）；额定短时耐受时间：4s。

额定短路开断电流：20kA（有效值）；额定短路关合电流：50kA（峰值）。

额定操作顺序：O—0.3s—CO—180s—CO。

额定开合电容器组电流：630A；额定异相接地故障开断电流：17.3A。

额定雷电冲击耐受电压：75kV（相对地）、84kV（断口间）；1min工频耐受电压：42kV（相对地）、48kV（断口间）。

合闸时间：不大于0.1s；分闸时间：不大于0.06s。

4.2.3 六氟化硫（SF_6）断路器

1. SF_6的特点

六氟化硫（SF_6）是一种惰性气体，无毒，无味，性能稳定，具有优良的绝缘性能和灭弧特性，使用SF_6气体作为绝缘和灭弧介质的SF_6断路器，是一种较新型的断路器。

1）SF_6的绝缘性能

SF_6在均匀电场的情况下，绝缘强度是空气的2.5~3倍（相同压力下），3个大气压的SF_6，其绝缘强度与变压器油相同。但是，SF_6的绝缘强度与电场的均匀程度关系极大，电场不均匀，绝缘强度将大大下降。在SF_6断路器的结构中，应防止由于电场不均匀而出现电晕的现象，否则会使绝缘能力降低而发生击穿，而且当SF_6气体中含有水分时还会引起气体分解出腐蚀性物质。

另外金属微粒的存在，也会使击穿电压显著下降，故 SF_6 断路器在装配、维修中必须注意清洁，防止金属微粒进入断路器中。

2）SF_6 的灭弧特性

SF_6 有极强的灭弧能力，因为它的弧柱导电率高，燃烧期间，电弧电压低，弧柱能量较小；其次是在电流过零后，介质强度恢复快，一般 SF_6 介质强度恢复速度比空气快 100 倍；另外 SF_6 的绝缘强度很高。

SF_6 气体的优良灭弧特性，可从下面两方面来加以解释：

（1）SF_6 气体导热性能比空气好，从而使电弧沿着半径方向的温度梯度很大，形成直径小而集中的弧柱。

由于电弧以小而集中的高温弧柱形式存在，并一直保持到电流接近零值时，所以不会出现截流而产生的过压。

（2）SF_6 气体的分子以及它分解的原子或其他氟化物，都具有负电性。所谓负电性，就是 SF_6 等的中性分子有很强的吸附电子而形成负离子的能力。由于它把弧隙中的电子变成活动性差的负离子，可抑制弧隙的游离作用，使弧隙导电率下降。由于负离子易与正离子复合，使弧隙中带电质点急剧减少，导电率大大降低，可加快电流过零后介质的恢复速度。SF_6 这种负电性特征，在温度较低的弧柱周围和电流在 0.1A 以下时，表现特别强烈。

2. SF_6 断路器的特点

1）熄弧能力强，易于制成断流容量大的断路器。由于介质强度恢复很快，可以经受幅值高、陡度大的恢复电压而不易被击穿。通常 SF_6 断路器可以不加并联电阻，就能可靠地切断各种故障，而不产生重燃与过电压。

2）允许开断次数多，检修周期长。由于 SF_6 受电弧烧灼后，不会引起 SF_6 气体的变质。SF_6 受电弧作用后，少量分解为 SF_2 和 SF_4，它们本身也是绝缘体，且很不稳定，在 10^{-3}s 的极短时间内又迅速合成为 SF_6。分解物不含有碳等影响绝缘能力的物质，在严格控制水分的情况下，不产生腐蚀性物质，国内外在多次强电流断开试验表明 SF_6 气体基本上不劣化。此外，在弧击时还形成一些金属氟化物，它们也具有很高的电阻率，因此不会引起绝缘损坏事故。由于电弧存在的时间短，触头烧伤较轻，所以大大地延长了检修周期。

3）散热性能好，通流能力大。SF_6 气体的导热率虽小于空气，但由于 SF_6 气体的分子重量大（其密度约为空气的 5 倍），比热大，热容量大，因此在相同压力下，对流时带走的热量多，总的散热效果好。

SF_6 断路器的缺点是加工精度要求高；对密封、水分等的控制、检测要求很严格。

3. SF_6 全封闭组合电器

所谓 SF_6 全封闭式组合电器，就是把整个供配电单元组合成几种典型组合方案，将它们全部封闭在充有 3～5 个大气压的 SF_6 气体的接地金属外壳（如铸钢）中。如进出线单元方案常由封闭母线筒、母线隔离开关（带接地开关）、电流互感器、断路器、线路隔离开关（带接地开关）等组合而成。由于全部电器都封闭在接地外壳内，可减少自然环境对电器的影响，避免许多事故的发生，对维护人员的人身安全也大有好处。由于采用 SF_6

绝缘,大大缩小了绝缘距离,整个配电装置占地面积大为减少,这在高电压中意义更大,如对 110kV 户外变电站,采用 SF_6 全封闭组合电器,可使占地面积缩小到原来的十分之一左右。对 110kV 户内设备,占地为原来的 30% 左右,体积约为原来的 15%。另外,由于这种断路器的检修周期长,整个组合电器几年甚至十几年才检修一次。因此,这种电器的优点是安全可靠、维护方便、占地小、高度低、防爆性能好,故它们非常适合于煤矿井下、船舶中使用。

4.2.4 真空断路器

真空断路器是将灭弧室抽成真空,尽量消除可游离的中性分子,使电弧难以产生和维持,如图 4-7 所示。虽然理想真空室不可能达到,但实验证明,只要在 10^{-6} mm 汞柱的真空度下,电弧产生和维持已几乎不可能了。这是因为:

(1) 真空具有极高的介质强度,真空度为 $10^{-4} \sim 10^{-6}$ mm 汞柱时,其击穿电场强度高达 100kV/mm。

(2) 真空中弧柱的带电质点密度和温度比周围介质高得多,这就形成了强烈的对流,将导致带电质点向四周高速扩散。

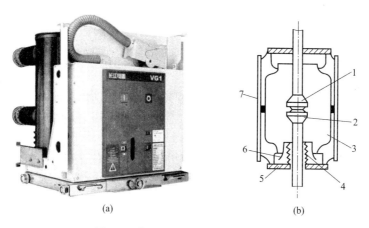

图 4-7 真空断路器及灭弧室结构图
(a) 真空断路器;(b) 真空断路器灭弧室结构
1-静触头;2-动触头;3-屏蔽罩;4-波纹管;5-与外壳封接的金属法兰盘;6-波纹管屏蔽;7-绝缘外壳

由于气体稀薄的空间绝缘强度高,电弧易于熄灭。因此真空断路器具有结构简单、体积小、重量轻、寿命长、使用安全、维护方便等优点。但是,由于真空的绝缘特性及动静触头间既要能分断又要密封的要求,触头开距一般都较小(采用波纹管密封)。因此,单个灭弧室额定电压一般在 35kV 及以下,真空断路器目前还不能用于高等级的电压。真空断路器的灭弧能力,与开断电流的大小无关,因此在开断小电流时产生截流现象,故在开断感性的小电流回路时,易产生过高的操作过电压。此外对真空度的监视与测量,目前尚无简单可靠的方法。

真空断路器的主要组成部分是真空灭弧室,其原理结构如图 4-7(b) 所示。断路器的动静触头和屏蔽罩都密封在真空的绝缘外壳 7 中,外壳可用玻璃或陶瓷制作。动触头与真空管之间的密封问题用波纹管 4 来解决,当动触头运动时,波纹管在其弹性变形的范围内伸缩。为了保证外壳的绝缘性能，在动静触头外面装有金属屏蔽罩3，冷凝吸收弧隙的金属蒸汽。真空灭弧室的真空度在出厂时，应保证在 10^{-6} 托以上，在运动过程中应保证在 10^{-4} 托以上。对 10kV 电压等级触头开距仅为 10~15mm，6kV 的还不到 10mm。

4.2.5 高压断路器的操动机构

1. 操动机构的作用和基本要求

断路器操动机构（也称操作机构）是用来使断路器合闸、维持合闸和分闸的设备。因此，操动机构包括合闸机构、维持机构（搭扣）和分闸机构。

为了可靠地完成上述任务，操动机构应满足以下基本要求：

1）应能提供足够的操作功率

在断路器合闸时，操动机构要克服断路器的分闸弹簧和压紧触头弹簧的阻力、传动机构中的摩擦力、油断路器中油对动触头及其他可动部分的阻力、断路器可动部分的重力以及载流部分的电动力等，因此，操动机构应具有足够的合闸功率。在断路器分闸时，操动机构一般只需要克服维持机构搭扣上的摩擦力，所需的跳闸功率不大。搭扣释放以后，断路器在分闸弹簧和可动部分的重力作用下跳闸。

2）动作应高度可靠

断路器的分、合闸是靠操动机构来完成的，能否正确动作，完全决定于操动机构的工作可靠性。该动时，应能可靠动作，不应拒绝动作；不该动时，不应误动作。

3）应具有"自由脱扣"功能

断路器的操动机构应能保证在回路存在故障（如短路）时，断路器合不上闸。而且保证在任何情况下，只要继电保护动作，断路器都能迅速跳闸。这就需要所谓"自由脱扣"功能。

图 4-8 为一种简单常见的四连杆自由脱扣机构的原理图，断路器合闸时，操作手柄 1 推动连杆 6，使断路器触头 2、3 闭合。这时，断路器的跳闸弹簧（图中未画出）有欲使断路器跳闸的趋势，即具有促使触头 3 与静触头 2 分开的力，但此时由于铰链 9 的位置略低于铰链 7、8 的连线，连杆机构处于"死位"，整个机构"维持"在合闸状态，如图 4-8（a）所示。

当发生故障，保护动作后，跳闸线圈 4 通电，跳闸铁芯被吸上，跳闸顶杆 5 向上顶动铰链 9，"死位"被破坏，连杆机构折曲，在跳闸弹簧的作用下，断路器迅速跳闸，如图 4-8（b）所示。

从图 4-11（b）中可见，当断路器自动跳闸后，如需进行合闸，必须先拉下手柄，进入准备合闸状态（称"再扣"），如图 4-8（c）所示，然后，再向上推操动手柄，才能使断路器合闸。

若合闸时正逢短路故障存在，由于保护动作，跳闸线圈 4 通电，使顶杆 5 向上运动，这时即使操作人员紧握手柄向上推，但由于铰链 9 被顶杆 5 顶住，不能形成"死位"，连杆向上曲折，断路器在跳闸弹簧作用下仍能"自由"跳闸。

4）动作应迅速

断路器分、合闸动作应迅速。若合闸缓慢，当回路内存在短路故障时，可能发生触头熔接，而分闸动作缓慢，不仅影响断路器的灭弧性能，而且影响到电力系统运行的稳定

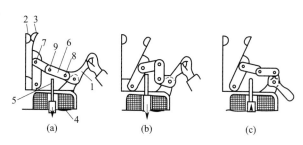

图 4-8 自由脱扣装置示意图
(a) 开关合闸状态；(b) 开关自动跳闸状态；(c) 准备合闸状态（再扣）

性，通常要求快速断路器的整个断路时间（包括断路器的固有分闸时间和灭弧时间）不大于 0.08s，近代的超高压断路器甚至要求为 0.02~0.04s。而在断路器的整个开断时间中，操作系统的固有分闸时间往往占一半以上，因此，应不断改进操动机构，使其动作更加迅速。

5）其他要求

结构简单、尺寸小、重量轻、价格低廉等。

2. 操动机构的类型及主要组成部分

按合闸能量来源，断路器的操动机构可以分为：手动操动机构（CS 型），直流电磁操动机构（CD 型），弹簧储能操动机构（CT 型），液压式操动机构（CY 型）等。本文主要介绍在人防工程中常用的弹簧储能操作机构。

弹簧储能操动机构，可以利用交流或直流电动机，也可以手动拉伸合闸弹簧储能，储能终了时合闸弹簧被锁扣机构锁住。合闸时，接通合闸线圈或按动合闸衔铁，锁扣机构解脱，合闸弹簧被释放，在弹簧力的作用下使输出轴旋转或拉动输出连杆，使断路器合闸。自动储能状态下，断路器合闸以后，行程开关动作，电动机的电源接通，合闸弹簧再一次储能，准备下一次合闸。

分闸时，跳闸线圈通电（或按动跳闸衔铁），维持机构释放，在跳闸弹簧作用下，断路器跳闸。

弹簧操动机构有些还可装瞬时过电流脱扣器、分励脱扣器和失压脱扣器。设计时除应说明操动机构的型号、名称外，还应提出合闸电磁铁线圈的额定电压，脱扣器的种类、数量和整定值。

图 4-9 为弹簧储能操动机构的控制电路展开图，图中控制开关采用万能转换开关 LW，图系弹簧尚未储能的分闸状态。

储能时，合 SA，电动机 M 通电转动，弹簧开始储能；储能完毕，行程开关的常闭接点 SQ:1 打开，电动机断电；同时，行程开关的另一常开接点 SQ:2 闭合，黄色信号灯 HY 亮，表示储能完毕。

合闸时，置控制开关 LW 于"合闸"位置，接点 5、8 接通，合闸线圈 HQ 通电，断路器合闸。合闸后，置 LW 于"通路"位置，接点 13、16 接通，开关的辅助接点 QF:1 闭合，QF:2 断开，红色信号灯 HR 亮，绿色信号灯 HG 灭，表示断路器处于合闸位置。此时通过信号灯 HR 的电流也通过跳闸线圈 TQ，但跳闸电磁铁并不动作（因为信号灯 HR 和跳闸线圈串联接入操作电源，这时，跳闸线圈仅获得电源的一小部分电压）。

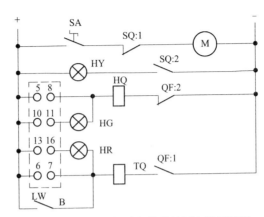

图 4-9 弹簧储能操动机构的控制电路展开图

当继电保护动作，保护接点 B 闭合或远动跳闸（接点 6、7 接通）时，跳闸线圈 TQ 获得全压，跳闸电磁铁动作，使开关跳闸。跳闸后，置 LW 于"断路"位置，接点 10、11 接通，而辅助接点 QF:1 断开，QF:2 接通，红灯 HR 熄灭，绿灯 HG 亮，表示开关处于跳闸状态（与上同样道理，合闸线圈 HQ 虽通电，但合闸电磁铁不动作）。

在图 4-9 中，注意到，当开关在合闸弹簧作用下合闸以后，行程开关的常开接点 SQ:2 打开，黄灯 HY 熄灭（表示合闸弹簧未储能），同时，行程开关的常闭接点 SQ:1 闭合，重新接通电动机回路，拉伸合闸弹簧储能，储能完毕，行程开关动作，SQ:1 断开，切断电动机电源。SQ:2 闭合，黄灯 HY 亮，表示合闸弹簧在储能状态，为以后开关跳闸后重新合闸准备好条件。

4.3 隔离开关、熔断器、负荷开关

4.3.1 隔离开关

隔离开关是供电系统中保证检修工作安全的开关电器。它处于分闸状态时，其动、静触头间具有明显可见的断口，绝缘可靠，因而主要用以保证电气设备的安全检修。

隔离开关的结构较为简单，没有专门的灭弧装置，一般不能用来操作负荷电流或短路电流，否则在隔离开关触头间可能形成很强的电弧，这不仅会损坏隔离开关及附近的电气设备，而且可能引起相间闪络造成相间短路。所以，一般隔离开关必须在所在回路的断路器断开之后才能进行切换操作（闭合或断开）。

隔离开关可以用于投、切小电流电路。例如电压互感器、避雷器回路；长度不超过 10km 的 35kV 空载架空线路或长度不超过 5km 的 10kV 空载电缆线路；35kV、1000kVA 及以下和 10kV、315kVA 及以下的空载变压器等。

对隔离开关还要求具有足够的热稳定和动稳定度，在短路电流电动力的作用下，刀闸不自行打开。

隔离开关的主要参数有：①额定电压 U_r；②额定电流 I_r；③极限通过电流（有效值或峰值）；④ t 秒热稳定电流 I_{th}。

根据使用场合，隔离开关分户内式和户外式，两者的主要区别在于绝缘子不同和电气距离（即相间和相对地距离）不同。户外式隔离开关多有破冰能力，即机构上能保证在结冰条件下的可靠分合。

4.3.2 熔断器

熔断器是最早广泛使用的过流保护电器，它简单、经济、可靠，并具有理想的反时限保护特性。但由于早期的产品特性分散性大、影响特性参数的因素较多，在继电保护出现后，其应用受到限制。近年来，随着对熔断器机理研究的进一步深入和制造水平的提高，其性能有较大改善，在高压系统中的使用逐渐增多，与继电保护共同承担了供配电系统的过电流保护任务。

1. 熔断器的工作原理

熔断器由熔体和熔断器座组成，核心部件是熔体。熔体在过电流作用下的温度和物态变化过程如图 4-10 所示，可分为以下四个过程。

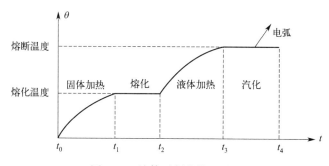

图 4-10 熔体开断的物理过程

1) 固态温升过程。这一阶段，过电流在熔体电阻上产生的损耗使熔体温度上升，直至熔体熔化温度，熔体开始熔化，即图 4-10 中的 $t_0 \sim t_1$ 阶段。

2) 熔化过程。这一阶段电流发热全部用于熔化熔体，温度不再上升，即图 4-10 中的 $t_1 \sim t_2$ 阶段。

3) 液态温升过程。熔体完全熔化后，电流发热使熔融的熔体材料温度继续上升，直至汽化温度，液态熔体开始变为金属蒸气，使熔体出现断口，产生电弧，即图 4-10 中的 $t_2 \sim t_3$ 阶段。

4) 燃弧过程。其指自电弧产生至电弧熄灭的过程，即图 4-10 中的 $t_3 \sim t_4$ 阶段。

从保护的角度看，一旦熔体"熔化"便不可能逆转到正常状态，但要到达"熔断"，保护才得以生效。因此在上下级保护配合问题上，应做到下级熔断器熔断时，上级熔断器尚未开始熔化。

2. 熔断器的保护特性

从过电流通过熔体开始，至熔体汽化起弧为止，这段时间称为熔断器的弧前时间，即图 4-10 中的 $t_0 \sim t_3$ 时间段；自电弧出现始，至电弧熄灭止，这段时间段称为燃弧时间，即图 4-10 中 $t_3 \sim t_4$ 时间段。

1) 弧前时间-电流特性

熔体的过电流保护特性可以用弧前时间-电流特性来表示，又简称时间-电流特性或安秒特性，如图 4-11 所示。通过熔体的电流越大，熔体熔断时间越短，是一个反时限特性。由于产品的分散性，图 4-11 中用实线表示平均值，虚线表示正、负偏差极限，偏差一般可以控制在±20%以内，有很多产品现已可控制在+10%以内。

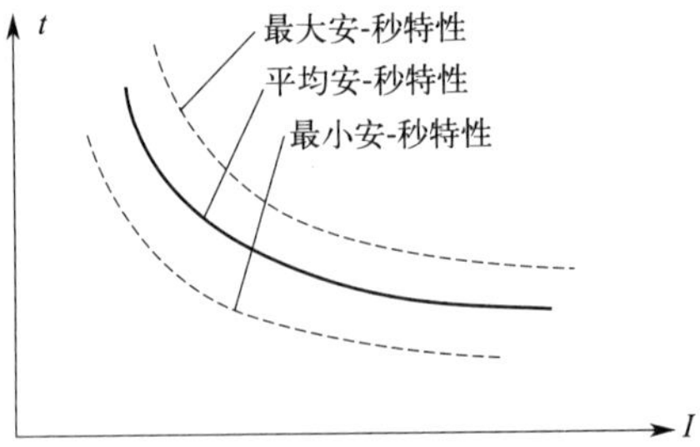

2) I^2t 特性

图 4-11 熔断器的安秒特性

对于电流很大、熔体熔断时间极短的情况，在校验上、下级熔断器的选择性时，会用到熔断器的 I^2t 特性。I^2t 特性的提出是基于绝热过程的假定，即熔体在极短时间内熔断时，可不考虑散热因素，熔体是否熔断或熔化完全取决于发热量大小。选择性的要求是：当下级熔断器熔断时，上级熔断器应尚未开始熔化。考虑到产品的分散性，应给出最不利于配合的参数，即最小熔化 I^2t 特性和最大熔断 I^2t 特性。I^2t 特性一般用数据给出，由于时间极短、电流又大，熔化与起弧几乎是同一时刻出现的，因此最小熔化 I^2t 特性又称为弧前 I^2t 特性。某 10kV 系统用熔断器各种规格的 I^2t 特性如表 4-1 所示。

某型熔断器的 I^2t 特性　　　　　　　　　　　　表 4-1

额定电压/kV	额定电流/A	弧前I^2t最小值/A²s	熔断I^2t最大值/A²s
12	10	2.2×10^2	4.7×10^3
12	16	3.4×10^2	6.1×10^3
12	20	7.7×10^2	1.1×10^4
12	25	1.3×10^3	1.5×10^4

3. 熔断器的主要参数及选择

熔断器不需要校验短路动、热稳定性，只需按正常工作条件选择并校验电流分断能力和级间保护配合。

1) 熔体额定电流选择

按躲过正常工作电流选择，即

$$I_{r \cdot FU} = KI_N \qquad (4-7)$$

式中　$I_{r \cdot FU}$——熔断器熔体额定电流；

　　　I_N——被保护元件工作电流，对于变压器取最大工作电流，对于电容器（组）取额定电流；

　　　K——系数，变压器无电动机自启动时取 1.1～1.3，有电动机自启动时取 1.5～2.0；电容器考虑到自身容量偏差和运行电压偏差，以及合闸涌流冲击，单台时取 1.5～2.0，成组时取 1.43～1.55。

2) 熔断器的熔化电流

（1）最小熔化电流 $I_{m \cdot min}$。在规定条件下能使熔体熔化的最小电流值，称为熔断器的最小熔化电流，该电流比额定电流大，一般为额定电流的 2 倍以上。

（2）1h 熔化电流 $I_{m \cdot 1h}$。在规定条件下使熔断器在 1h（一小时）熔化的电流值。该电流值大于最小熔化电流。

3) 开断能力校验

(1) 额定开断电流 I_{cr}

与断路器类似，受制于熔断器的灭弧能力，熔断器能够开断的电流有上限值，这就是熔断器的额定开断电流。额定开断电流按下式校验

$$I_{cr} \geq I_{k \cdot max} \tag{4-8}$$

式中 I_{cr}——熔断器的额定开断电流（kA）；

$I_{k \cdot max}$——熔断器安装处的最大三相短路电流有效值（kA）。

(2) 熔断器的最小开断电流 $I_{c \cdot min}$ 与保护范围分类

与断路器不同，熔断器除了有最大开断能力（称为额定开断电流）限制外，还有最小开断能力限制，也就是说故障电流太小也可能使熔断器不能有效开断。最小熔化电流以上的电流都是能使熔断器动作的电流，工程上将其中熔断器能有效开断的电流区间称为保护范围。按保护范围的不同，熔断器可以分为以下三种类型。

① 全范围型熔断器。该类熔断器最小开断电流 $I_{c \cdot min}$ 等于最小熔化电流 $I_{m \cdot min}$，即：

$$I_{c \cdot min} = I_{m \cdot min} \tag{4-9}$$

此即意味着只要使熔体熔化，又不超过额定开断电流 I_{cr} 的故障电流，都能被可靠开断。全范围型熔断器可以作过负荷和短路保护。

② 通用型熔断器。该类熔断器最小开断电流 $I_{c \cdot min}$ 等于1h熔化电流 $I_{m \cdot 1h}$，即：

$$I_{c \cdot min} = I_{m \cdot 1h} \tag{4-10}$$

它的开断电流范围小于全范围型，只能作一定程度的过负荷和短路保护。

③ 后备型熔断器。该类熔断器有一个参数称为额定最小开断电流 $I_{cr \cdot min}$，一般为额定电流的3～6倍。该型熔断器最小开断电流 $I_{c \cdot min}$ 等于额定最小开断电流 $I_{cr \cdot min}$，即：

$$I_{c \cdot min} = I_{cr \cdot min} \tag{4-11}$$

从最小熔化电流 $I_{m \cdot min}$（一般为额定电流2～3倍）到额定最小开断电流 $I_{cr \cdot min}$（一般为额定电流的3～6倍）之间的故障电流，这种熔断器都不能有效开断，因此不能用于过负荷保护，只能用于短路保护。当其作为下级元件的后备保护时，应特别注意校验其最小开断电流。最小开断电流按下式校验：

$$I_{c \cdot min} \leq I_{k \cdot min} \tag{4-12}$$

式中 $I_{c \cdot min}$——熔断器的最小开断电流（kA）；按所选熔断器的类别分别取为最小熔化电流 $I_{m \cdot min}$（全范围型）、1h熔化电流 $I_{m \cdot 1h}$（通用型）和额定最小开断电流 $I_{cr \cdot min}$（后备型）；

$I_{k \cdot min}$——熔断器安装处的最小短路电流有效值（kA）。

4) 保护配合校验

熔断器的保护配合主要指上、下级之间的选择性配合，用于过负荷保护时还涉及与被保护元件的特性配合。当熔断时间大于0.1s时，用时间-电流曲线进行配合校验是最准确的一种方法，要求上级熔断器的最小熔化时间曲线应始终大于下级熔断器的最大熔断时间曲线，但这种方法实际应用起来不方便。有些熔断器会给出一个叫"保护配合比"的参数，也就是只要上、下级熔体额定电流之比大于保护配合比，就能保证选择性动作，典型值如1.6倍、2.0倍等。对限流式快速熔断的熔断器，熔断时间小于0.01s时，可用前面

介绍的 I^2t 特性校验选择性。选择性的要求是：当下级熔断器熔断时，上级熔断器应尚未开始熔化。

4. 熔断器类型简介

按开断短路电流的方式，熔断器可分为非限流型和限流型两类。非限流熔断器是一种电流过零时灭弧开断的电器，主要的类型是喷射跌落式熔断器，一般用于杆上变压器保护。限流熔断器不仅具有高分断能力，还能在短路电流达到最大值以前熔断，因此具有限流作用，现广泛用于成套中压配电装置中，尤其是用于负荷开关-熔断器电气组合中。

按保护对象，中高压限流熔断器可以分为五种：T 型——保护变压器；M 型——保护电动机；P 型——保护电压互感器；C 型——保护电容器；G 型——不指定保护对象。

按保护范围，中高压限流熔断器可分为后备、通用和全范围三类。三类熔断器的额定开断电流（即最大开断能力）并无差异，但应注意额定最小开断电流有较大不同。后备熔断器只考虑短路保护，最小开断电流比较高，不适合用于过负荷保护；通用熔断器最小开断电流较低，但仍大于熔化电流，具有一定的过负荷保护能力；全范围熔断器最小开断电流最低，为最小熔化电流，即只要熔体熔化，就一定保证开断电路，因此可以保护短路故障和任何情况下的过负荷。

4.3.3　负荷开关

负荷开关是一种结构比较简单，用于切断正常负荷电流和过负荷电流，而不能切断短路电流的简易开关。负荷开关结构多数是在隔离闸刀的基础上增加简单的灭弧装置，因而构造简单，体积小，价格比断路器低得多。此外，由于只需要简单的灭弧装置，负荷开关处于开断状态时比较容易做到满足隔离电器的要求，即具有明显可见的断开点，因此中压负荷开关大多兼具隔离开关的功能，常用在功率不大或不是主要的配电回路中代替断路器，以简化配电装置及继电保护，降低设备费用。

由于负荷开关的灭弧结构按接通与切断负荷电流设计，不能切断短路电流，所以大多数情况下负荷开关与熔断器配合使用，由熔断器担负切断短路电流的任务。工程称之为负荷开关-熔断器组合。

负荷开关-熔断器组合常用于操作不太频繁、功率不大的场合（如 10kV 环网柜内）以代替断路器。

4.4　高压电气设备的选择和校验

开关电器、保护电器、测量电器、母线、绝缘子等功能各不相同，在选择时有各自的特殊问题需要考虑，但他们又都是安装在供配电系统中的电气设备，在许多方面具有共性。本节主要介绍设备选择中的普遍性问题。

4.4.1　电气设备选择的一般原则

所谓选择电气设备，是指在已经确定要在系统某处设置某种设备的前提下，选择设备的恰当类型和参数，以满足工程要求。除了考虑经济、维护方便等工程实际因素外，从技术的角度看，电气设备选择的基本原则有以下两条。

1. 正常工作条件下，应符合使用要求和保证工作寿命

符合使用要求是指设备功能要与工作任务相适应，设备参数要与系统参数相匹配，所选设备和与其相关的其他设备在参数、功能及工艺过程上相互协调。保证使用寿命是指设备设计工况应符合设备安装处的实际工况。

2. 故障条件下，应尽可能保证设备不致损坏，并尽量不扩大故障范围

在按规定设置了相应的故障保护措施后，设备应能承受不超过预期强度的故障能量冲击，如过电流和过电压冲击等。万一设备未能承受故障冲击而损坏，也应做到避免发生事故和尽量不扩大故障范围，以免危及人身和环境安全，影响系统非故障部分的正常运行。

4.4.2 按正常工作条件选择设备参数

这主要是选择设备额定电压和额定电流两个参数。

1. 额定电压选择

要求电气设备额定电压 U_r 不小于设备安装处系统标称电压 U_N，即：

$$U_r \geqslant U_N \tag{4-13}$$

有些电器还会给出一个"设备最高电压"参数 $U_{\max \cdot E}$，它是指设备可长期承受的工作电压的上限值。考虑到系统电压调整等因素，设备安装处运行电压可能长期高于系统标称电压。设备最高电压表明了设备长期工作耐受电压的上限；对于电容器、变压器等损耗发热与电压密切相关的设备，设备最高电压还表明了设备温升不超过允许值所对应的电压上限值。

将设备安装处电网正常运行电压的最高值称为系统"最高运行电压"，记作 $U_{op \cdot \max}$。确定了设备的额定电压后，还应对最高电压进行校验，要求：

$$U_{\max \cdot E} \geqslant U_{op \cdot \max} \tag{4-14}$$

若不确定设备安装处的最高运行电压，可参照标准电压中的"系统最高电压"取值，分别为 3.6kV、7.2kV、12kV、40.5kV、72.5kV、126kV 等等。

2. 额定电流选择

要求设备的额定电流 I_r 不小于安装处可能出现的最大计算电流 $I_{c \cdot \max}$，即：

$$I_r \geqslant I_{c \cdot \max} \tag{4-15}$$

对式(4-15)做以下两点说明：

1）设备的额定电流是在规定环境温度下给出的，若设备安装处的实际环境温度与规定环境温度不一致，应对额定电流进行修正。

2）最大可能的计算电流 $I_{c \cdot \max}$ 是指不仅要考虑系统正常运行情况，还要考虑系统某一部分故障或停电后负荷的转移情况。如单母线分段接线的某一路电源进线断路器，就要考虑另一路电源进线停电、分段断路器投入的情况下，两段母线上所有未被切除负荷的总计算电流通过。

4.4.3 按环境条件选择设备类型并校验设备参数

环境条件不仅对设备类型的选取有直接关系，还与设备的部分参数相关。环境温度和海拔高度都会影响电器的额定电流，总的趋势是：环境温度越高、海拔高度越高，则散热条件越差,设备的额定载流量就相应降低。电器的额定电流一般是以环境温度40℃、海拔高度1000m以下给出的。实际环境温度在40℃以上每升高1℃,额定载流量减少约1.8%,而在40℃以下每降低1℃,额定电流增加约0.5%,但总的增加量不得超过20%;高海拔地区空气稀薄,散热能力差,但环境温度也低,综合环境温度和海拔高度两个因素,当实际海拔高度在4000m以下时,可不修正额定电流。

高海拔地区因空气稀薄还会导致空气的绝缘能力降低,一般在100～4000m,海拔高度每升高100m,设备外绝缘能力降低1%,但对内绝缘没有影响。因此对用于高海拔地区的电器,应选择加强绝缘的产品,或选择普通产品,但要加强过电压保护。

4.4.4 按短路动、热稳定校验设备参数

绝大多数中压电器都会经受系统短路时的电动力和热冲击,若设备没有被这种冲击损坏,就称设备是动(或热)稳定的,否则就是不稳定的。

1. 动稳定校验的工程方法

1)电器的动稳定校验

电动力大小与短路全电流峰值i_p有确定的正相关性。据此,从工程体系相互配合的角度出发,要求设备生产厂家通过设备动稳定试验,给出设备所能承受的最大短路电流瞬时值,作为其承受电动力冲击能力的参数,称为电器的"动稳定电流"或"额定峰值耐受电流",记作i_{ms}或i_{pw}。这样,动稳定校验就完全用电气参数进行,要求:

$$i_{ms} \geqslant i_p \tag{4-16}$$

式中 i_p——设备安装处可能发生的最大三相短路全电流峰值。

2)导体的动稳定校验

主要涉及母线的动稳定性校验,将导体实际承受的最大应力与导体能够承受的最大应力相比较,作出动稳定性的判别。

短路电流通过硬母线时,其应力为:

$$\sigma_c = \frac{M}{W} \tag{4-17}$$

式中 M——短路电流产生的力矩(N·m);

W——母线截面系数(m^2),其与母线的布置方式有关,具体计算方法可查阅相关设计手册。

导体的动稳定性要求为:

$$\sigma_c \leqslant \sigma_{max} \tag{4-18}$$

式中 σ_c——短路时母线可能承受的最大应力(Pa);

σ_{max}——母线最大允许应力(Pa);硬铝为69MPa,硬铜为137MPa。

2. 热稳定校验的工程方法

1)电器的热稳定校验

短路后电器达到的最高温度与短路电流热脉冲有确定的正相关性,因此设备生产厂家通过试验给出产品所能承受的最大热脉冲,短路热稳定性校验只需将短路时设备实际承受的热脉冲与其所能承受的最大热脉冲相比较即可。要求:

$$I_k^2 t_{im} \leqslant I_{th}^2 t_{th} \tag{4-19}$$

式中 I_k——设备安装处的最大三相短路电流稳态值（kA）；

t_{im}——短路电流作用的假想时间（s）；I_{th}、t_{th} 为产品样本给出的一对参数，指设备在 t_{th} (s) 内的热稳定电流为 I_{th} (kA)，一般 t_{th} 为 1s、2s、4s。

现在大多数产品样本称 I_{th} 为"额定短时耐受电流 I_{sw}"，称 t_{th} 为"额定短时耐受时间 t_{sw}"。下标"sw"的含义为"short time withstand"。

2）导体的热稳定校验

导体热稳定意味着短路时不能使导体温度超过其最高允许温度。由热平衡方程推导，相关设计手册给出的热稳定条件为：

$$S \geq I_k \frac{\sqrt{t_{im}}}{C} \tag{4-20}$$

式中 I_k——设备安装处的最大三相短路电流稳态值（A）；

t_{im}——短路电流作用的假想时间（s）；

C——导体的热稳定系数（$A \cdot \sqrt{s} \cdot mm^{-2}$），其量值与导体的长期允许工作温度 θ_N（℃）和导体短路的最高允许温度 $\theta_{K \cdot max}$（℃）相关，按最不利情况，θ_N 可取值为导体长期最高允许工作温度 $\theta_{N \cdot max}$，这种情况下常用导体和线缆的 C 值见表 4-2，一些数据还在进一步修正，可查相关标准或设计手册。

导体或电缆的长期允许工作温度和最高允许温度　　　　　　表 4-2

导体种类和材料		导体短路最高允许温度 $\theta_{K \cdot max}$/℃	导体长期最高允许工作温度 $\theta_{N \cdot max}$/℃	热稳定温度 C 值/($A \cdot \sqrt{s} \cdot mm^{-2}$)
硬母线	铜	300	70	171
	铝	200	70	87
交联聚乙烯电缆	铜芯	250	90	143
	铝芯	200	90	94
聚氯乙烯绝缘电缆	铜芯	160(140)	70	115(103)
	铝芯	160(140)	70	76(68)

注：括号中的数值适用于截面积大于 300mm² 的聚氯乙烯绝缘导体。

3. 高压开关电器的校验要求

1) 开关和熔断器的开断电流 I_{cr} 应大于或等于可能流过开关设备的最大三相短路电流 $I_{k \cdot max}^{(3)}$，即：

$$I_{cr} \geq I_{k \cdot max}^{(3)} \tag{4-21}$$

也可用开断容量来校验，即开关和熔断器的开断容量 S_{kd}（又称断流容量 S_{dt}）应大于或等于短路容量 S''，即：

$$S_{kd} \geq S'' \text{ 或 } S_{dt} \geq S'' \tag{4-22}$$

2) 开关设备允许通过的额定极限峰值电流 i_{ms} 应大于或等于可能流过该开关设备的最大冲击电流 i_p（满足动稳定度），即：

$$i_{ms} \geq i_p \tag{4-23}$$

3) 开关设备应满足短路时的热稳定度，即：

$$I_k^2 t_{im} \leq I_{th}^2 t_{th} \tag{4-24}$$

式中 I_k——设备安装处的最大三相短路电流稳态值（kA）；

t_{im}——短路电流作用的假想时间（s）；I_{th}、t_{th} 为产品样本给出的一对参数，指设备在 t_{th}(s) 内的热稳定电流为 I_{th}(kA)，一般 t_{th} 为 1s、2s、4s。

思考与练习题

4-1 描述电弧产生与熄灭的物理过程。

4-2 电弧产生和维持的原因是什么？

4-3 什么是近阴极效应？试述灭弧栅片灭弧原理。

4-4 直流电弧和交流电弧哪种更容易熄灭？为什么？

4-5 开关电气设备灭弧有哪些方法？

4-6 试述高压断路器的分类及灭弧原理。

4-7 高压断路器有哪些主要参数？

4-8 人防工程主要使用哪种高压断路器？为什么？

4-9 高压断路器的操动机构有哪几种？什么是自由脱扣机构？

4-10 简述弹簧储能操作机构的控制电路图的动作原理。

4-11 熔断器能否保护过载？为什么？

4-12 试述有限流作用的熔断器的作用原理。

4-13 隔离开关和负荷开关有什么区别？分别应用在什么场所？

4-14 负荷开关和高压断路器有什么区别？应用上如何选择？

4-15 电器选择的基本原则是什么？中压电器的常规参数主要有哪些？

4-16 试述高压开关电器的选择条件。

4-17 某 10kV 断路器额定短路开断电流为 20kA，安装处系统的最大短路容量为 300MVA，试校验其开断能力是否满足要求。

第 5 章

低压配电系统设备选择与保护

交流 1000V 及以下的配电系统叫低压配电系统。在我国，低压配电系统绝大多数为 220/380V 系统，在一些工矿企业等处有少量的 380/660V 系统。低压配电系统是电力系统的最末端，一般处于非电气专业场所，面向非电气专业人员，且分布广泛，环境状况复杂多样，这种工程背景使低压配电系统的安全问题显得特别重要，因此低压配电系统研究很多问题的出发点与中、高压系统有所不同，技术措施上有自己的特点。在学习方法上，我们既可以通过归纳低压系统和中、高压系统的共同点来加深对基本概念的理解，又可以通过对比他们之间的不同之处体会工程方法中所蕴含的思想和智慧，这样，才能更好地提高分析和解决工程问题的能力。

5.1 低压配电设备及其保护特性

5.1.1 低压断路器

低压断路器是一种集开关和保护功能为一体的开关保护电器，又称自动开关。低压断路器在结构上具有完善的灭弧装置，具有良好的灭弧特性，作为开关不仅可以接通和分断正常负荷电流，而且可以接通和分断量值巨大的短路电流，是低压电路的主开关；作为保护电器，低压断路器具有短路、过载、低电压保护等功能。与中压系统相比较，它相当于将继电保护、断路器、断路器操动机构等部分的功能组合在一起，实现对线路和设备的投、切控制与故障保护。

1. 低压断路器的工作原理与保护特性

图 5-1 为低压断路器的工作原理示意图。图 5-1 中所示低压断路器用于电动机的短路保护，断路器的三个主触头 1 接在电动机的主回路中。主触头的动触头靠钩杆 2 和搭钩 3 锁扣维持在合闸状态，即钩杆 2 由搭钩 3 扣住，搭钩 3 可绕轴转动。使锁扣失扣的机构称为脱扣器，图中如果搭钩 3 被任一脱扣器的衔铁顶开（称为失扣），动触头将随着钩杆被分闸弹簧拉开，从而断开主电路。

低压断路器的脱扣器是用来接收操作命令或电路非正常情况的信号，以机械动作或触发电路的方法，使脱扣机构动作的部件。装设在低压断路器中的脱扣器有如图 5-1 所示的电磁式过电流脱扣器、欠电压脱扣器、分励脱扣器和热脱扣器等。一台断路器根据需要，可装设不同形式和不同数量的脱扣器。

1）过电流脱扣器

流过脱扣器的电流超过整定值时，作用于脱扣机构，将主电路断开。过电流脱扣器又分为瞬时动作和延时动作。动作电流值有可调节和不可调节的两种。对于延时动作的过电流脱扣器，又分为定时限过电流脱扣器和反时限过电流脱扣器。定时限过电流脱扣器的动作时间可以整定；反时限过电流脱扣器的动作时间取决于电流的大小。

在图 5-1 中，由铁芯线圈和衔铁 6 组成电磁式过电流瞬时脱扣器，其线圈与主电路串联。正常工作电流通过时所产生的电磁力不足以吸合衔铁。当负荷侧短路时，通过铁芯线圈的电流变为短路电流，量值增加很多，衔铁 6 立即被吸合，将搭钩 3 顶开，主电路被断开。

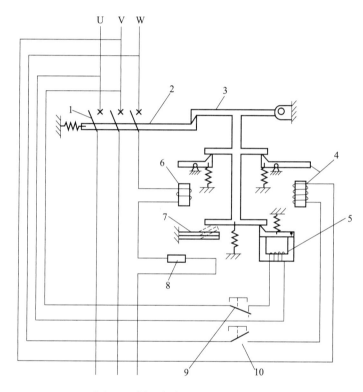

图 5-1 低压断路器的原理结构示意

1-主触头；2-钩杆；3-搭钩；4-分励脱扣器；5-失压脱扣器；6-过电流瞬时脱扣器；
7-过电流长延时脱扣器（热脱扣器，含电加热器）；8-电加热器；9-失压脱扣试验按钮；10-分励脱扣按钮

2）欠电压脱扣器（失压脱扣器）

欠电压脱扣器在电压降到额定电压的一定范围内时动作于脱扣机构，起到欠电压保护作用。在图 5-1 中 5 为欠电压脱扣器，由铁芯线圈、衔铁和弹簧等组成。图 5-1 中所示欠电压脱扣器的电源电压为主电路的线电压，电源电压正常时，衔铁是吸合的，当电源电压低于 85%（一般线圈欠电压动作取值）的额定电压时，电磁吸力小于弹簧的拉力，衔铁将搭钩 3 顶开，主电路分断。图 5-1 中按钮 9 供远距离跳闸用。

3）分励脱扣器

分励脱扣器供远距离控制断路器分闸。在图 5-1 中，分励脱扣器由铁芯线圈 4 和衔铁

4组成。当需要断路器分闸时,按下按钮10,脱扣器线圈通电,衔铁吸合,撞击杠杆将搭钩3顶开,主电路分断。当断路器装设欠电压脱扣器时,也可以在它的线圈回路中接入分闸按钮,其作用与分励脱扣器相同。

4) 热脱扣器

热脱扣器主要用作为过负荷保护。它具有反时限的时间-电流特性,其动作延时与过负荷电流的大小有关,也与过负荷前的负荷电流大小有关。由于过负荷电流流过时热脱扣器的动作时间较长,也称为长延时过电流脱扣器。在图5-1中,双金属片7和电加热器8组成热脱扣器。当过负荷电流流过电加热器8时会严重发热,使双金属片向上弯曲。当弯曲到一定程度时,将搭钩3顶开,主电路分断。配电线路用的断路器与电动机短路保护用的断路器对热脱扣器的要求不同,配电线路用的热脱扣器动作电流较大,电动机用的热脱扣器动作电流较小。

2. 低压断路器的类型

按不同的标准,低压断路器可分为不同的类别,常用的有以下五种分类。

1) 按断路器开断能力,可分为非限流型和限流型。非限流型为电流过零灭弧,开断能力较低;限流型在电流尚未达到最大值时断流,开断能力较高。

2) 按保护特性,可分为选择型与非选择型。选择型断路器有长延时、短延时和瞬时脱扣器,非选择型只有长延时和瞬时脱扣器。

3) 按是否有隔离功能,分为有隔离功能的断路器和无隔离功能的断路器。有隔离功能的断路器指断路器在断开位置时,具有符合隔离功能安全要求的隔离距离,并应提供一种或几种方法显示主触头的位置,如独立的机械式指示器、操动器位置指示、动触头可视等。

4) 按控制与保护对象的不同,可分为配电用断路器、保护电动机用断路器、终端用断路器等。

5) 按结构形式分为框架式、塑壳式和小型模数式三种。

框架式断路器又称作开启式断路器(Air Circuit Breaker, ACB),其各部件都安装在一个金属框架上,不封闭,容量大,壳架电流通常为630~2500A,高者可达4000A以上,一般为选择型,常用作低压电源总开关。塑壳式断路器又称作模压外壳式断路器(Moulded Case Circuit Breaker, MCCB),其所有元件都被封闭在塑料外壳中,壳架电流通常在630A以下,常用作一、二级配电,一般为非选择型。小型模数式断路器又称作微型断路器或小型断路器(Micro Circuit Breaker 或 Miniature Circuit Breaker, MCB),其一般做成模数化尺寸结构,壳架电流为63A,额定电流通常在63A以下,一般用作终端断路器。

图5-2是模数化小型断路器的外观、外形尺寸和安装尺寸示意图。模数化小型断路器装于线路末端,对有关电路和用电设备进行配电、控制和保护等。模数化小型断路器在结构上具有外形尺寸模数化(9mm的倍数)和安装导轨化的特点,单极断路器的宽度为18mm,凸颈高度为45mm,它安装在标准的35mm×15mm安装导轨上,利用断路器后面的安装槽及带弹簧的夹紧卡子定位,拆卸方便。断路器由操作机构、热脱扣器、电磁脱扣器、触头系统、灭弧室等部件组成,所有部件都置于一绝缘外壳中,断路器的短路保护由电磁脱扣器完成,过载保护采用双金属片式热脱扣器完成,常用主要型号有C65、DZ47、S、DZ158、XA、MC等系列。

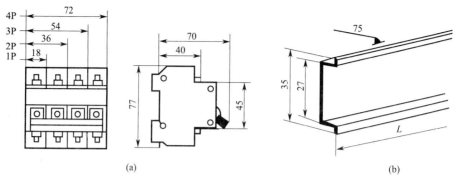

图 5-2 模数化小型断路器的外观、外形尺寸和安装尺寸示意图
（a）外形尺寸和安装尺寸图；（b）安装导轨尺寸图

3. 低压断路器的主要参数

1）常规参数

低压断路器多数常规参数与中压断路器相同，注意以下两个特别之处。

（1）壳架等级电流 I_{nm} 和额定电流 I_n。壳架等级电流 I_{nm} 指低压断路器壳架部分的额定电流，额定电流 I_n 指脱扣器的额定电流。因为脱扣器是装设在开关壳架中的，对于一个给定的开关壳架，可选择装设若干种额定电流的脱扣器，因此 I_{nm} 与 I_n 的关系为：I_{nm} 等于壳架内可装设的最大脱扣器额定电流。如小型模数式断路器（MCB）壳架电流一般统一设计成 63A，其选择安装的脱扣器的额定电流 I_n 应在 63A 及以下。

（2）额定短路分断能力 I_{cn}。它包含额定运行短路分断电流 I_{cs} 和极限短路分断电流 I_{cu}。I_{cs} 指按 O-t-CO-t'-CO 试验操作顺序（O 为分闸操作；CO 为断路器合闸后无任何延时立即分闸；t、t' 为无电流时间；该操作顺序对应于重合闸失败后强送电失败的情况）后，断路器完好，能继续承载并通断额定电流；而 I_{cu} 则指虽保证分断，但分断后断路器可能已经受到实质性损伤，必须维修或报废。当 I_{cu} 小于 6kA 时，I_{cs} 与 I_{cu} 相等，只标注 I_{cu} 即可。

2）过电流脱扣器保护特性参数

（1）过电流脱扣器动作值的整定范围。长延时、短延时和瞬时脱扣器动作电流分别记为 I_{op1}、I_{op2}、I_{op3}，其整定范围都与断路器额定电流 I_n 有关，有的为 I_n 的某个固定倍数，有的则是在 I_n 的给定范围内可调，给定范围视产品而定。

（2）过电流脱扣器形式分类。家用及类似场所用断路器 MCB，其长延时脱扣器动作电流固定为等于脱扣器额定电流。根据瞬时脱扣器动作电流整定范围与长延时脱扣器动作电流（亦即脱扣器额定电流）的关系，将脱扣器规定为 B、C、D 等几种类型，如表 5-1 所示。配电装置用断路器 MCCB 和 ACB 标准没有类似规定，但产品特性有类似划分。

家用及类似场所用断路器脱扣器类型　　　表 5-1

脱扣器形式	瞬时脱扣器动作电流范围	适用条件
B	$(3\sim5)I_n$	短路电流较低情况，如备用发电机线路、上级线路为长电缆等
C	$(3\sim10)I_n$	一般情况，如一般照明线路等
D	$(10\sim20)I_n$	高启动电流负载线路，如电动机、变压器等

(3) 长延时脱扣器约定时间内的约定脱扣/不脱扣电流。与熔断器类似,这也是产品标准对产品特性分散程度的一种约束,我国现行标准《低压开关设备和控制设备 第2部分:断路器》GB 14048.2—2020 对配电装置用断路器规定如下:

约定时间:$I_n \leqslant 63A$ 时,1h;$I_n > 63A$ 时,2h。

约定不脱扣电流:$1.05 I_n$。

约定脱扣电流:$1.30 I_n$。

以上数据表明,如果将长延时过电流动作值 I_{op1} 整定为 $I_{op1} = I_n$,在断路器冷态情况下通过 $1.05 I_n$ 电流,脱扣器必须保证在 1h(或 2h,视脱扣器额定电流而定)之内不脱扣;在此状态下将通过电流调整为 $1.30 I_n$,则脱扣器必须保证在其后的 1h(或 2h)之内脱扣。当通过电流为 $1.05 I_n \sim 1.30 I_n$ 时,脱扣器是否在 1h(或 2h)之内脱扣则是不确定的。对于家用及类似场所用的 MCB 断路器,这两个值分别为 $1.13 I_n$ 和 $1.45 I_n$。

3) 参数示例

以 DWX15-630 限流型断路器为例。壳架等级电流 $I_{nm} = 630A$,额定电流 I_n 可选择 315A、400A、630A,额定运行短路分断电流 $I_{cs} = 50kA$,极限短路分断电流 $I_{cu} = 100kA$,长延时脱扣器动作电流整定范围 $(0.64 \sim 1.0) I_n$,瞬时脱扣器动作电流整定值固定为 $10 I_n$(配电用)和 $12 I_n$(保护电动机用)。

5.1.2 低压熔断器

低压熔断器工作原理与特性和中压熔断器相同。工程应用中应注意以下五个特点。

1) 低压系统很可能处于非电气专业场所,面向非电气专业人员,因此熔断器按结构分为专职人员使用的熔断器和非熟练人员使用的熔断器两类,前者主要用于工业场所,后者用于家用及类似场所。这一类划分是中压熔断器所没有的。

2) 按熔体分断能力,将其分为"g"熔体和"a"熔体两类。"g"熔体有全范围分断能力,即能分断自熔化电流至额定分断电流之间的全部电流;"a"熔体仅有部分范围分断能力,其最小分断电流大于熔化电流,一般以最小分断电流为熔体额定电流的倍数来表示。与断路器不同,熔断器除了有最大开断能力(称为额定开断电流)限制外,还有最小开断能力限制,也就是说故障电流太小也不能使熔断器可靠开断。对于后备限流熔断器,额定最小开断电流一般为额定电流的 3~6 倍。当熔断器作下一级的远后备保护时,最小开断电流很可能不满足要求,应特别注意进行校验。

3) 按使用类别,熔体可分为"G"类(一般用途,用于配电线路保护)、"M"类(保护电动机用)和"Tr"类(保护变压器用)三类。

分断范围与使用类别可以有不同的组合,如"gG""aM""gTr"等。

4) 约定时间的约定熔断/不熔断电流 I_f / I_{nf}。为表达熔断器保护特性的分散性,产品标准对分散性程度给予了若干规定,其中之一即所谓的约定时间内的约定熔断/不熔断电流。如刀型触头的 5A 熔体产品,按标准必须在通过电流不大于 $1.5 \times 5A$ 情况下,保证在 1h 内不动作;而在通过电流不小于 $1.9 \times 5A$ 情况下,保证在 1h 内动作。当通过电流在 $(1.5 \sim 1.9) \times 5A$ 时,熔体是否会在 1h 内动作,则是不确定的。

5) 焦耳积分特性与允许能量。焦耳积分特性即熔断器的熔化 $I^2 t$ 特性和熔断 $I^2 t$ 特性。该特性主要是针对熔断时间极短(指 0.01s 及以下,即半个工频周期内分断)的限流型熔断器而言的,由于熔断器整个熔断过程几乎为绝热过程,因此熔断器是否熔断只与通过的能量有关,该能量用 I^2t 表征。

熔断 I^2t 特性不仅表明了使熔断器熔断所需要的能量,而且表明了短路期间不可能有超过该量值的能量作用于被熔断器保护的电网元件上,因此又被称为允许能量。该能量与被保护元件故障温升呈确定的正相关性,有些技术资料中又据此称其为热应力,可用于电网元件(主要是线缆)短路热稳定性的校验。

5.1.3 开关、隔离器及熔断器组合电器

低压系统对开关电器名称的定义与中、高压系统有所不同,应注意区分。

1) 开关。它指能承载、通断正常(含规定的过负荷)电流,并能在规定时间内承受短路电流冲击、但不能开断短路电流的机械开关电器。低压开关相当于中压系统的负荷开关。

2) 隔离器。它指在断开状态符合规定隔离功能要求、能通断空载(含电流可忽略情况)电路,且能承载正常电流和规定时间内短路电流的机械开关电器。低压隔离器相当于中压系统的隔离开关。需要注意的是:隔离器是属于隔离电器大类中的一种电器。除此之外,插头插座、连接片、熔断器等都具有隔离电器的功能。

3) 隔离开关。它指在断开状态符合隔离器隔离要求的开关。低压隔离开关相当于中压系统有隔离功能的负荷开关。

4) 熔断器组合电器。有 6 种基本形式,见表 5-2。

开关、隔离器及熔断器组合电器功能与图形符号　　　　　表 5-2

类型		功能		
		接通、承载、分断正常电流;承载规定时间内的短路电流;可接通短路电流	隔离功能;断开距离、泄漏电流符合要求,有断开位置指示,可加锁	同时具有左侧两种功能
开关、隔离电器		开关	隔离器	隔离开关
熔断器组合电器	熔断器串联	开关熔断器组	隔离器熔断器组	隔离开关熔断器组
	熔断体动作触头	熔断器式开关	熔断器式隔离器	熔断器式隔离开关

5.1.4 剩余电流保护电器

1. 工作原理

所谓"剩余电流"(Residual Current)是指系统电源产生的电流从供(配)电回路以外的地方流过的电流。低压系统供(配)回路由相线(相导体)和中性线(中性导体)组成,不包括保护线(保护导体)。系统在正常工作时产生的剩余电流为线路的电容电流,通常很小,可以忽略,只有在发生接地故障时才可能产生较大的剩余电流。

剩余电流保护电器(Residual Current Operated Protective Devices,RCD)是针对低压系统接地故障的一种保护电器,又称漏电保护器。剩余电流保护电器的核心部分为剩

余电流检测器件,其原理为通过求取供电回路所有带电导体电流之和来检测剩余电流(漏电电流),理论依据为基尔霍夫电流定律(KCL)。图 5-3(a)所示为无 N 线的三相用电设备供电回路使用零序电流互感器作检测器件的例子。将正常工作时有电流通过的所有线路穿过互感器的铁心环,根据 KCL,正常工作时,这些电流之和为零,不会通过铁心环感应出二次绕组电动势;而当设备发生碰壳故障时,有接地故障电流从接地电阻 R_E 上流过,这时 $\dot{i}_U+\dot{i}_V+\dot{i}_W=\dot{i}_{RE}\neq 0$,这个不等于零的剩余电流在铁芯中产生的磁通就会在二次绕组中产生感应电动势,从而在闭合的二次回路中产生电流,这个电流就是接地故障发生的信号。根据检测到的剩余电流大小,通过预先设定的程序发出各种指令,或切断电源,或发出信号等。

注意这里所说的"剩余电流",是指从设备工作端子以外的地方流过的电流,也就是通常所说的漏电电流。一般情况下,这个电流是从 I 类设备的 PE 端子流走的,但当人体发生直接电击时,从人体上流过的电流也是剩余电流。由于 N 线是供电回路的组成部分,正常工作时是有电流通过的,因此当有 N 线时,应将 N 线和所有相线都接入 RCD 的剩余电流检测元件,图 5-3(b)所示为有 N 线的三相用电设备供电回路使用零序电流互感器作检测器件接线的例子。

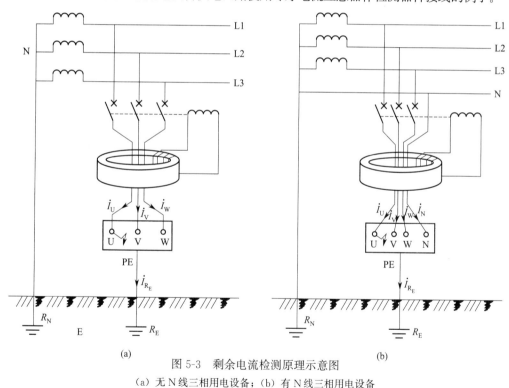

图 5-3 剩余电流检测原理示意图
(a) 无 N 线三相用电设备;(b) 有 N 线三相用电设备

2. 分类

RCD 按其有无切断电路的功能,分为以下两类:

1) 带切断触头的 RCD,又称开关型漏电保护电器。它是指剩余电流引起动作时,能依靠电器本身的触头系统切断主电路的 RCD,简称 RCD(C)。若 RCD(C)只是专用于在漏电时切断电源,则称为漏电开关。若 RCD(C)兼有短路和过载保护功能,则称为漏电断路器。

2) 不带切断触头的 RCD，即保护装置本身没有切断主电路电源的触头系统。当剩余电流引起装置动作时，需要依靠其他保护装置的触头系统才能切断电源，或根本不切断电源，只发出信号。这类装置简称 RCD（O），典型产品为漏电继电器。

3. 特性参数

下面介绍剩余电流保护电器的主要参数。

1) 额定漏电动作电流 $I_{\Delta n}$。它是指在规定条件下，剩余电流保护电器必须动作的漏电电流值。

我国标准规定的额定漏电动作电流值范围为 6～20000mA，其中 30mA 及以下属于高灵敏度，主要用于电击防护；50～1000mA 属于中等灵敏度，用于电击防护和漏电火灾防护；1000mA 以上属于低灵敏度，用于漏电火灾防护和接地故障监视。

2) 额定漏电不动作电流 $I_{\Delta no}$。它是指在规定条件下，剩余电流保护电器必须不动作的漏电电流值。

额定漏电不动作电流 $I_{\Delta no}$ 总是与额定漏电动作电流 $I_{\Delta n}$ 成对出现的，优选值为 $I_{\Delta no}=0.5I_{\Delta n}$。因为产品的分散性，从 $I_{\Delta no}$ 到 $I_{\Delta n}$ 之间的电流为不能确认动作的区间，即若试验电流为此区间的某一个值，则即使对同一规格的产品，有些可能会动作，有些则不动作。

3) 分断时间。分断时间与剩余电流保护电器的用途有关，作为间接电击防护的剩余电流保护电器最大分断时间见表 5-3，而作为直接电击补充保护的剩余电流保护电器最大分断时间见表 5-4。

间接电击保护用剩余电流保护电器的最大分断时间　　　　　表 5-3

$I_{\Delta n}$/A	I_n/A	最大分断时间/s		
		$I_{\Delta n}$	$2I_{\Delta n}$	$5I_{\Delta n}$
≥0.03	任意值	0.2	0.1	0.04
	≥40*	0.2	—	0.15

* 适用于漏电保护组合器

直接电击补充保护用剩余电流保护电器的最大分断时间　　　　　表 5-4

$I_{\Delta n}$/A	I_n/A	最大分断时间/s		
		$I_{\Delta n}$	$2I_{\Delta n}$	$5I_{\Delta n}$
≤0.03	任意值	0.2	0.1	0.04

表 5-3 和表 5-4 中，"最大分断时间"栏下的电流值，是指通过漏电开关的试验电流值。如从表 5-3 中查出，当通过漏电开关的电流等于额定漏电动作电流 $I_{\Delta n}$ 时，动作时间应不大于 0.2s，而当通过的电流为 $5I_{\Delta n}$ 时，动作时间就不应大于 0.04s。

目前，我国多采用二级漏电保护方式。其第一级一般是配电干线，配电干线电流在 150A 以下时，漏电保护开关的动作电流可选用 100mA；配电干线电流在 150A 以上时，漏电保护开关的动作电流可选用 300mA；动作时限为 0.1～0.2s 的延时。第二级保护装在支线或线路末端的用电设备处，漏电保护开关的动作电流应小于 30mA；动作时限小于 0.1s。采用分级保护可实现保护选择，缩小故障停电范围，也便于检查故障。

5.2 低压配电系统线路的过电流保护

5.2.1 过电流及保护原则

超过线路允许载流量的电流都叫过电流。过电流有两种情况，一种是过负荷，主要是线路所带负载过多，或电动机类设备所带机械负荷过重造成的；另一种是短路，是因绝缘损坏而造成的不同电位导体之间接触电阻可忽略的金属性连接。过负荷电流相对较小，短路电流则可能高达线路允许载流量的十几至几十倍，大容量变压器低压侧的小截面线路首端短路时，短路电流甚至可高达线路允许载流量的几百倍。因此，对短路和过负荷的保护，在响应时间和方式上会有所差异。

过负荷有两种不同的后果。对于轻度过负荷（如过载 20%），长时间作用下，其后果是绝缘寿命缩短，以及接头、端子等氧化加快，但并不会立刻产生故障；对于严重过负荷（如过载 100%或更高），会在短时间内使绝缘软化，介质损耗增大，耐压降低，从而导致短路，引发火灾或其他灾害。就 10%~20% 的轻度线路过负荷而言，工程上还未找到有效的保护办法，因此本节所介绍的过负荷保护，主要针对的是严重过负荷情况。

线路及电气设备都有一定的承受过电流能力，其特点为过电流程度越小，所能承受的时间越长，图 5-4 示意出了线路过电流承受特性与保护装置保护特性之间的关系。过电流保护的原则是：保护装置应先于被保护元件被过电流效应损坏而动作。

低压系统过电流保护的目的，不仅要保证系统本身不受损坏，而且应保证不能因系统故障而危及环境安全，在两者不能兼顾的情况下，应优先考虑后者。这也是低压系统不同于中、高压系统之处。

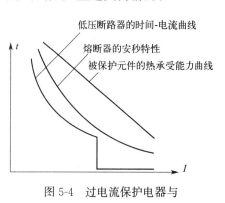

图 5-4 过电流保护电器与被保护元件配合

5.2.2 低压配电线路的短路保护

1. 短路保护的基本要求

对于低压线路的短路保护，应满足以下两个基本条件。

1) 短路保护电器的开断电流应不小于其安装处的最大预期短路电流。

2) 应保证被保护线路的短路热稳定性，即在导体温度上升到允许限值前切断电源。根据热稳定校验条件：

$$C^2S^2 \geqslant I_k^2 t_k \tag{5-1}$$

整理后有：

$$t_k \leqslant \frac{C^2S^2}{I_k^2} \tag{5-2}$$

式中 C——热稳定系数（$A \cdot \sqrt{s} \cdot mm^2$），其值参见表 4-2 或查相关标准及设计手册；

t_k——短路电流持续时间（s）；

S——线缆导体截面（mm^2）；

I_k——短路电流有效值(A)。

由于低压系统短路电阻占短路阻抗的比重较大,非周期分量衰减很快,短路电流持续时间超过 0.1s 就可以不考虑非周期分量的影响(相当于中压系统短路电流持续时间大于 1s 的情况)。而当短路电流持续时间超过 5s 时,应要计及散热作用。

当 $t \leqslant 0.1s$ 时,可根据厂家给出的保护电器最大允许 I^2t(焦耳积分能量)进行热稳定校验,即:

$$C^2 S^2 \geqslant I^2 t \tag{5-3}$$

2. 低压断路器短路保护的设置

低压断路器靠瞬时和(或)短延时脱扣器实施短路保护。因低压系统处于电力系统最末端,其保护整定直接受用电设备的影响,动作值整定方法如下。

1) 瞬时过电流脱扣器动作电流整定

(1) 按躲过配电线路的尖峰电流整定

对动力类线路为:

$$I_{op3} \geqslant K_{rel3} [I'_{st \cdot M1} + I_{c(n-1)}] \tag{5-4}$$

对照明类线路为:

$$I_{op3} \geqslant K_{rel3} I_c \tag{5-5}$$

式中 I_{op3}——低压断路器瞬时脱扣器动作值(A);

K_{rel3}——低压断路器瞬时脱扣器可靠系数,动力类线路取 1.2,照明类线路取决于光源特性,具体见表 5-5;

$I'_{st \cdot M1}$——线路上启动电流最大一台电动机的全启动电流(A);包括周期分量与非周期分量,其值可取堵转电流的 2 倍;

$I_{c(n-1)}$——除启动电流最大一台电动机以外的线路计算电流(A);

I_c——照明线路的计算电流(A)。

低压动力类线路上的电动机一般不会全部同时启动,因此正常情况下最大可能的尖峰电流是在其他设备正常工作的情况下,启动电流最大的一台电动机开始启动。上式表明在这种情况下,低压断路器瞬时脱扣器也不能动作。

低压照明类线路在接通时,白炽灯类负荷冷态电阻较小,接通瞬间有较大的冲击电流;气体放电光源及配用镇流器也会在接通瞬间产生较大的冲击电流。因为瞬时脱扣器为无动作延时,因此必须躲过这个冲击电流。

不同光源的照明线路保护电器选择计算系数　　　　表 5-5

保护电器类型	计算系数	白炽灯、卤铸灯	荧光灯	高压钠灯、金卤灯	荧光高压汞灯
RL7、NT 熔断器[①]	K_m	1.0	1.0	1.2	1.1~1.5
RL6 熔断器[①]	K_m	1.0	1.0	1.5	1.3~1.7
低压断路器长延时过电流脱扣器	K_{rel1}	1.0	1.0	1.0	1.1
低压断路器瞬时过电流脱扣器	K_{rel3}	10~12	4~7	4~7	4~7

注:①熔断体额定电流小于 63A。

(2) 按躲过下一级线路首端最大短路电流整定

这是为了满足选择性要求所作的整定,与中压系统的电流速断保护相同。

低压断路器瞬时脱扣器的动作值取值为以上两者中较大者。

2) 短延时过电流脱扣器动作电流与延时时间整定

短延时脱扣器主要是为了保证选择性而设置,最末一级线路不会使用短延时脱扣器。

(1) 动作电流按躲过短时间尖峰电流整定,即:

$$I_{op2} \geq K_{rel2}[I_{st \cdot M1} + I_{c(n-1)}] \tag{5-6}$$

式中 I_{op2}——低压断路器短延时脱扣器动作值(A);

K_{rel2}——低压断路器短延时脱扣器可靠系数,取 1.2;

$I_{st \cdot M1}$——线路上启动电流最大一台电动机的启动电流,只包括周期分量(A),可取值为堵转电流;

$I_{c(n-1)}$——除启动电流最大一台电动机以外的线路计算电流(A)。

(2) 动作时间比下一级保护高出一个时限,该时限一般为 0.2s。若下级保护电器为熔断器,则下级保护动作时间应取为最大熔断时间。

3) 灵敏系数校验

瞬时和短延时脱扣器的灵敏系数要求不小于 1.3。在同时配设了瞬时和短延时过电流脱扣器的情况下,可不校验瞬时脱扣器的灵敏系数。

3. 熔断器短路保护的设置

1) 动作电流整定

熔断器的保护整定就是确定熔体的额定电流。

(1) 按躲过配电线路的尖峰电流整定

对动力类线路,熔体额定电流为:

$$I_{r \cdot FU} \geq K_r[I_{r \cdot M1} + I_{c(n-1)}] \tag{5-7}$$

对照明类线路,熔体额定电流为:

$$I_{r \cdot FU} \geq K_m I_c \tag{5-8}$$

式中 $I_{r \cdot FU}$——熔体额定电流(A);

K_r——动力配电线路熔断体选择计算系数,取决于启动电流最大一台电机的额定电流与线路计算电流的比值,见表 5-6;

$I_{r \cdot M1}$——线路上启动电流最大一台电动机的额定电流(A);

$I_{c(n-1)}$——除启动电流最大一台电动机以外的线路计算电流(A);

K_m——照明线路熔体选择计算系数,取决于电光源类型和熔体特性,见表 5-5;

I_c——照明线路的计算电流(A)。

动力配电线路熔断体选择计算系数 K_r 值　　　　　表 5-6

$I_{r \cdot M1}/I_c$	≤0.25	0.25~0.40	0.40~0.60	0.60~0.80
K_r	1.0	1.0~1.1	1.1~1.2	1.2~1.3

注:表中 I_c 为动力线路计算电流。

(2) 按选择性整定

上、下级熔体的额定电流之比不应小于熔体的过电流选择比(与中压熔断器的保护配合比含义相同),过电流选择比因熔体类型而异,由熔断器生产厂家给出,典型值如 1.6 倍、2.0 倍等。

2) 灵敏性校验

用熔断器作短路保护时，灵敏性是否满足要求主要取决于熔体的熔断时间。若熔体的最大熔断时间小于式 $t_k \leqslant \dfrac{C^2 S^2}{I_k^2}$ 所要求的时间，线路热稳定性得以满足，则认为保护有足够的灵敏性。对于限流型熔断器，可按式(5-3)进行热稳定性校验。

5.2.3 低压配电线路的过负荷保护

1. 过负荷保护的基本要求

低压线路的过负荷保护应满足以下两个基本要求：

(1) 保护电器应在过负荷电流引起的导体温升对绝缘、接头、端子或导体周围物质造成损害之前分断电路。

(2) 对突然断电比过负荷造成的损失更大的线路，过负荷保护只动作于信号。

过负荷保护的难点在于上述（1）中所述的造成损害的时间的确定，这个时间不是一个固定值，而是过负荷程度的函数，见图5-4中"被保护元件热承受能力曲线"。保护电器的保护特性一般并不平行于这条曲线，因此要检验是否能在全过负荷范围内有效保护，需要将整条曲线画出来进行比较，应用起来甚为不便。工程上的做法是：以大量试验为基础确定产品标准，再通过标准之间的配合，以参数的形式进行保护有效性的判断。据此，对过负荷保护动作特性按以下条件进行整定和判断：

$$I_{op} \geqslant I_c; \qquad I_2 \leqslant 1.45 I_{con} \tag{5-9}$$

式中 I_{op}——保护电器过负荷保护动作值（A）；

I_c——线路计算电流（A）；

I_2——保证保护电器可靠动作的电流（A）；

I_{con}——线路的允许载流量（A）。

式(5-9)的意义很明确，即既保证正常工作时未误动作，又保证保护电器先于线路被损坏而动作。系数1.45和参数 I_2 都是通过试验及标准之间的配合得出的，如何确定 I_2 是确定过负荷保护是否有效的关键。下面结合断路器和熔断器作保护电器的情况，分别讨论 I_2 的取值问题。

2. 低压断路器过负荷保护的配置

低压断路器由长延时过电流脱扣器实施过负荷保护。根据低压断路器的产品标准和试验方法，I_2 与长延时脱扣器动作电流 I_{op1} 的关系为：

$$I_2 = 1.3 I_{op1} \tag{5-10}$$

由式 $I_2 \leqslant 1.45 I_{con}$，式(5-10)又可等效为：

$$I_{op1} \leqslant 1.16 I_{con} \tag{5-11}$$

取保守的估值，工程上一般按下式校验断路器长延时脱扣器过负荷保护的有效性：

$$I_{op1} \leqslant I_{con} \tag{5-12}$$

式中 I_{op1}——低压断路器长延时过电流脱扣器动作电流（A）。

$I_{op1} \leqslant I_{con}$ 说明，只要低压断路器长延时脱扣器的动作值小于线路的允许载流量，就能保证断路器在线路绝缘软化前切断线路。

3. 熔断器过负荷保护的配置

用式(5-9)来校验熔断器过负荷保护的有效性时，I_2 为熔断器约定时间内的约定熔断电流。校验方法与低压断路器类似，先根据相关试验和产品标准找出 I_2 与 $I_{r \cdot FU}$ 的关系，再通过式(5-9)确定出 $I_{r \cdot FU}$ 和 I_{con} 的关系。现将部分熔体的校验数据列于表5-7中。

用熔断器作过负荷保护时熔体电流与线路允许载流量的关系　　　表5-7

专职人员用熔断器类型	$I_{r \cdot FU}$ 值范围/A	$I_{r \cdot FU}$ 与 I_{con} 应满足的关系
螺栓连接熔断器	全值范围	$I_{r \cdot FU} \leq I_{con}$
刀型触头熔断器和圆筒帽型熔断器	≥ 16	$I_{r \cdot FU} \leq I_{con}$
	$16 > I_{r \cdot FU} > 4$	$I_{r \cdot FU} \leq 0.85 I_{con}$
	$I_{r \cdot FU} \leq 4$	$I_{r \cdot FU} \leq 0.77 I_{con}$
偏置触刀熔断器	$I_{r \cdot FU} > 4$	$I_{r \cdot FU} \leq I_{con}$
	$I_{r \cdot FU} \leq 4$	$I_{r \cdot FU} \leq 0.77 I_{con}$

5.3　低压配电线路的接地故障保护

低压系统接地故障指相线与大地（或跟大地有联系的导体）之间的电气连接，包括相线对 PE 线、PEN 线、设备金属外壳、建筑物金属构件、各种金属管线等的电气连接。接地故障不仅危及低压配电系统本身的安全，而且会危及人身和环境安全，造成电击伤害或引发电气火灾。因此对接地故障的保护，主要是从电击防护和电气火灾防护的角度考虑的，这其中又以电击防护为考虑的重点。

工程上，低压系统接地故障电击防护的主要技术途径有两种：一是将设备外壳接地，通过减小预期接触电压，来降低或消除间接电击危险；二是利用接地故障电流驱动过电流保护电器动作来切断电源，从而消除电击危险。

5.3.1　TN 系统的接地故障保护

TN 系统发生接地故障的情况如图 5-5 所示。图 5-5 中设备 1 发生了 U 相端子碰壳，这是一个接地故障，相线通过设备金属外壳和 PE 线与电源中性点接地体直接连接起来。很明显，该接地故障电流是一个单相短路电流，相当于相线与 PE 线发生的短路。

TN 系统不能仅靠设备外壳接地来消除间接电击危险，因为此时设备外壳的预期接触电压 U_t 就是故障电流在 PE 线上的压降，这个压降是故障回路相阻抗和 PE 线阻抗对相电压分压后 PE 线所得的部分。相阻抗包括高压侧系统阻抗、变压器计算阻抗和相线计算阻抗，PE 线阻抗包括系统 PE 线阻抗和设备 PE 线阻抗。由于 PE 线截面积不会大于相线截面积，而低压系统阻抗又以电阻为主，因此当线路较长（即线路计算阻抗在短路阻抗中所占比重较大）时，PE 线所分得的电压不会小于相电压的一半，即不小于110V，远大于安全电压 50V 的要求。

TN 系统电击防护的出发点是将碰壳故障转变成一个单相短路故障，依靠短路电流驱动过电流保护电器动作来切断电源，因此，故障电流越大，或过电流保护电器的动作电流小，都有利于电击防护。据此，TN 系统接地故障保护动作电流应满足的条件为：

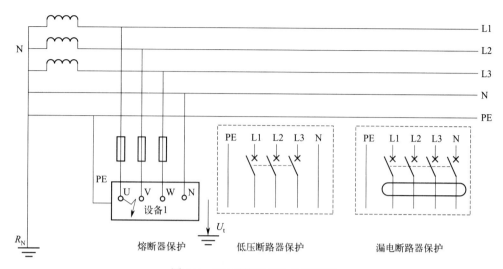

图 5-5 TN 系统的接地故障模型

$$Z_{fp}I_a \leqslant U_p \tag{5-13}$$

式中 Z_{fp}——故障回路相保阻抗；

I_a——保证保护电器在规定时间内自动切断故障回路的电流，可理解为保护电器的动作电流；

U_p——相线对地标称电压。

保护电器的动作时间取决于故障设备性质。对手握式或移动式设备，要求切断时间小于 0.4s；对于固定式设备，要求切断时间小于 5s。将式(5-13) 变形为：

$$U_p/Z_{fp}=I_d \geqslant I_a \tag{5-14}$$

式中 I_d——接地故障电流。

此式即要求故障电流大于保护电器在规定的时间内的动作电流就能满足 TN 系统电击防护的条件。根据保护电器的类别，I_a 的性质和大小也有所不同，现讨论如下。

1. 低压断路器作保护电器

1) 低压断路器瞬时脱扣器本来就是作短路保护之用的，理论上只要其动作电流 I_{op3} 小于故障电流 I_d 则可用它来兼作接地故障保护，其动作时间满足 0.4s 要求。但工程上考虑到产品标准允许脱扣器动作值有 20% 的误差，再考虑短路电流 10% 的计算误差等因素，瞬时脱扣器兼作接地故障保护的实际条件为：

$$I_d \geqslant 1.3 I_{op3} \tag{5-15}$$

即：

$$I_a = 1.3 I_{op3} \tag{5-16}$$

2) 低压断路器短延时脱扣器兼作接地故障保护时，不仅动作电流要满足以上的同样要求，而且对于手握式设备，其动作时间加上断路器燃弧时间还应小于 0.4s。

2. 熔断器作保护电器

对于熔断器，应根据切断时间确定出 I_a 与 $I_{r\cdot FU}$ 的比值，工程中这一工作一般不采用在电流-时间特性曲线上求取的方法，而是采用直接的比例系数配合。表 5-8 和表 5-9 分别为切断时间 5s、0.4s 时的比例系数。

表 5-8 切断接地故障回路时间小于或等于 5s 时的 $I_a/I_{r \cdot FU}$ 最小比值

熔体额定电流/A	4～10	12～63	80～200	250～500
$I_a/I_{r \cdot FU}$	4.5	5	6	7

表 5-9 切断接地故障回路时间小于或等于 0.4s 时的 $I_a/I_{r \cdot FU}$ 最小比值

熔体额定电流/A	4～10	16～32	40～63	80～200
$I_a/I_{r \cdot FU}$	8	9	10	11

3. 剩余电流保护电器

用剩余电流保护电器作单相接地故障保护时，$I_a = I_{\Delta n}$。对用于电击防护的剩余电流保护电器，$I_{\Delta n} = 30\text{mA}$；对用于电气火灾预防的剩余电流保护电器，一般 $I_{\Delta n} = 300 \sim 500\text{mA}$。在 TN 系统中，设备外壳与 PE 线的连接正好提供了剩余电流的通道，如图 5-5 所示，接地故障电流成为剩余电流，对于如此小的动作电流，接地故障电流一般总是能使其动作的。因此，TN 系统中剩余电流保护电器作接地故障保护具有足够的灵敏度。

5.3.2 TT 系统的接地故障保护

TT 系统接地故障如图 5-6(a) 所示，这时的等效电路如图 5-6(b) 所示，图中 Z_T、Z_L 为按对称分量法得出的变压器和线路（包括相线和 PE 线）的计算阻抗，因为接地电阻 R_E、R_N 远大于 Z_T 和 Z_L，故忽略 Z_T、Z_L，这样故障回路就相当于系统接地电阻 R_N 和设备接地电阻 R_E 对故障相电压 U_p 的分压，人体预期接触电压 U_t 为 R_E 所分得的电压，即：

$$U_t \approx \frac{R_E}{R_E + R_N} U_p \tag{5-17}$$

以预期接触电压 U_t 不大于 50V 为安全条件，要求：

$$U_t \approx \frac{R_E}{R_E + R_N} U_p \leqslant 50\text{V} \tag{5-18}$$

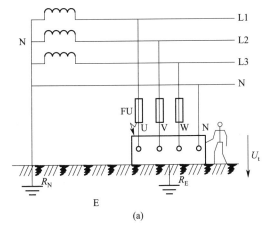
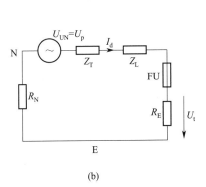

图 5-6 TT 系统接地故障
(a) 故障模型；(b) 等效电路

一般 $R_N=4\Omega$,要满足式(5-18),则至少要 $R_E \leqslant 1.18\Omega$,这么小的接地电阻值工程中是很难实现的,即使能实现也不经济。因此在多数情况下,设备接地虽然能够有效降低接触电压,但要降低到安全限值以下十分困难。

TT 系统的接地故障电流能否像 TN 系统一样驱动过电流保护电器动作,从而切断电源呢?假设图 5-6(b)中设备接地电阻也做到了 4Ω,则 TT 系统的接地故障电流为:

$$I_d \approx \frac{220V}{(4+4)\Omega} = 27.5A \tag{5-19}$$

这么小的电流在绝大多数情况下是不能使过电流保护电器在规定时间内动作的。在实际工程中,因为接地故障电流小,接地点接触电阻或电弧阻抗的数值变化范围很大,准确计算接地故障电流 I_d 是比较困难的。因此,工程上对 TT 系统的安全条件做以下规定:

$$R_E \times I_a \leqslant U_L \tag{5-20}$$

式中 U_L ——安全电压(V),正常环境条件下为 50V;

I_a ——保证保护电器在规定时间内自动切断故障回路的电流值(A);

R_E ——设备接地电阻(Ω)。

式(5-20)体现了处理模糊事件中的工程智慧。只要满足式(5-20)成立的条件,从逻辑上看,若接地故障电流 $I_d \leqslant I_a$,尽管保护电器不能(或不能在规定时间内)动作,但在 TT 系统发生接地故障时人体的预期接触电压 $U_t = R_E \times I_d \leqslant U_L$ 是一定满足的,即接触电压低于安全电压,是安全的;若接地故障电流 $I_d > I_a$,尽管 $U_t = R_E \times I_d$ 可能大于安全电压 U_L,但保护电器肯定能在规定时间内切断电源,同样也是安全的。因此,式(5-20)巧妙避开了不易准确计算的接地故障电流 I_d,代之以可准确整定的保护电器动作电流 I_a,同样能明确地判断电击防护的有效性。

对于各种不同的保护电器,I_a 的确定与 TN 系统相同。由于 TT 系统接地故障电流较小,过电流保护电器一般不能作有效的电击防护,因此相关标准规定 TT 系统必须设置剩余电流保护。图 5-6(a)中,设备外壳接地通道就是剩余电流通道,以 $I_{\Delta n}=30mA$ 作电击防护,按式(5-20)计算,在正常环境条件下,设备接地电阻 R_E 只要小于 1666Ω 即可满足安全条件,这时尽管接触电压 U_t 已接近相电压,但漏电保护电器能在规定时间内切断电源,从而保证人身的安全。

5.3.3 IT 系统的接地故障保护

1. 一次接地故障分析

IT 系统某一相发生接地称为一次接地。IT 系统一次接地故障如图 5-7(a)所示,图中设备发生了 U 相碰壳。分析可知此时系统所有非故障相的对地电容电流都要从接地点流过,接地故障电流即这个电容电流 $I_{C\Sigma}$。只要系统的规模(主要指线路的总长度)控制得当,这个电流是很小的,它在接地电阻上产生的压降一般不足以造成人身伤害。当人体接触到带电设备外壳时,相当于设备接地电阻和人体电阻(含人体与地的接触电阻)对接地故障电流分流,流过人体的电流更小。如图 5-7(b)所示,假设设备接地电阻为 10Ω,人体电阻为 1000Ω,忽略人体与地的接触电阻,则人体分得的电流为:

$$I_M = \frac{R_E}{R_E+R_M} \times I_{C\Sigma} = \frac{10}{10+1000} I_{C\Sigma} \approx 0.01 I_{C\Sigma} \tag{5-21}$$

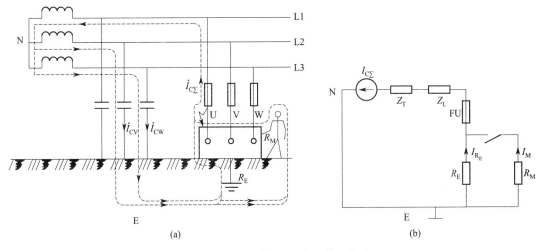

图 5-7　IT 系统单相（一次）接地故障
(a) 故障模型；(b) 等效电路

可见，设备外壳接地时通过人体的电流进一步大幅降低。因此，IT 系统的电击防护性能是十分优良的，在发生一次接地故障时，仅依靠设备外壳接地，就能够消除间接触电危险。

2. 异相接地故障分析

IT 系统发生一次接地后，只要接地电容电流 $I_{C\Sigma}$ 在设备外壳上产生的预期接触电压 U_t 小于 50V，就可认为无电击危险性，系统可继续运行，但若在以后的运行过程中，另一设备中与一次接地不同的相别上又发生了接地故障，则形成了类似相间短路的情形，这种情况称为异相接地，如图 5-8(a) 所示，图 5-8(b) 为这种情况的近似等效电路图，因为 R_{E1}、R_{E2} 远大于线路和变压器计算阻抗，故等效电路中忽略了线路和变压器计算阻抗，于是有：

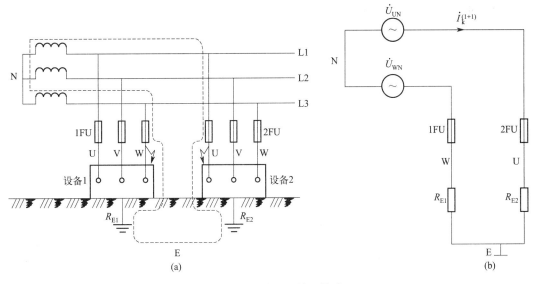

图 5-8　IT 系统异相接地故障
(a) 异相接地故障模型；(b) 等效电路

$$I_k^{(1+1)} \approx \frac{\sqrt{3}U_p}{R_{E1}+R_{E2}} \tag{5-22}$$

式中 $I_k^{(1+1)}$——异相接地故障电流（A）；

U_p——电源相电压（V）；

R_{E1}、R_{E2}——设备1、2的接地电阻（Ω）。

若 $R_{E1}=R_{E2}=R_E$，则：

$$I_k^{(1+1)} = \frac{\sqrt{3}U_p}{2R_E} \tag{5-23}$$

此时熔断器1FU和2FU中至少应有一个熔断，否则该电流可能使设备损坏或引发火灾。并且，此时设备1、2外壳上的对地电压为 R_{E1}、R_{E2} 对线电压 $\sqrt{3}U_p$ 的分压，若 $R_{E1}=R_{E2}$，则两台设备的外壳对地电压均为 $\frac{\sqrt{3}}{2}U_p$；若 $R_{E1} \neq R_{E2}$，则总有一台设备外壳电压高于 $\frac{\sqrt{3}}{2}U_p$。对于220/380V低压配电系统来说，$\frac{\sqrt{3}}{2}U_p=190$V，这个电压远大于安全电压50V，因此此时熔断器不仅要熔断，而且应在电击防护规定的时间内熔断。若不能满足熔断时间要求，则应考虑采取其他措施，如装设剩余电流保护电器等。

3. 安全条件与保护

1）一次接地故障时的安全条件

当发生第一次接地故障时，不中断运行的条件为：

$$R_E \times I_{C\Sigma} \leqslant 50V \tag{5-24}$$

式中 R_E——设备外露可导电部分的接地电阻（Ω）；

$I_{C\Sigma}$——系统总的接地故障电容电流（A）。

式（5-24）一般情况下是比较容易满足的，如若 $R_E=10\Omega$，则只要 $I_{C\Sigma} \leqslant 50V/10\Omega = 5A$ 就能满足。而 $I_{C\Sigma}$ 要达到5A，对220/380V低压系统，至少需要几十公里的电缆总长度。因此只要合理控制系统规模，IT系统发生第一次接地故障时，消除电击危险的条件要求是能够满足的。据此，对IT系统一次接地故障可不设置切断电源的保护，需要时可装设对地绝缘监测保护，只发出报警信号。

2）异相接地故障

IT系统发生二次异相接地故障时，应切除故障回路。因为此时总有至少一台故障设备的外壳对地电压达到或超过线电压的一半（对220/380V的系统来说约为190V），这个电压对人体来说是危险的。切断故障回路可由过电流保护电器或剩余电流保护电器实施。

当用过电流保护电器来切除二次异相接地故障时，能否在规定的时间内切除故障，与故障电流的大小直接相关，而故障电流的大小又与故障设备间的接地形式有关。图5-9（a）中两台设备采用分别接地，此时故障电流约为线电压在两个串联接地电阻上产生的电流；图5-9（b）中两台设备采用共同接地，此时相当于发生了相间短路，故障电流为两相短路电流。图5-9（a）的情形与TT系统发生单台设备碰壳故障类似，只要将其中一台设备的接地电阻看作是TT系统中电源中性点接地电阻，则两种情况就完全可以类比，因此对分别接地的情况，其故障回路的切断应符合TT系统接地故障保护要求；而图5-9（b）与

TN 系统发生碰壳故障类同，因此对采用共同接地的情况，其故障回路的切断则应符合 TN 系统接地故障保护要求。安全条件规定如下。

（1）在没有引出中性导体（即无 N 线）的情况下，对于采用共同接地的 IT 系统中的二次异相接地故障，其安全条件为：

$$Z_S \leqslant \frac{\sqrt{3} U_p}{2 I_a} \tag{5-25}$$

式中　U_p——电源系统相电压（V）；

　　　Z_s——包括相导体和保护导体在内的故障回路阻抗（Ω）；

　　　I_a——保证保护电器在规定时间内自动切断故障回路的电流（A）；对 220/380V 系统，规定时间为 0.4s。

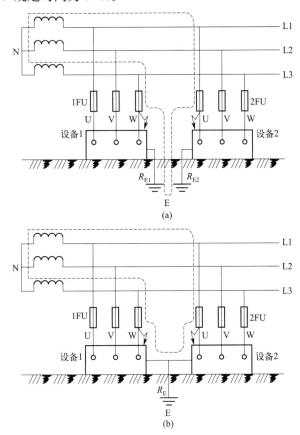

图 5-9　不同接地形式的二次接地故障
(a) 分别接地；(b) 共同接地

（2）对采用共同接地且引出中性导体（即 N 线）的 IT 系统，如图 5-10 所示，不利于保护动作的情况为：当一台设备发生相线碰壳时，另一台设备又发生中性线碰壳。这时总有一台设备外壳电压不低于 $U_p/2$，故规定有中性线引出的 IT 系统安全条件为：

$$Z_S \leqslant \frac{U_p}{2 I_a} \tag{5-26}$$

式中，各参量含义与前式相同，只是对切断时间规定，对 220/380V 系统为 0.8s。

（3）当采用 RCD 来切除分别接地的 IT 系统二次异相接地故障时，应注意采用 IT 系统的理由之一就是发生一次接地故障时仍可继续运行，因此剩余电流保护电器的额定漏电不动作电流 $I_{\Delta no}$ 应大于一次接地电容电流 $I_{C\Sigma}$，而额定漏电动作电流 $I_{\Delta n}$ 应小于二次异相故障时的故障电流 $I_k^{(1+1)}$。即：

$$I_{\Delta no} > I_{C\Sigma}; \qquad I_{\Delta n} < I_k^{(1+1)} \tag{5-27}$$

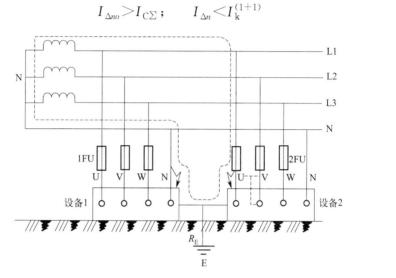

图 5-10 有中性线 IT 系统二次接地故障模型

5.4 等电位联结

等电位联结是用电安全、防雷以及电子信息系统正常工作等所不可或缺的电气安全措施。我国电气标准采用国际电工标准后，等电位联结这一安全措施在我国已经得到广泛应用。

5.4.1 等电位联结的作用

研究表明：电位差是引起电气事故的重要原因，等电位联结的本质就是消除电气设备外露可导电部分因某些原因而可能出现的电位差。

1. 接地只是大范围的等电位联结

在一般概念中接地指的是接大地，不接大地就是违反了电气安全的基本要求。这一概念有局限性，而且也不完全正确。飞机飞行中极少发生电击事故和电气火灾，但飞机并没有接大地。飞机中的用电安全不是靠接大地而是靠等电位联结来保证在飞机内以机身电位为基准电位来作等电位联结。由于飞机内范围很窄小，即使在绝缘损坏的事故情况下电位差也很小，因此飞机上的电气安全是得到有效保证的。

人生活在地球上，因此往往需与地球等电位，即将电气系统和电气设备外壳与地球联结，这就是我们常说的"接地"。飞机上可用接线端子与机身联结，而在地球上则需用接地极作为接线端子与其联结，但这种联结的连接电阻较大，这就是前面所说的接地电阻。

2. 等电位联结不一定要求接地

有的资料和文章中常使用"等电位接地"一词，似乎作等电位联结的同时必须进行接地。其实也并非如此，飞机上的等电位联结是无法接地的，地球上也有些等电位联结是不允许接地的。例如采用隔离变压器供电是一项有效的防电击措施，因其二次回路导线与设备外壳不接地，绝缘损坏时产生的故障电流极小，不足以引起电击事故。但当一台隔离变压器供多台设备时，必须将各台设备的外壳相互连通作等电位联结。

等电位联结的作用主要有：①降低接地故障时的预期接触电压；②消除或降低从工程外部窜入的涌流和高电压；③消除工程内部大型用电设备切除时的瞬态过电压的危害；④消除电位差、电弧、电火花，减少电气火灾事故；减少或消除辐射性的电磁干扰，对工程内部的电子设备起到很好的屏蔽作用；⑤节约一次性投资。

等电位联结只是简单的导线连接，并无深奥的理论和复杂的技术要求，但是由于部分施工人员常常对其重要性认识不足，认为施工太繁琐、影响美观、费工费时，导致等电位联结不实甚至断线，从而影响了整个等电位联结系统的有效性，我们应高度重视这方面的施工管理工作。

5.4.2 等电位联结的类别与要求

1. 等电位联结的类别

等电位联结是使电气装置各外露可导电部分和装置外可导电部分的电位基本相等的一种电气联结。等电位联结的功能在于降低接触电压，以确保人身安全。我国规定：采用接地故障保护时，在建筑物内应作总等电位联结（main equipotential bonding，缩写 MEB）；当电气装置或其某一部分的接地故障保护不能满足要求时，尚应在其局部范围内进行局部等电位联结（localized equipotential bonding，缩写 LEB）。

1）总等电位联结（MEB）

总等电位联结是在建筑物进线处，将 PE 线或 PEN 线与电气装置接地干线、建筑物内的各种金属管道如水管、煤气管、采暖空调管道等以及建筑物的金属构件等，都接向总等电位联结端子，使它们都具有基本相等的电位，如图 5-11 中的 MEB。

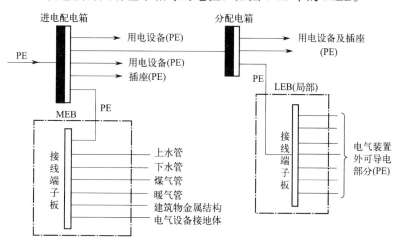

图 5-11 总等电位联结（MEB）和局部等电位联结（LEB）

2）局部等电位联结（LEB）

局部等电位联结又称辅助等电位联结，是在远离总等电位联结处、非常潮湿、触电危险性大的局部地区内进行的等电位联结，作为总等电位联结的一种补充，如图 5-11 中的 LEB。特别是在容易触电的浴室及安全要求极高的胸腔手术室等处，宜作局部等电位联结。

2. 等电位联结的施工要求

1）建筑物等电位联结干线应从与接地装置有不少于 2 处直接连接的接地干线或总等电位箱引出，等电位联结干线或局部等电位箱间的连接线形成环形网路，环形网路应就近与等电位联结干线或局部等电位箱连接。支线间不应串联连接。

2）等电位联结的线路最小允许截面应符合表 5-10 的规定。

线路最小允许截面（mm²）　　　　　　　表 5-10

材料	截面	
	干线	支线
铜	16	6
钢	50	16

3）需等电位联结的可接近裸露导体或其他金属部件、构件与支线连接应可靠，熔焊、钎焊或机械紧固应导通正常。

4）需等电位联结的高级装修金属部件或零件，应有专用接线螺栓与等电位联结支线连接，且有标识；连接处螺帽紧固、防松零件齐全。

思考与练习题

5-1　低压断路器与高压断路器有什么不同？

5-2　请辨析低压断路器的壳架等级电流、额定电流、脱扣器（长延时、短延时及瞬时）整定电流等参数。这些参数间有约束关系吗？

5-3　低压熔断器有哪些类型？各有什么特点？

5-4　为什么有些熔断器会有最小开断电流限制？

5-5　低压隔离开关和高压隔离开关有什么区别？

5-6　剩余电流保护器用于保护哪种故障类型？它是如何实现保护功能的？

5-7　剩余电流保护电器 RCD 的额定漏电不动作电流与额定漏电动作电流是如何定义的？若通过 RCD 的实际剩余电流处于这两个电流之间 RCD 会有何动作？

5-8　用于防电击和防电气火灾的剩余电流保护，其额定漏电动作电流典型值分别为多少？

5-9　过电流可分为几种情况？

5-10　在供配电系统中为什么要设置过电流保护？

5-11　低压线路中如何设置短路过电流保护？

5-12　低压线路过负荷保护的基本要求是什么？工程实践中过负荷保护的难点在何处？

5-13　从接地故障保护的角度来看，希望接地故障电流大一些好还是小一些好？

5-14　TN、TT、IT 系统分别如何实现接地故障保护？

5-15　查资料，正常环境条件下，人体能承受的安全电压是多少？

5-16　等电位联结有哪几种？分别有什么作用？

5-17　为什么有些设备进行了接地还要等电位联结？

5-18　等电位联结的施工有哪些要求？

第6章

电压损失计算和线缆的选择

与前面介绍的配电设备选择相比,线缆的选择有不同之处。配电设备选择除了考虑其使用功能以外,主要考虑的是其能否承受正常负荷和故障冲击,但设备本身并不会对系统的运行参数产生明显影响;线缆的特别之处在于它们一方面要承受系统的正常负荷与故障冲击,另一方面它们自身的特性和参数又会反过来影响系统的运行状况和故障参量,这种影响最显著之处就反映在电能质量和短路电流上。

6.1 电能质量概述

所谓电能质量,是指电力系统实际生产的电能规格与标准电能规格之间的差异,差异越小,质量越好。电力系统所生产的电能的规格主要是以电压来描述的,因此电能质量也主要以电压来描述。描述电能质量的五个主要指标如下:

(1) 电压偏差;
(2) 电压波动和闪变;
(3) 三相不平衡度;
(4) 谐波;
(5) 频率偏差。

在以上的五个指标中,频率偏差要求为:3000MVA 以上系统不大于 ±0.2Hz;3000MVA 以下系统不大于 ±0.5Hz。频率由发输变电系统调节,与供配电系统无关,因此本文只讨论其他几个指标。

6.1.1 电压偏差

供配电系统的电压偏差是指在正常的运行条件下,系统各点的实际运行电压 U 对系统标称电压 U_N 之差,以百分数表示,即:

$$\delta U = \frac{U - U_N}{U_N} \times 100\%$$

电压偏差会对用电设备和供配电系统本身带来不利影响。就用电设备而言,电动机电压偏低会使温升增加,机械出力减小,转速降低,影响所加工的产品质量;照明设备对电压也很敏感,电压高低不仅直接影响照明设备输出光通量,而且会显著地影响照明装置的使用寿命。就供配电系统而言，电压高低最直接影响的就是电容器无功补偿量和变压器铁芯损耗。电压偏低，电容器无功补偿量减少，这又会使电压进一步偏低；电压偏高，变压器铁芯损耗加大，温升增加，工作点更靠近铁芯非线性区域，不仅影响使用寿命，降低效率，而且会使电压波形发生畸变，产生谐波。

国家标准对电压偏差允许值的规定分为两部分：一部分为用电设备端子电压偏差允许值，另一部分为供电电压偏差允许值，分别见表 6-1 和表 6-2。

所谓供电电压偏差，是指电力公司与电力用户产权分界点处的电压偏差值。

用电设备端子电压偏差允许值　　　　　　　　　表 6-1

	名称	允许值/%		名 称	允许值/%
电动机	正常情况下	+5～-5	照明	一般工作场所	+5～-5
	少数远离变电所情况下	+5～-10		远离变电所的小面积一般工作场所	+5～-10
	电梯电动机	+7～-7		应急照明、安全特低电压	
				警卫照明、道路照明	

供电电压偏差允许值　　　　　　　　　表 6-2

系统标称电压/kV	允许值/%	系统标称电压/kV	允许值/%
>35kV 三相系统	正、负偏差绝对值之和≤10	0.22kV 单相系统	+7，-10
≤10kV 三相系统	正、负偏差绝对值之和≤7		

6.1.2　电压波动和闪变

电压波动和闪变的允许值（称为限制）见表 6-3 和表 6-4。表中低压指 1kV 及以下电压；中压指 1～35kV 电压，高压指 35～220kV 电压。

电压波动限值　　　　　　　　　表 6-3

r/h^{-1}	$d/\%$		r/h^{-1}	$d/\%$	
	中、低压	高压		中、低压	高压
$r \leq 1$	4	3	$10 < r \leq 1$	2	1.5
$1 < r \leq 10$	3	2.5	$100 < r \leq 1000$	1.25	1

电压闪变限值　　　　　　　　　表 6-4

系统电压等级	低压	中压	高压
P_{st}	1.0	0.9(1.0)	0.8
P_{lt}	0.8	0.7(0.8)	0.6

电压幅值随负荷波动而快速变化，为衡量这种变化，将每半个基波电压周期方均根值（有效值）与时间的关系绘制成曲线，称为电压方均根值曲线 $U(t)$。所谓电压波动（voltage fluctuation），是指电压方均根值的一系列变动或连续改变。

电压波动可以用电压变动 d 和电压变动频度 r 两个指标来衡量。电压变动 d 是指电压方均根值曲线上相邻两个极值 U_{max} 和 U_{min} 之差对系统标称电压 U_N 的百分数，即：

$$d = \frac{U_{\max} - U_{\min}}{U_N} \times 100\% \tag{6-1}$$

电压方均根值曲线 $U(t)$ 由大到小或由小到大各算一次变动,电压变动频度 r 则是指单位时间内该曲线变动的次数,单位为 s^{-1}(Hz)。如果同一方向若干次变动的间隔时间小于 30ms,则算成一次变动。

闪变是指灯光照度不稳定造成的视觉感受。电压闪变(voltage flicker)指电压波动造成的电气照明灯光的闪变。闪变由专用的闪变仪测量。由于闪变涉及人的视觉感受,考虑到人的视觉记忆效应以及对闪变的忍受程度等心理因素,闪变的强弱由短时间闪变值 P_{st} 和长时间闪变值 P_{lt} 两个参数衡量。

P_{st} 指若干分钟内人的视觉对每次瞬时闪变感觉水平的一个统计处理值;P_{lt} 是由 P_{st} 推算出来的反映若干小时闪变强弱的量值。通常 $P_{st}=1$ 就认为闪变产生了刺激感。

6.1.3 三相不平衡度

供配电系统的三相不平衡程度常用三相电压不平衡度 ε_u 来表示。ε_u 指三相系统电压负序分量 U^- 与正序分量 U^+ 的相对大小,即:

$$\varepsilon_u = \frac{U^-}{U^+} \times 100\% \tag{6-2}$$

三相不平衡会对变压器、电动机、无功补偿装置等带来不利影响。在低压系统还会造成负载中性点位移等后果,因此对三相不平衡的程度必须加以限制。

三相不平衡的允许值,对电力公司和用户分别有不同要求。电力公司在电力系统公共连接点(简称 PCC)处三相供电电压不平衡度允许值不超过 2%,短时间不得超过 4%;电力用户在 PCC 引起的三相电压不平衡度允许值一般为 1.3%,短时间不得超过 2.6%。

6.1.4 谐波

供配电系统中理想的电压波形为 50Hz 正弦波,但因为非线性环节的作用,以及负序电压(电流)与旋转电机的相互作用等,会使得电压波形发生畸变。用傅立叶变换对畸变的波形进行分析,发现除了有 50Hz 基波以外,还有若干与 50Hz 成整倍数的高次谐波,统称为谐波。谐波被称为电力系统的污染,对系统和用电设备都有很多不利的影响。

表征谐波大小主要有以下三个指标。

1. 谐波电压含有量 U_h、谐波电流含有量 I_h

$$U_h = \sqrt{\sum_{n=2}^{\infty}(U_n)^2} \tag{6-3}$$

$$I_h = \sqrt{\sum_{n=2}^{\infty}(I_n)^2} \tag{6-4}$$

式中 U_n、I_n——第 n 次谐波电压、电流有效值。U_h、I_h 表明了除基波外所有谐波成分的总有效值。

2. 第 n 次谐波电压含有率 HRU_n、第 n 次谐波电流含有率 HRI_n

$$HRU_n = \frac{U_n}{U_1} \times 100\% \tag{6-5}$$

$$HRI_n = \frac{I_n}{I_1} \times 100\% \qquad (6\text{-}6)$$

式中 U_1、I_1——基波电压、电流有效值。谐波含有率表明了某次谐波与基波的相对大小。

3. 电压总谐波畸变率 THD_u、电流总谐波畸变率 THD_i

$$THD_u = \frac{U_h}{U_1} \times 100\% = \sqrt{\sum_{n=2}^{\infty}(HRU_n)^2} \times 100\% \qquad (6\text{-}7)$$

$$THD_i = \frac{I_h}{I_1} \times 100\% = \sqrt{\sum_{n=2}^{\infty}(HRI_n)^2} \times 100\% \qquad (6\text{-}8)$$

总谐波畸变率又称为总谐波失真(Total Harmonic Distortion),是表明谐波总有效值与基波有效值相对大小的一个参数,是对谐波严重程度的一个总体评价。

电网的谐波管理分为两个方面:用谐波电压参数规定公共电网的谐波含量限值,见表 6-5;用谐波电流参数规定对用户允许注入电网公共连接点的谐波限值,见表 6-6。

公共电网谐波电压限值　　表 6-5

电网标称电压/kV	THD_u/%	各次谐波电压含有率 HRU/%	
		奇次	偶次
0.38	5.0	4.0	2.0
6、10、20	4.0	3.2	1.6
35、66	3.0	2.4	1.2
110	2.5	1.6	0.8

电力用户允许注入 PCC 的谐波电流限值　　表 6-6

标准电压/kV	基准短路容量/(MV·A)	谐波次数及谐波电流允许值/A										
		2	3	4	5	6	7	8	9	10	11	12	13
0.38	10	78	62	39	62	26	44	19	21	16	28	13	24
6	100	43	34	21	34	14	24	11	11	8.5	16	7.1	13
10	100	26	20	13	20	8.5	15	6.4	6.8	5.1	9.3	4.3	7.9
35	250	15	12	7.7	12	5.1	8.8	3.8	4.1	3.1	5.6	2.6	4.7
66	500	16	13	8.1	13	5.4	9.3	4.1	4.3	3.3	5.9	2.7	5
110	750	12	9.6	6	9.6	4	6.8	3	3.2	2.4	4.3	2	3.7
标准电压/kV	基准短路容量/(MV·A)	谐波次数及谐波电流允许值/A										
		14	15	16	17	18	19	20	21	22	23	24	25
0.38	10	11	12	9.7	18	6	16	7.8	8.9	7.1	14	6.5	12
6	100	6.1	6.8	5.3	10	4.7	9	4.3	4.9	3.9	7.4	3.6	6.8
10	100	3.7	4.1	3.2	6	2.8	5.4	2.6	2.9	2.3	4.5	2.1	4.1
35	250	2.2	2.5	1.9	3.6	1.7	3.2	15	1.8	1.4	2.7	13	2.5
66	500	2.3	2.6	2	3.8	1.8	3.4	16	19	1.5	2.8	1.4	2.6
110	750	1.7	1.9	1.5	2.8	1.3	2.5	1.2	1.4	1.1	2.1	1	1.9

6.2 电力网络的电压损失计算

电压偏差的产生缘于电流在电网各元件阻抗上产生的压降,这其中又以线路和变压器所占比重最大。表征电流在元件阻抗上产生压降的参数有两个,分别为电压降落和电压损失,定义如下。

电压降落 $\Delta\dot{U}$:元件首端电压 $\dot{U}_1$ 与末端电压 $\dot{U}_2$ 的相量差,记做 $\Delta\dot{U}$。即:

$$\Delta\dot{U}=\dot{U}_1-\dot{U}_2 \tag{6-9}$$

电压损失 $\Delta u\%$:元件首端电压 U_1 与末端电压 U_2 的代数差,记做 ΔU,一般以 ΔU 相对于系统标称电压 U_N 的百分数来表示,记做 $\Delta u\%$。即:

$$\Delta u\%=\frac{\Delta U}{U_N}\times 100=\frac{U_1-U_2}{U_N}\times 100 \tag{6-10}$$

6.2.1 电力线路电压损失计算

1. 放射式供电线路电压损失的计算

如图 6-1(a) 所示,线路 AB 段所在电网标称电压为 U_N,线路首、末端相电压分别为 $U_{1\varphi}$ 和 $U_{2\varphi}$,线路末端带有负荷 $p+jq$,功率因数为 $\cos\varphi$,线路上的负荷电流为 I,忽略线路的并联参数,线路全长阻抗为 $R+jX$,根据线路的单相等效电路,线路首、末端相电压关系为:

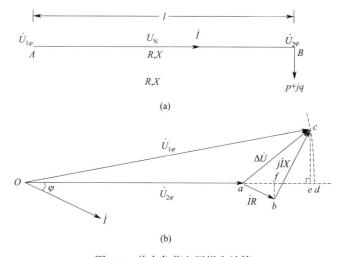

图 6-1 单个负荷电压损失计算

$$\dot{U}_{1\varphi}=\dot{U}_{2\varphi}+\dot{I}(R+jX) \tag{6-11}$$

据此可画出首、末端相电压关系的相量图,如图 6-1(b) 所示,从图中可以看出,线路首、末端相电压损失为线段 $\overline{ad}$ 的长度。但线段 $\overline{ed}$ 很短,可忽略不计,因此相电压损失近似为线段 $\overline{ae}$ 的长度,换算为线电压,即:

$$\Delta U = \sqrt{3}\,\overline{ad} \approx \sqrt{3}\,\overline{ae} = \sqrt{3}(IR\cos\varphi + IX\sin\varphi)$$

$$= \frac{\sqrt{3}U_N(IR\cos\varphi + IX\sin\varphi)}{U_N} = \frac{pR+qX}{U_N}$$

线路电压损失百分数为:

$$\Delta u\% = \frac{\Delta U}{U_N} \times 100 = \frac{pR+qX}{10U_N^2} \tag{6-12}$$

式中　$\Delta u\%$——线路电压损失百分数;

　　　p、q——负载有功功率（kW）和无功功率（kvar）;

　　　R、X——线路的电阻和电抗（Ω）;

　　　U_N——线路所在电网标称线电压（kV）。

2. 树干式供电线路电压损失的计算

图 6-2(a) 为带有两个负荷的树干式供电线路，图 6-2(b) 为电压相量图，图中总的电压损失应为线段 $\overline{ae}$ 的长度，干线 BC 和 AB 段的电压损失分别近似为线段 $\overline{ab}$ 和 $\overline{bd}$ 的长度。工程计算中，近似认为将两段干线的电压损失代数相加，就等于总的干线电压损失，即:

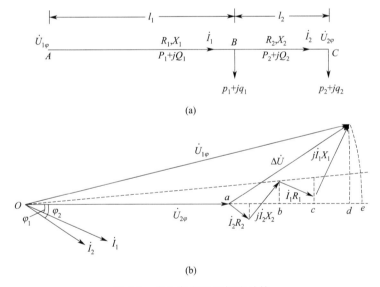

图 6-2　多个负载电压损失计算

$$\overline{ae} \approx \overline{ab} + \overline{bd} \tag{6-13}$$

计算每一段干线的功率时，应该是该段干线后的所有负载功率加上线路损耗功率，但供配电系统线路一般较短，线路损耗与负载功率相比可忽略，因此近似计算时一般不考虑线路功率损耗。

由此，若将线路首端至第一个负载之间的干线称为第一段干线，其后依次称为第 2、3、…、m 段干线，则一般的计算公式为:

$$\Delta u\% \approx \frac{1}{10U_N^2}\left(\sum_{i=1}^{m}(P_i r_i + Q_i x_i)\right) \tag{6-14}$$

且有：

$$P_i = \sum_{k=i}^{m} p_k ; Q_i = \sum_{k=i}^{m} q_k \tag{6-15}$$

式中　$\Delta u\%$——干线电压损失百分数；

　　　P_i、Q_i——第 i 段干线上的有功功率（kW）和无功功率（kvar）；

　　　p_k、q_k——第 k 个负载的有功功率（kW）和无功功率（kvar）；

　　　r_i、x_i——第 i 段干线的电阻和电抗（Ω）；

　　　U_N——线路所在电网标称电压（kV）。

式(6-14)是按照网络上流过的功率或电流及该线段的电阻和电抗来计算整个线路的电压损失计算式，常称作干线功率（电流）计算法。还可按负荷功率或电流，以及由负荷所在地到网络始端的总电阻和总电抗来计算整个线路的电压损失，即所谓的负荷功率（电流）计算法，其计算式如下：

$$\Delta u\% = \frac{1}{10 U_N^2} \sum_{i=1}^{m} (p_i R_i + q_i X_i) \tag{6-16}$$

$$R_i = \sum_{k=1}^{i} r_k ; X_i = \sum_{k=1}^{i} x_k \tag{6-17}$$

式中　$\Delta u\%$——干线电压损失百分数；

　　　R_i、X_i——负载 i 至网络始端的总电阻和总电抗（Ω）；

　　　p_i、q_i——第 i 个负载的有功功率（kW）和无功功率（kvar）；

　　　r_k、x_k——第 k 段干线的电阻和电抗（Ω）；

　　　U_N——线路所在电网标称电压（kV）。

显然两者的计算结果是一致的学习中要注意体会式(6-14)和式(6-16)中参数的不同含义。

3. 单相线路的电压损失的计算

三相平衡系统的电压损失，只是相线的电压损失；单相系统的负荷电流，要通过来回两根导线，因此其电压损失应为一根相线电压损失的两倍。因此，单相系统电压损失的计算公式如下：

$$\Delta u\% \approx \frac{2}{10 U_N^2} \left[\sum_{i=1}^{m} (P_i r_i + Q_i x_i) \right] \tag{6-18}$$

或

$$\Delta u\% = \frac{2}{10 U_N^2} \sum_{i=1}^{m} (p_i R_i + q_i X_i) \tag{6-19}$$

式中，各参数含义同上，只是若负荷接于相电压，则 U_N 应取为标称相电压；若中性线截面与相线不同，则应分别计算相线与中性线的电压损失，然后相加。

4. 低压线路电压损失的计算

对于低压线路，可以忽略电抗的作用，电压损失的百分数简化为：

$$\Delta u\% = \frac{\Sigma M}{C \cdot S}\% \tag{6-20}$$

式中　M——线路的负荷矩（kW·m），即线路输送的有功功率 P（kW）和输送距离 l

（m）的乘积，又称作功率矩；

C——计算常数，对三相电路 $C=10rU_N^2$；对单相电路 $C=5rU_\varphi^2$；对两相三线电路 $C=\dfrac{10rU_N^2}{2.25}$；r 为导线的电导率，S 为导线的截面积（mm²）；具体计算值如表 6-7 所示。

低压架空线路电压损失计算时系数 C 值　　　　表 6-7

电压及配电方式	C	
	铜导线	铝导线
三相四线制 380/220V	75	45.7
两相三线制	33.3	20.3
单相制 220V	12.56	7.66

式(6-20) 中 ΣM 为树干式供电线路全线路的负荷矩。对有 m 个负荷的树干式供电线路，若将负荷顺次记为 P_1，P_2，…，P_m，首端至第 1 个负荷之间的干线称为第 1 段干线，其后顺次记为第 2，3，…，m 段干线，各段干线上输送功率也顺次记为 P_1，P_2，…，P_m，则在工程计算中要注意：用干线上功率 P_i 来计算全线路的负荷矩时，输送距离应取对应干线段的长度 l_i，而用负荷的功率 P_i 计算时，输送距离应取对应负荷到首端（源端）的长度 l_i，两者的计算结果是一致的，即 $\Sigma M=\sum_{i=1}^{m}(P_i l_i)=\sum_{i=1}^{m}(P_i l_i)$。

6.2.2 变压器电压损失计算

变压器电压损失计算原理与线路相同，推导出变压器电压损失计算公式如下：

$$\Delta u_T\% = \dfrac{P u_a\% + Q u_r\%}{S_{r \cdot T}} \tag{6-21}$$

$$u_a\% = \dfrac{100\Delta P_k}{S_{r \cdot T}} \tag{6-22}$$

$$u_r\% = \sqrt{u_{k \cdot T}^2\% - u_a^2\%} \tag{6-23}$$

式中　$S_{r \cdot T}$——变压器的额定容量（kVA）；

　　$u_a\%$——变压器短路电压的有功分量百分数；

　　$u_r\%$——变压器短路电压的无功分量百分数；

　　$u_{k \cdot T}\%$——变压器短路电压百分数；

　　ΔP_k——变压器的短路损耗（kW）；

　　$\Delta u_T\%$——变压器的电压损失百分数。

6.3　电力线缆的选择

电力电线和电力电缆统称为电力线缆，简称线缆。线缆的作用是传输电能，在电压确定的前提下，传输功率的大小与电流成正比。因此，载流量是线缆最重要的一个参数。

6.3.1 线缆的允许载流量

1. 允许载流量的概念

线缆的使用寿命取决于其工作温度，工作温度取决于环境条件与导体工作温升，而工作温升取决于导体中通过电流的大小，这就是线缆使用寿命与工作电流之间的逻辑关系。工程中根据约定的线缆使用寿命，可首先确定出线缆的长期允许工作温度，再根据环境与敷设条件确定出允许温升，最后就可根据温升所允许的损耗确定出允许载流量。因此允许载流量又可称为约定载流量，是在约定使用寿命的前提下定出的一个量值，其定义为：在给定环境和敷设条件下，为使线缆稳定工作温度不超过其长期允许工作温度，线缆所允许通过的最大电流，称为线缆在给定条件下的允许载流量，记作 I_{con}。对绝缘导线或电缆，长期允许工作温度取决于绝缘材料；对裸导线，这一温度取决于接头处的发热氧化和因发热造成的机械性能劣化。

2. 影响允许载流量的工程因素

线缆的稳定工作温度是发热与散热动态平衡的结果。在通过电流一定的情况下，发热主要取决于导体电阻，因此允许载流量与线缆的导体材料和截面积紧密相关；散热取决于线缆周围的环境情况，而环境情况又是由具体的工程条件所决定的，我们将其称为工程因素。影响线缆允许载流量的工程因素主要有：环境温度、敷设方式、敷设部位、周围其他管线（热力管、其他线缆等）情况等。

1) 环境温度。环境温度是指线缆无电流通过时周围介质的温度。线缆的工作温度和工作温升是两个不同的概念，工作温度等于环境温度（又称初始温度）加工作温升。电流在线缆中产生的是工作温升。在长期允许工作温度确定的情况下，允许温升随环境温度而改变，线缆允许载流量也因此随环境温度而不同。

2) 敷设方式。这个因素影响的是散热条件。如穿管敷设的散热条件就不如空气中明敷好，而穿钢管敷设其散热条件又优于穿塑料管敷设等。

3) 敷设部位。这个因素既可能影响环境温度，又可能影响散热条件。如室外与室内敷设，在冬、夏季环境温度相差甚大；又如室外埋地敷设与地上架空敷设，除夏季地下温度低于地上温度外，土壤的导热系数一般也高于空气，同样的电缆，埋地与架空敷设的允许载流量就会有所不同。

4) 多根线缆并敷。由于多根线缆发热的相互影响，相当于提高了线缆周围的小环境温度，使得允许载流量降低。但当多根电缆中有正常工作不载流的导线（如 PE 线）时，其传热作用反倒会使散热条件略有改善，至少不会降低允许载流量。

6.3.2 线缆额定电压选择

护套电线和电缆的额定电压包括缆（线）芯对地额定电压 U_0 和缆（线）芯之间的额定电压 U_r，用 U_0/U_r 表示。U_r 总是等于或大于系统标称电压 U_N（线电压），U_0 则分为两类：第Ⅰ类 U_0 等于或大于相电压，用于大接地系统；第Ⅱ类 U_0 大于第Ⅰ类，用于小接地系统，可以在小接地系统发生单相接地故障、非故障相对地电压升高时安全运行。如

10kV 系统电缆额定电压第Ⅰ类为 6/10kV，只能用于接地的 10kV 系统；第Ⅱ类为 8.7/10kV，可用于不接地的 10kV 系统。

对 220/380V 低压系统的电缆，建筑物外（含建筑物电源进线）只能选 0.6/1kV 额定电压，建筑物内可选择 0.3/0.5kV 和 0.45/0.75kV 额定电压。

6.3.3 线缆相导体截面选择

线缆相导体截面选择关系到寿命、经济、电能质量、故障耐受能力、安全防护、机械强度等诸多方面的问题，必须达到每一个方面的要求，相导体截面选择才算正确。因此，相导体截面选择需要按以下步骤逐一进行。

1. 按温升选择

为保证线缆工作寿命，要求线缆的允许载流量 I_{con} 不小于线路的计算电流 I_c，即：

$$I_{con} \geqslant I_c \tag{6-24}$$

I_{con} 与环境条件有关。一回线路的敷设路径上环境条件可能不同，应选择散热条件最差且长度不小于 1m 的那一段进行校验。确定出 I_{con} 后，就可选出相对应的相导体截面。

2. 按电压损失校验

线缆单位长度的阻抗与相导体截面相关，因此线路电压损失也与相导体截面相关。根据电能质量对电压偏差的要求，可计算出一条线路的允许电压损失，再根据允许电压损失校验所选线缆是否满足要求。

在有些情况下，还要根据电压闪变校验线缆截面。

3. 按机械强度校验

按线缆形式、导体材料和敷设方式，可以确定出满足机械强度要求的最小截面积，所选线缆导体最小截面积不得小于该最小截面积。固定敷设的导体最小截面积如表 6-8 所示，其他情况可参见附表 18 和附表 19 或查阅相关标准及设计手册。

固定敷设的导体最小截面积 表 6-8

敷设方式	绝缘子支撑点间距 L(m)	导体最小截面积(mm²)	
		铜导体	铝导体
裸导体敷设在绝缘子上	—	10	16
绝缘导线敷设在绝缘子上	$L \leqslant 2$	1.5	10
	$2 < L \leqslant 6$	2.5	10
	$6 < L \leqslant 16$	4	10
	$16 < L \leqslant 25$	6	10
绝缘导体穿导管敷设或在槽盒中敷设	—	1.5	10

4. 按经济电流密度校验

所谓经济电流，是指在线缆寿命期内，使投资和导体损耗费用之和最小所对应的电流密度。该条件主要用于输变电系统的大电流、长距离线路选择，供配电工程较少采用。

5. 按短路热稳定性校验

要求线缆能经受短路电流的热冲击，即：

$$S \geqslant S_{\min} = \frac{I_{k \cdot \max}^{(3)}}{C}\sqrt{t_{\text{im}}} \tag{6-25}$$

式中 S——相导体截面积（mm^2）；

$S_{\min}$——短路热稳定所要求的最小截面（mm^2）；

$I_{k \cdot \max}^{(3)}$——线缆可能承受的最大三相短路电流（A）；

C——热稳定系数（$A \cdot \sqrt{s} \cdot mm^{-2}$），见表4-2；

t_{im}——假想时间（s）。

6．按保护灵敏系数校验

在低压系统中，短路阻抗中电阻比重大，而电阻又与相导体截面积相关，因此当线路末端短路电流太小，保护灵敏系数不满足要求时，可考虑加大相导体截面以增大短路电流。

6.3.4 中性线与保护线导体截面选择

低压系统中N线（或PEN线）上通过的电流可能与相线不同；PE线上正常时不通过电流，但在发生接地故障时，PE线对安全保护有不可替代的重要作用。因此对N线和PE线的截面选择应专门考虑。

1．N线选择

单相二线制系统中，N线截面总与相线相同。三相四线制系统中，N线上可能有三相不平衡电流和3n次谐波电流通过，因此其选择应遵循以下规则。

1) 平衡三相四线制系统，不考虑谐波时，N线无电流，中性线截面可选为相线截面的一半，但当相线截面不大于16mm^2（铜）和25mm^2（铝）时，N线应与相线等截面。

2) 不平衡三相四线制系统，N线上有三相不平衡电流，N线的选择应考虑载流量不小于该电流。且由于发热导体增加了一根，相线载流量是否应作修正呢？答案是不必修正。尽管多芯电缆和共管敷设的三相四线制电线，标称载流量是按三相平衡条件给出的，不考虑N线上电流发热，但工程实际中选线缆时，都是按电流最大相选取的，因此电流小的相线欠发热，这正好补偿N线的发热。换个角度考虑，若将一路多芯电缆或共管导线看成一个发热整体，其总的发热并未明显超过以最大电流相为基准的三相平衡线路，因此载流量不需要校正。

3) 平衡的三相四线制系统，有3n次谐波电流时，N线选择应考虑谐波电流的影响。由于3n次谐波既流过相线，又流过N线，因此相线截面也应考虑谐波影响，但N线3n次谐波电流是相线的3倍，因此对N线影响更大。

3n次谐波中以3次谐波所占比重最大，一般以3次谐波近似3n次谐波。当相线3次谐波电流超过相线工频电流的33.3%时，N线上3n次谐波线电流已大于相线工频电流，这时N线截面应大于相线截面。

对三相四线制多芯电缆和共管敷设的三相四线制电线，谐波除了在N线上增加发热外，还在相线上增加发热，与三相不平衡的情况不同，线路作为一个整体，其总的发热量是增加的。因此不仅要考虑N线的截面选取，而且相线的载流量也应进行校正。表6-9给出了各种 3 次谐波含有率下的载流量校正系数。当 3 次谐波成分大于 10% 时，N 线就应与相线等截面，但选择步骤仍为先选相线截面。当 3 次谐波大于 33% 时，先选择 N 线截面，然后选相线与 N 线等截面。

谐波电流作用下共管电线或电缆载流量校正系数　　　表 6-9

相电流中 3 次谐波分量/%	校正系数		相电流中 3 次谐波分量/%	校正系数	
	按相线电流选择截面	按中性线电流选择截面		按相线电流选择截面	按中性线电流选择截面
0～15	1.0	—	34～45	—	0.86
16～33	0.86	—	46 以上	—	1.0

4) 既有三相不平衡电流，又有 $3n$ 次谐波。这时中性线截面应以总的电流有效值选取。总的电流有效值等于基波和各次谐波的平方和开方。

注意：表 6-9 中校正系数是用来确定选择截面时的计算电流，谐波电流校正系数应用举例如下。

例：某三相平衡系统，负载电流 39A，采用 PVC 绝缘 4 芯电缆，沿墙明敷，选择电缆截面。

解：不同谐波电流 F 的计算电流和选择结果见表 6-10。

谐波对导线截面选择影响示例　　　表 6-10

负载电流状况	选择截面的计算电流(A)		选择结果	
	按相线电流	按中性线电流	导体截面积(mm^2)	额定载流量(A)
无谐波	39	—	6	41
20% 三次谐波	$\frac{39}{0.86}=45$	—	10	57
40% 三次谐波	—	$\frac{39\times0.4\times3}{0.86}=54.4$	10	57
50% 三次谐波	—	$\frac{39\times0.5\times3}{1.0}=58.5$	16	76

2. PE 线选择

低压配电系统 PE 线在发生接地故障时，有接地故障电流通过。PE 线按以下条件选择。

1) 满足热稳定条件。在 TN-S 系统中，相导体与 PE 导体间的接地故障是单相短路故障；在共同接地的 TT 和 IT 系统中，不同设备异相碰壳故障是两相短路故障，均需要进行短路热稳定性的校验。其校验方法与相线相同，即 C 值相等，但短路电流应取最大单相相保短路电流（TN-S）或两相短路电流（共同接地的 TT 或 IT 系统）。

2) 满足电击防护要求。这主要与故障电流大小和切断电源的时间规定有关，在依靠过电流保护电器切断电源进行间接电击防护的情况下，PE 线截面积大，漏电碰壳故障电流就大，有利于过电流保护电器更灵敏或更快地动作，以达到满足电击防护要求的目的。

3) 满足机械强度要求。这主要是针对电缆外的单独 PE 导体或不与相导体处于同一防护物内的 PE 导体而言的。对单独敷设且有机械防护的 PE 线,铜导体不应小于 2.5mm², 铝导体不应小于 16mm²;对单独敷设且没有机械防护的 PE 线,铜导体不应小于 4mm², 铝导体不应小于 16mm²。若采用电缆芯线或电缆外护层作 PE 线,则不作要求。

实际工程中一般按表 6-11 选取 PE 线,然后按以上条件逐一校核。

PE 导体的选择要求　　　　　　　　　　表 6-11

相导体截面积 S/mm^2	保护导体截面积 S/mm^2
$S \leqslant 16$	S
$16 < S \leqslant 35$	16
$S > 35$	$S/2$

3. 保护中性线（PEN 线）截面积的选择

保护中性线（PEN 线）兼有保护线（PE 线）和中性线（N 线）的双重功能,因此其截面积选择应同时满足保护（PE）线和中性（N）线的要求,取其中的最大值作为 PEN 线的截面积。

按《低压配电设计规范》GB 50054—2011 的规定,采用单芯导线作为 PEN 干线时,铜芯截面积不应小于 10mm²,铝芯截面积不应小于 16mm²。采用多芯电缆芯线作为 PEN 干线时,截面积不应小于 4mm²。

思考与练习题

6-1　表征电压偏差、电压波动与闪变、三相不平衡度、谐波等电能质量指标的参数主要有哪些？

6-2　电压降落、电压损失、电压偏差三个参量有何区别与联系？

6-3　决定线缆允许载流量的本质因素是什么？具体因素有哪些？

6-4　电力线缆的标称载流量是如何得出的？线缆的实际允许载流量与标称载流量有什么关系？

6-5　电力线路导线截面选择有哪些条件？哪些是必要条件？

6-6　某 380/220V 线路,采用 BV-0.5 型导线,截面为 25mm²,在距电源 80m 处接有 20kW 电阻性负载,在距电源 100m 处接有 15kW 电阻性负载,试求该线路的电压损失。

6-7　某 380/220V 电缆线路,采用 YJV 型电缆,允许电压损失为 2.5%;该线共带三个负荷分别是 50kW、35kW 及 20kW,分别在距电源 60m、100m 和 110m 处,试选导线截面。

6-8　试确定图 6-3 所示额定电压 220V 的照明线 BV 型铜芯塑料线的截面。已知全线截面一致,明敷,线路长度和负荷如图 6-3 所示。假设全线允许电压降为 3%,该地环境温度为 30℃。

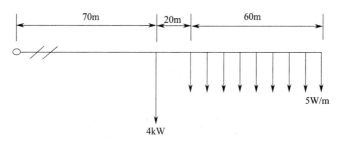

图 6-3　题 6-8 用图

第 7 章

动力设备配电与控制

所谓配电就是将电能安全可靠地从电源分配到各个用电设备。动力设备配电与控制是人防工程供配电系统的重要组成部分，系统的优劣将直接影响供电的可靠性和质量。动力设备配电系统必须根据工程中各用电设备的重要程度、负荷的大小、使用情况以及负荷在工程内部的具体环境和位置通盘考虑，在保证用电设备对供电可靠性的要求以及运行、维护的方便与安全的前提下，力求配电系统简洁、经济、合理、实用。人防工程内部的动力用电设备，主要是水泵、风机、阀门等，它们能利用手动或自动控制方式完成其预定的功能。此外，电动机和配电线路都必须给予保护。

7.1 动力配电系统

动力配电系统设计时，首先要根据整个工程各种动力用电设备的重要性及其对供电可靠性的要求、负荷的大小、分布和使用情况，划分供电区域，确定配电点，然后再根据各用电点的使用情况，按供电可靠性的要求拟制配电系统。

7.1.1 确定配电点的原则

电力负荷可笼统地分为动力负荷和照明负荷两大类。在人防工程中动力与照明供电通常是共用一个电源，也就是说动力设备配电系统是整个工程供电系统一个组成部分。因此这里所说的配电点是指工程中动力设备负荷侧配电箱或配电室，其基本确定原则如下。

1）配电点应尽量靠近负荷中心，这样既可缩短配电点至各用电设备的距离，增加供电可靠性，又便于集中控制和管理。

2）配电点应尽量设在靠近电源的一侧，以减少电缆的消耗，并避免电能的倒送。

3）配电箱的安装位置应设在比较干燥，便于安装、维护和操作的场所。

在动力负荷比较集中的房间里，如电站、中央空调室等，可增设一级配电点，这样既有利于配电设备的安全运行，又便于对用电设备的集中控制。

医疗救护站、专业队队员掩蔽部、人员掩蔽工程的人防电源配电柜（箱）通常设置在清洁区内的防化通信值班室、值班室、配电室。物质库工程的人防电源配电柜（箱）设置在清洁区内的管理值班室或配电室。专业队装备掩蔽部、人防汽车库工程的人防电源配电柜（箱）设置在防护区内的管理值班室或配电室。

7.1.2 一级负荷供电的保证措施

1. 一级负荷的供电

人防工程中一级用电负荷是保障工程功能正常发挥和机械设备正常运行的最重要的负荷，对供电可靠性要求高，一旦供电中断，将会造成功能失效或损坏机械设备等严重后果，如重要的收发讯设备、重要房间的照明、柴油机冷却水泵和继电保护控制电源等。因此，对工程中一级负荷必须采取可靠供电措施，以保证其对供电可靠性的要求。

《人民防空地下室设计规范》GB 50038—2005（2023年版）中规定，一级负荷应由两个独立电源供电，其中一路应采用内部电源，并根据要求采用双电源自动切换或手动切换的接线。

在工程实际中，当负荷距电源较近时，采用双电源单回路供电，当工作电源发生故障时，在电源侧自动切换（对不允许停电的一级负荷）或手动切换（对允许短时停电的一级负荷）转入备用电源，切换装置以后为单回路配电。

当电源距负荷较远时，则采用双电源双回路供电。当工作回路发生故障时，在负荷侧采用自动或手动切换转入备用回路运行，在切换装置以后为单回路配电。

手动切换通常采用双投刀闸进行切换，当工作回路发生故障时应发出灯光或音响信号，通知值班人员，进行手动切换，转入备用回路继续运行。

2. 三级负荷的自动切除

由于电源故障，一级负荷自动切换到非故障母线供电，如果一级负荷较大，就有可能使非故障母线电源过负荷，甚至影响对一级负荷的供电可靠性。因此在这种情况下，必须采取措施，在一级负荷切换时，将部分（或全部）三级负荷自动切除。采用的基本措施是将三级负荷回路配电开关选用带失压脱扣的元件。

7.1.3 动力配电系统的形式

1. 配电系统的形式

典型人防工程配电系统的形式如图7-1所示，重要负荷是采用双电源、双回路、负荷侧自动或手动切换的供电方式，次要负荷是采用双电源、单回路、电源侧自动或手动切换的供电方式，照明负荷供电回路与动力设备供电回路是在变电所母线上分开配电。

2. 配电方式的选择

供电系统的配电方式主要有放射式、树干式和环式三种。配电方式的选择是依据负荷的等级及其供电要求来确定的，在一个配电系统中应根据电源和负荷的实际情况，灵活地组合应用以上三种配电方式。

在人防工程中动力设备配电通常采用放射式以及树干式中俗称为链式的配电方式。由于人防工程规模较大，配电箱较多，相互之间的连接关系复杂，一般是在工程电气施工图纸中单独绘制配电箱的连接关系图来表达具体设备的配电方式。选择原则如下。

1）对于比较重要的或负荷较大的用电设备，如工程内属于一或二级负荷的重要设备、水泵等负荷较大的用电设备等，应从变（配）电所电源配电柜的低压母线上引入电源直接供电。即采用放射式配电方式，如图7-2所示。

2）对于距离变（配）电所较远，负荷较小，且彼此间距离又很近的负荷，可以采用

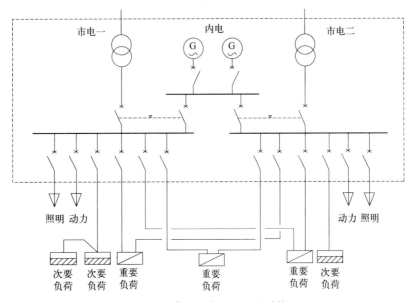

图 7-1 典型人防工程配电系统

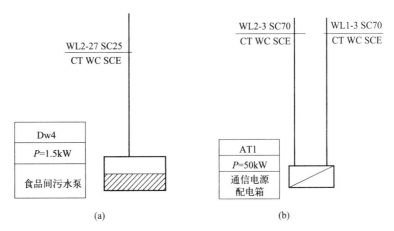

图 7-2 放射式配电
(a) 单回路放射式配电；(b) 双回路放射式配电

树干式中俗称为链式的配电方式，如图 7-3 所示。链式相连的用电设备一般不宜超过 5 台，链式相连的配电箱不宜超过 3 台，且总容量不宜超过 10kW。

3) 对供电要求高、又相对集中的重要负荷场所，如柴油机房、消防泵房等，可采用设置一只双电源切换箱，由双电源切换箱就近向重要用电设备供电的配电方式，如图 7-4 所示。

人防护一般是采用集中式供电系统。由于规模大、轴线长、用电负荷较多，如果每个负荷的供电电源都从变电所直接引接，将导致电缆用量的大幅度增加，且施工困难，由此，对供电距离较远、负荷较小、彼此又靠近的用电设备，可采用链式配电；对供电要求高、相对集中的重要负荷，可采用设置一只双电源切换箱，由双电源切换箱就近向重要用

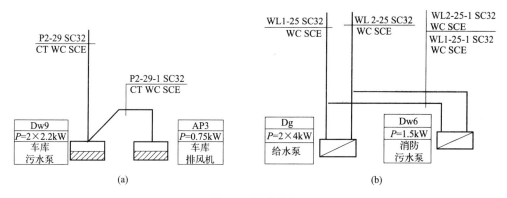

图 7-3 链式配电
(a) 单回路链式配电；(b) 双回路链式配电

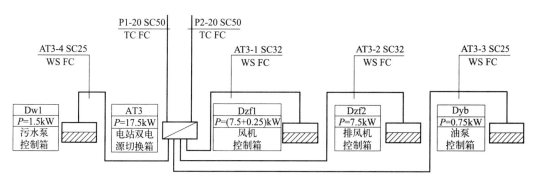

图 7-4 由双电源切换箱就近向重要用电设备供电的配电方式

电设备供电的配电方式，这样既能满足负荷的供电要求，又经济、方便。

在配电箱连接关系图中，要求用文字代号注明配电箱引入线和馈出线的敷设方式及敷设部位，线路敷设方式和敷设部位的文字代号表见表 7-1，这里暂不介绍。

7.1.4 动力设备供电系统配置图

在建筑工程中，动力设备供电系统是整个工程供电系统的一个重要组成部分。供电系统变（配）电所电气主接线的配置如前所述（见第 2 章 2.4 节），这里以由地面变（配）电所引接电源的防空地下室供电系统为例，介绍动力供电系统配置图和动力配电箱系统图。

1. 系统配置图

在动力供电系统方案确定以后就要根据配电点负荷的大小及回路数目选择适当的动力配电箱，并根据供电系统方案，将动力配电箱的一次回路方案组合起来，构成动力供电系统配置图，如图 7-5 所示。

人防工程内动力设备控制箱系统图一般只需绘制一次系统图，二次接线图可根据大样图集选用，如图 7-6 所示，为控制 1 台风机的动力箱及控制 2 台水泵的动力箱系统图，由生产厂家根据一次系统和二次大样图进行加工。

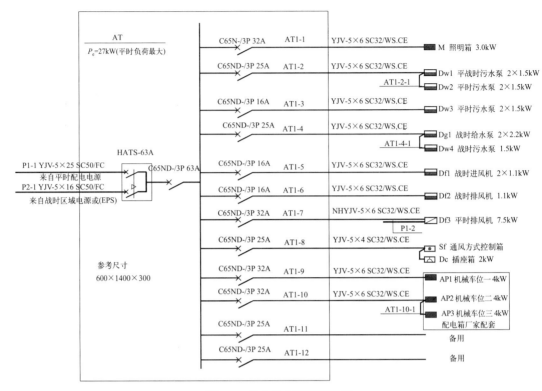

图 7-5 动力供电系统配置图

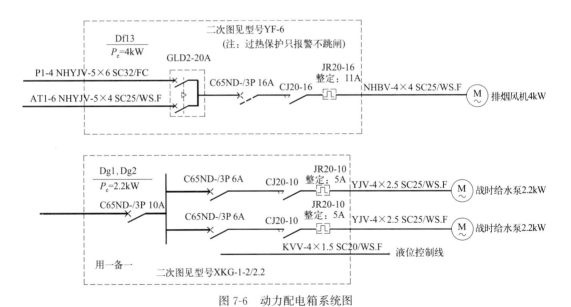

图 7-6 动力配电箱系统图

动力配电箱的选择，应根据各配电点负荷容量和回路数尽量选用国产通用产品。目前国内生产的动力配电箱如 XL 系列一次线路方案多，具有结构紧凑、检修方便、线路方案可灵活组合等优点，而且还可以按用户自行设计的一次方案接受订货进行生产。

对一些容量小、回路少的配电点也可以选择低压开关设备，由施工单位自制配电箱，但设计时要绘制详细的加工大样图或采用标准大样图进行加工。

2. 动力负荷装设保护控制设备的原则

交流电动机除应装设短路保护和接地故障的保护，尚应根据电动机的用途分别装设过载保护、断相保护、低电压保护以及同步电动机的失步保护。

1）电动机直接起动时，起动电流约为其额定电流的 5~8 倍，当系统母线电压水平或发电机、变压器过负荷倍数不能允许直接起动时，电动机应采用降压起动方式起动。

2）重要的电动机应装设两相运行保护或信号装置。对分散的、不经常监视的电动机，应装设两相运行保护。

3）电动机的控制设备一般应采用自动空气开关（断路器）或熔断器和接触器、热继电器控制。使用断路器时要选用脱扣曲线为 D 型的断路器。

4）电热水器、电炉、电加热器等电热设备，一般用低压负荷开关或自动空气开关控制。有自动控制要求时宜采用接触器或磁力起动器控制，并装设短路保护装置。使用断路器时要选用 C 型断路器。

7.2　动力电气平面布线图

电气平面布线图，就是在建筑平面图上，应用国家标准规定的有关图形和文字符号，按照电气设备的安装位置及电气线路的敷设方式、部位和路径绘出的电气布置图。动力配电平断面布置，是在动力配电系统和电气设备确定的基础上，在动力设备房间对电气设备的具体安装位置进行布置，对线路的敷设做出具体安排，提出预留孔洞或预埋管线等资料，以便土建施工中预留或预埋。

7.2.1　电气平面布线图的表示方法

绘制电气平面布线图应遵循国家标准《电气简图用图形符号　第 11 部分：建筑安装平面布置图》GB/T 4728.11—2022 的规定。电气平面布线图有强电系统平面布线图和弱电系统（包括广播、电视、通信等）平面布线图等。

（1）平面布线图上须表示出所有用电设备的位置，依次对设备编号，并注明设备的容量。按规定，表示用电设备标准的格式为：

$$\frac{a}{b} \tag{7-1}$$

式中　a——设备编号；

b——设备的额定容量（kW）。

（2）在平面布线图上，还须表示出所有配电设备的位置，同样要依次编号，并标注其型号规格。按规定，配电设备标注的一般格式为：

$$a\frac{b}{c} \tag{7-2}$$

或

$$a\text{-}b\text{-}c \tag{7-3}$$

当需要标注引入线的规格时，标注的格式为：

$$a\frac{b-c}{d(e\times f)-g} \quad (7-4)$$

式中 a——设备编号；
b——设备型号；
c——设备的额定容量（kW）；
d——导线编号和型号；
e——导线根数；
f——导线截面积（mm^2）；
g——导线敷设方式。

关于线路敷设方式和敷设部位的文字代号，如表7-1所示。

（3）对配电支线，标注的格式为：

$$d(e\times f)-g \quad (7-5)$$

或

$$d(e\times f)g-h \quad (7-6)$$

式中，d、e、f、g 的含义与式(7-4)中符号含义相同 h 为导线敷设部位。如果很多配电支线的型号、规格和敷设方式相同，则可在图上做统一说明。例如 BV-500(3×4)SC20-FC，就是表示采用电压 500V 三根 4mm^2 的铜芯塑料电线穿在管径为 20mm 的焊接钢管内沿地板下暗敷。

线路敷设方式和敷设部位的文字符号 表7-1

线路敷设方式的文字代号				敷设部位的文字代号	
敷设方式	代号	敷设方式	代号	敷设部位	代号
钢索敷设	M	穿焊接钢管	SC	吊顶内	SCE
电缆沟敷设	TC	穿普通碳素钢管	MT	顶板内	CC
托盘桥架敷设	CT	穿可挠金属保护管	CP	沿吊顶或顶板面	CE
梯形桥架敷设	CL	穿硬塑料管	PC	沿墙明敷	WS
金属槽盒敷设	MR	穿阻燃半硬质塑料管	FPC	在墙内暗敷	WC
塑料槽盒敷设	PR	穿塑料波纹电线管	KPC	沿地板、地面下	FC

7.2.2 动力配电平断面布置图

1. 设计概述

工程设计中，所谓动力配电平断面布置就是在动力配电系统和电气设备已经选定的基础上，在动力设备房间内对电气设备的具体安装位置进行布置，对线路的敷设作出具体安排，提出预留孔框或预埋管线等资料，以便土建施工中预留或预埋。在一些情况下，单有平面布线图，还不能完成动力线路的敷设与安装，特别是不能满足土建工程的需要，设计时还必须在平面布置图上辅以若干断面图，这就形成了动力配电平断面布置图。

在具体布置前，应向通风、给水排水和通信等专业了解各专业系统与设备的配置情况，并要求其提供工程内各专业系统与设备具体的平断面布置图。

如果配电设备采用国家定型的配电箱，则可直接进行布置，如果采用非定型的配电箱，需要自己加工，则应首先将开关设备进行布置，确定配电箱的外形安装尺寸。

根据配电系统、配电箱和起动设备的外形及安装尺寸，在动力设备平断面图上布置设备。电气设备的布置必须考虑到安装、运行、维护管理的方便，并力求布置紧凑、合理、美观。通常配电箱中心距地面1.5m。如果并排布置两台以上动力配电箱，则应箱体下沿取齐。开关到用电设备的引线通常采用热浸镀锌钢管预埋至用电设备的接线盒处。预埋管两端应伸出地面一定高度，以保护电缆，电源进线则由电源电缆敷设处引至配电箱。在设计文件中应说明各设备的安装位置、相互关系的具体尺寸。

设备布置后，根据设备在房间的具体位置和安装要求，作出孔框图交有关专业汇总，以便土建施工预留或预埋。如果预留孔框位置与其他专业有矛盾时，应经协商加以解决，以服从最需要为原则，如有变动，应将原图纸修改后再重新提出。

为了减少设计工作量，对一些设备较少、布置较简单的动力配电装置，也可根据情况只作出其平面布置图，其设备的安装高度可用文字说明，但必须表示清楚各设备的安装位置和相互关系。

此外，在平断面布置图中还应将供电所需的设备填写在主要设备及材料表内，并对图中无法表示的情况作必要的说明。

2. 动力配电平面布置图示例

工程中还经常将动力平面布置图称作配电干线平面布置图、电力平面布置图等。这是由于在动力平面布线图中，还兼顾反映了整个工程供配电系统平面布置的概貌。也就是说在动力配平面布置图中不仅绘制了动力设备配电线路的敷设方式、部位和路径，同时也绘制了从变电所直接引接电源的照明、通信等负荷配电干线的敷设方式、部位和路径。

某工程口部（一角）的动力平面布置图，如图7-7所示。该工程在主体部分通道的上方设置了桥架，并沿通道至工程的东西南北四个区域，也就是说该工程从低压配电室馈出的线缆，即配电干线，是通过桥架，然后再从桥架引至各设备配电箱的。

图7-7中标注，具体说明如下：

XQJ-P-200×100是表示托盘式电缆桥架，宽为200mm，深为100mm，安装高度为3m。

P1-22，28 P2-22，28 CT是表示该段桥架中有四根电缆，电缆的编号分别为P1-22、P1-28、P2-22、P2-28。

该区域有4台配电箱，编号分别为AT5、DW7、DW8、AL5，其中AT5为双电源切换箱，DW7、DW8为污水泵控制箱，AL5为照明配电箱。

预埋SC32 $H=3.2$m，做法见DD2图是表示在图中所示的密闭隔墙位置，距地3.2m处，应预埋管径为40mm的焊接钢管，管线的密闭做法具体见大样图DD2图。这是人防工程管线设计与施工中的特殊要求，应特别注意。

绘制和识读平面布置图，应将配电系统的一次系统图、配电箱系统图等结合起来。配电箱AT5的连接关系如图7-8所示。

图7-8中表明配电箱AT5是控制一台战时进风机和四只阀门（对应平面图7-7中F1~F4），配电箱负荷的功率为7kW。其中P1-22，P2-22是引入电缆的编号，CT、SC40

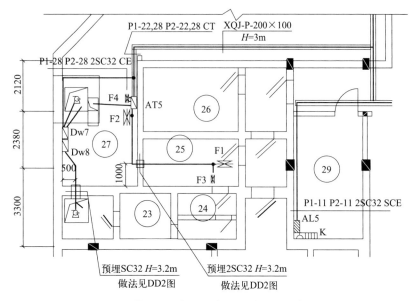

图 7-7 某工程口部（一角）的动力平面布置图

表示电缆的敷设方式为托盘桥架敷设和穿管径为 40mm 的焊接钢管敷设，WC、SCE 表示引入电缆的敷设部位分别是沿地板（或地面下）以及吊顶内。战时进风机和四只阀门的具体安装位置可查阅通风专业的平面布置图，据此可进行布线。

在平面布置图 7-7 中还包含了照明配电箱 AL5 的安装位置及其线路的敷设方式、部位和路径。这是由于 AL5 照明配电箱是通过编号为 P1-11、P2-11 的电缆从变电所直接引接电源，也就是说 AL5 配电箱的供电线路是属于供电系统的"干线"，这也就是将动力平面布置图称作配电干线平面布置图的缘由。

工程中在一些情况下，只有平面布线图，还不能清楚地表达设备的安装位置和配电线路的敷设方式、部位和路径，由此，常辅以断面图进行补充表达。如前所述第 2 章图 2-42 某工程柴油电站平、断面布置图，在 A-A 剖面图中，就清楚地表明了开关柜的进

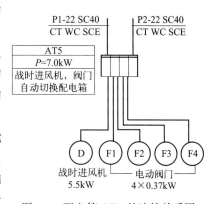

图 7-8 配电箱 AT5 的连接关系图

出线是采用电缆沟敷设，柜体下与电缆沟是连通的，两列低压开关柜之间是用封闭式母线相连接，以及电缆沟的尺寸等，施工安装中应学会依据不同的工作内容，分别查阅相关的图纸。

7.3 常用电气控制线路

电气控制是人防工程信息化、智能化的基础，掌握人防工程动力设备常用控制电路是人防工程智能化专业学员必备的基本技能。

7.3.1 控制电器

1. 按钮

按钮开关简称为按钮，是电气控制线路中常用的主令电器，通常用来接通或断开控制电路（通过电流很小），从而控制电动机或其他电气设备的运行或停止。按钮的文字符号为 SB，其结构和图形符号如图 7-9 所示。按钮有不同的头部结构和中座配置，有的还带有指示灯，其中座部件一般具有一个动合（常开）和一个动断（常闭）或二个动合（常开）和二个动断（常闭）触头，可以根据需求增加和减少动合和动断触头。图 7-9 中按下按钮帽时，动断触点分断（常闭触头断开），动合触点接通（常开触头闭合）；放开按钮帽时，在复位弹簧的作用下，触点恢复到原始状态（恢复到常态）。

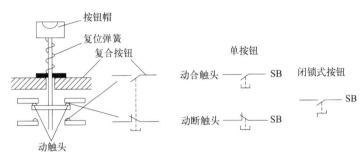

图 7-9 按钮结构图和图形符号

2. 组合开关

组合开关又称为盒式开关或转换开关，实质是一种闸刀开关。常用的组合开关有静触头和动触头。动触头装在绝缘方轴上，利用手柄转动方轴使动触头与静触头接通或断开。常用的组合开关有 HZ55 和 HZ10 系列，其额定电压为直流 220V、交流 380V；额定电流有 10A、25A、60A 及 100A 四种。组合开关外形、结构和图形符号如图 7-10 所示。组合开关随着转动手柄停留位置的改变，它的各组触头会闭合或断开，从而实现接通和断开部分电路。

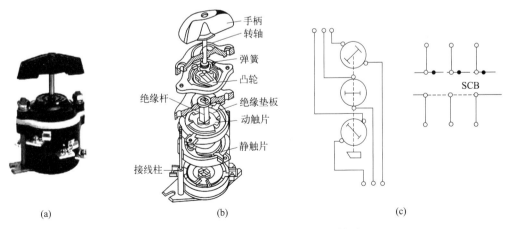

图 7-10 组合开关外形结构图和图形符号
(a) 外形；(b) 结构；(c) 图形符号

在控制电路中，组合开关能实现电源的接入、照明设备的通断、小功率电动机的起动、停止以及正转和反转控制。

3. 行程开关

行程开关是利用被控对象的某些运动部件的碰撞来发出控制指令的主令电器，通过控制电路改变被控对象的运动方向、行程大小和实现位置保护等。用于位置保护的行程开关，亦称为限位开关，包括自动复位和非自动复位两种。根据结构的不同，行程开关可分为直动式、滚轮式和微动式三种。

1）直动式行程开关

直动式行程开关的结构原理如图 7-11 所示。这种行程开关有一个动断触头和一个动合触头。动触头与推杆相连，当推杆受到被控对象上的挡铁压下后，触点动作，动合触点闭合，动断触点断开。当挡铁离开推杆后，恢复弹簧使行程开关触点恢复原始状态。

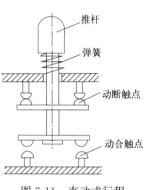

图 7-11　直动式行程开关结构原理图

直动式行程开关的分合速度与挡铁运动速度直接相关，不能做瞬时换接，属于非瞬时动作的开关。它只适用于挡铁运动速度不小于 0.4m/min 的场合中，否则会由于电弧在触点上所停留时间过长而使触点烧坏。但这种行程开关的结构简单，价格便宜，应用广泛。

2）滚轮式行程开关

滚轮式行程开关结构的原理如图 7-12 所示。当被控对象上的挡铁撞击带有滚轮的杠杆时，杠杆转动，带动凸轮转动，压下撞块，使微动开关中的触点动作。当被控对象上的挡铁返回时，在复位弹簧的作用下，各动作部件复位。

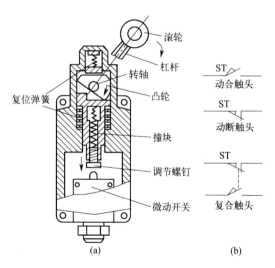

图 7-12　滚轮式行程开关外形结构图和图形文字符号
(a) 结构示意图；(b) 图形文字符号

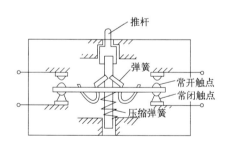

图 7-13　微动开关式行程开关外形结构图

滚轮式行程开关分为单滚轮自动复位式和双滚轮非自动复位式，双滚轮行程开关具有两个稳态位置，有"记忆"功能，在某些情况下可以简化线路。

3）微动开关式行程开关

微动开关式行程开关的结构如图 7-13 所示。微动开关式行程开关的特点是动作行程小，定位精度高，触点容量较小，是一种常用的小电流主令电器。利用生产机械运动部件的碰撞推杆，使其触点动作来实现接通或分断控制电路，从而实现一定的控制目的，通常被用来限制机械运动的位置或行程，使运动机械按一定位置或行程自动停止、反向运动、变速运动或自动往返运动等。

4. 接触器

接触器是一种电磁式开关电器，通常用于远距离频繁接通或断开交直流主电路及大容量控制电路，其主要控制对象是电动机，能实现远距离控制，并具有欠（零）电压保护。接触器的操作方便，动作迅速，能频繁操作，并能实现远距离控制，能可靠地分断其本身的额定电流 7～10 倍的电流电路，可靠地接通 12 倍的额定电流。它有较好的稳定性和机械强度，但它不能分断更大的短路电流。因此，它常和熔断器或低压断路器配合使用，由熔断器或低压断路器分断短路电流。

接触器是主要由触头系统、电磁机构、灭弧装置、辅助机构组成，按其主触头所控制主电路电流的种类，可分为交流接触器和直流接触器两种。

1）交流接触器的工作原理

交流接触器是利用电磁吸力与弹簧弹力配合动作，使触头闭合或分断，实现电路的通断，结构示意图及图形符号如图 7-14 所示。交流接触器有两种工作状态：失电状态（释放状态）和得电状态（动作状态）。当线圈得电后，衔铁被吸合，各个动合触头闭合，动断触头分断，接触器处于得电状态。当吸引线圈失电后，衔铁释放，在恢复弹簧的作用下，衔铁和所有触头都恢复常态，接触器处于失电状态。

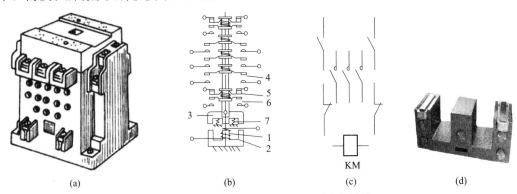

图 7-14　接触器结构原理图和图形文字符号
（a）外形；（b）结构；（c）图形符号；（d）短路环
1-线圈；2-静铁芯；3-动铁芯；4-主触头；5-动断辅助触头；6-动合辅助触头；7-恢复弹簧

2）交流接触器的结构

（1）电磁系统

电磁系统由线圈、动铁芯、静铁芯组成。铁芯上装有短路铜环，其作用是克服由于交流电磁吸力的脉动而产生衔铁的振动，保证吸合稳定。

线圈一般采用线径较小，匝数较多，与电源并联的电压线圈。交流接触器启动时，铁芯气隙较大，线圈阻抗很小，启动电流较大。衔铁吸合后，气隙几乎不存在，磁阻变小，感抗增大，这时的线圈电流显著减小。

交流接触器线圈在其额定电压的 85%～105% 时，能可靠地工作。电压过高，则磁路趋于饱和，线圈电流将显著增大，线圈有被烧坏的危险；电压过低，则吸不牢衔铁，触头跳动，不但影响电路正常工作，而且线圈电流会达到额定电流的十几倍，使线圈过热而烧坏。因此，电压过高或过低都会造成线圈发热而烧毁。

（2）触头系统

触头系统是接触器的执行元件，用以接通或分断所控制的电路，必须工作可靠，接触良好。交流接触器的触头按接触情况可分为点接触式、线接触式和面接触式三种。三个主触头在接触器中央，触头较大，两个复合辅助触头分别位于主触头的左、右侧，上方为辅助动断触头，下方为辅助动合触头。辅助触头用于通断控制回路。

（3）灭弧装置

交流接触器分断大电流电路时，往往会在动、静触点之间产生很强的电弧。电弧的产生，一方面损坏触头，减少触头的使用寿命；另一方面延长电路切断时间，甚至引起弧光短路，造成事故。容量较小（10A 以下）的交流接触器一般采用双断口电动力灭弧，容量较大（20A 以上）的交流接触器一般采用灭弧栅灭弧。

（4）辅助部件

交流接触器的辅助部件包含底座、反作用弹簧、缓冲弹簧、触头压力弹簧、传动机构和接线柱等。反作用弹簧的作用是当线圈得电，电磁力吸引衔铁并将弹簧压缩，线圈失电，弹力使衔铁、动触头恢复原位；缓冲弹簧装在静铁芯与底座之间，当衔铁吸合向下运动时会产生较大冲击力，缓冲弹簧可起缓冲作用，保护外壳不受冲击；触头压力弹簧的作用是增强动、静触头间压力，增大接触面积，减小接触电阻。

5. 继电器

继电器是一种根据电量（如电压和电流等）或非电量（如热、时间、压力、转速等）的变化接通或断开控制电路，以实现自动控制或保护电力拖动装置的控制电器。继电器一般由感测机构、中间机构和执行机构三个基本部分组成。感测机构把感测到的电量或非电量的变化传递给中间机构，将它与所要求的整定值进行比较，当达到控制要求的整定值时，继电器动作，其触头闭合或断开控制电路。

控制继电器种类繁多，常用的有中间继电器、时间继电器、热继电器等。

1）中间继电器

常用的电磁式中间继电器的结构如图 7-15 所示。中间继电器的触点较多（有四对或更多），触点电流容量大，动作灵敏，其结构、工作原理与接触器相似，由电磁系统、触头系统和释放弹簧等组成，其主要用途是当其他电器的触点数或触点容量不够时，可借助中间继电器来扩大它们的触点数或触点容量，从而起到中间转换的作用。由于流过继电器触头的电流较小，所以继电器没有灭弧装置。中间继电器主要依据被控制电路的电压等级、触点的数量、种类及容量来选用。中间继电器的文字符为 KA。

2）时间继电器（KT）

时间继电器是一种用来实现触点延时接通或断开的控制电器。按其动作原理与构造不同，可分为电磁式、空气阻尼式、电动式、电子式等类型。目前电子式时间继电器获得了越来越广泛的应用。

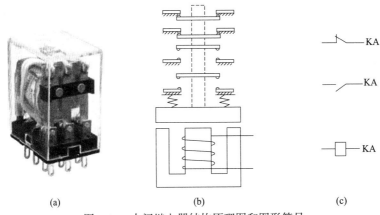

图 7-15 中间继电器结构原理图和图形符号
(a) 外形；(b) 结构；(c) 图形符号

选择时间继电器主要根据控制回路所需要的延时触点的延时方式、瞬时触点的数目以及使用条件来选择。电子式时间继电器按其结构可分为晶体管式时间继电器和数字式时间继电器，按延时方式分为通电延时型和断电延时型。晶体管式利用 RC 电路充放电原理构成延时电路，图 7-16 所示为用单结晶体管构成 RC 充放电式时间继电器的原理线路、图形及文字符号。

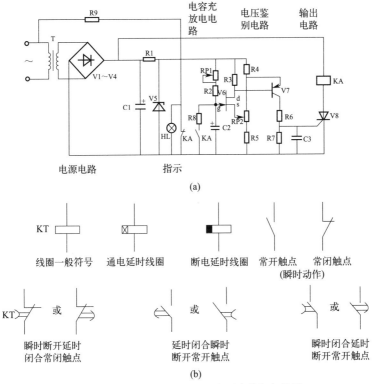

图 7-16 时间继电器的原理图和图形文字符号
(a) 晶体管式时间继电器原理图；(b) 图形文字符号

电源接通后，经整流滤波和稳压后的直流电，经过 RP1 和 R2 向电容 C2 充电。当场效应管 V6 的栅源电压 U_{gs} 低于夹断电压 U_p 时，V6 截止，因而 V7、V8 也处于截止状态。随着充电的不断进行，电容 C2 的电位按指数规律上升，当满足 U_{gs} 高于 U_p 时，V6 导通，V7、V8 也导通，继电器 KA 吸合，输出延时信号。同时电容 C2 通过 R8 和 KA 的常开触头放电，为下次动作做好准备。当切断电源时，继电器 KA 释放，电路恢复原始状态，等待下次动作。调节 RP1 和 RP2 即可调整延时时间。

3）热继电器

热继电器是利用电流的热效应原理来保护设备，使被保护设备免受长期过载的危害，主要用于电动机的过载保护、断相保护、三相电流不平衡运行的保护及其他电气设备发热状态的控制。

热继电器的结构如图 7-17 所示，主要由热元件、触头、动作机构、复位按钮和电流整定装置五部分组成。当电动机过载时，流过热元件（电阻丝）的电流增大，热元件（电阻丝）产生的热量使主双金属片向左弯曲，推动导板，引起补偿双金属片向左移动，从而推杆向右移动，推杆达到一定位移时，在 U 形弹簧的作用下，常闭触点断开，常开触头闭合。热元件冷却后，按下复位按钮可使热继电器复位。

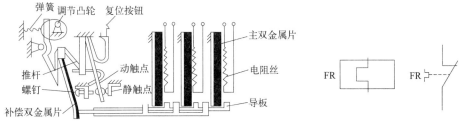

图 7-17 热继电器结构原理图和图形文字符号

热继电器由于热惯性，当电路短路时不能立即动作，因此不能作短路保护。同理，在电动机起动或短时过载时，热继电器也不会动作，这就避免了电动机不必要的停车。热继电器都有一定的电流调节范围，一般应调节到与电动机额定电流相等，以便更好地起到过载保护作用。

分类：热继电器的种类很多，按极数分为单极、两极和三极，其中三极的又分为带断相保护装置和不带断相保护装置；按复位方式分为自动复位式和手动复位式。

7.3.2 基本控制线路

1. 点动正转控制线路

点动正转控制线路是一种调整工作状态，要求是一点一动，即按一次按钮动一下，连续按则连续动，不按则不动，这种动作常称为"点动"或"点车"。这种控制方法常用于电动葫芦的起重电动机控制和车床拖板箱快速移动电动机控制。

1）电气原理图

点动正转控制线路，如图 7-18 所示。

2）电路中的元件及其作用

隔离开关 QS：在电路中的作用是隔离电源，便于检修。

熔断器 FU1：主电路的短路保护。

熔断器 FU2：控制电路的短路保护。

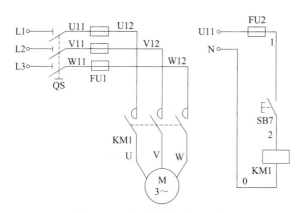

图 7-18　点动控制线路原理图

交流接触器 KM1：主触头控制电动机的启动与停止。

启动按钮 SB7：控制接触器 KM1 的线圈得电与失电。

3）工作原理

合上 QS。

启动：按下 SB7→KM1 线圈得电→KM1 主触头闭合→电动机 M 通电启动。

停止：松开 SB7→KM1 线圈失电→KM1 主触头断开→电动机 M 断电停转。

2. 接触器自锁正转控制线路

在要求电动机启动后能连续运转时，采用点动正转控制线路显然是不行的。

1）电气原理图

接触器自锁正转控制线路原理图如图 7-19 所示。

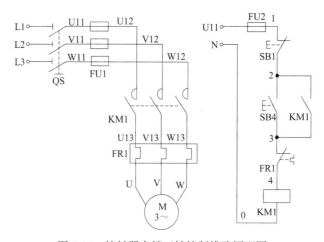

图 7-19　接触器自锁正转控制线路原理图

2）电路中的元件及其作用

隔离开关 QS：在电路中的作用是隔离电源，便于检修。

熔断器 FU1：主电路的短路保护。

熔断器 FU2：控制电路的短路保护。

交流接触器 KM1：主触头控制电动机的启动与停止，辅助常开触头在电路中起到自锁、失压（零压）保护与欠压保护的作用。

所谓失压保护就是指电动机在正常的运行中，由于外界某种原因引起突然断电时，能自动断开电动机电源，当重新供电时，保证电动机不能自行启动的一种保护。

所谓欠压保护就是指当控制电路的电压低于线圈额定电压 85% 以下时，主触头和辅助常开触头同时分断，自动切断主电路和控制电路，电动机失电停转。

启动按钮 SB4：控制接触器 KM1 线圈的得电。

停止按钮 SB1：控制接触器 KM1 线圈的失电。

3）工作原理

合上 QS。

启动：按下 SB4→KM1 线圈得电→KM1 主触头和常开辅助触头闭合→电动机 M 通电启动。

停止：松开 SB1→KM1 线圈失电→KM1 主触头和常开辅助触头断开→电动机 M 断电停转。

由该电路的工作原理可知：电路启动后，当松开 SB4 时，因为交流接触器 KM1 的辅助常开触头闭合时已将 SB4 短接，控制电路仍保持接通，所以交流接触器 KM1 的线圈继续得电，电动机实现连续运转。像这样当松开启动按钮后，交流接触器通过自身常开触头而使线圈保持得电的作用称为自锁。与启动按钮并联起自锁作用的常开触头称为自锁触头。

3. 连续与点动混合控制的正转控制线路

机床设备在正常工作时，一般需要电动机处在连续运行状态，但在试车或调整刀具与工件的相对位置时，又需要电动机能点动控制，实现这种工艺要求的电路称为连续与点动混合控制的正转控制电路。

1）电气原理图

如图 7-20 可知，该电路是在具有过载保护的自锁正转控制线路的基础上，增加一个复合按钮 SB3，其常开触头与启动按钮并联，常闭触头与自锁触头串联。

2）工作原理

（1）连续控制

合上 QS。

启动：按下 SB1→KM 线圈得电→KM 主触头和常开辅助触头闭合→电动机 M 通电启动。

停止：按下 SB2→KM 线圈失电→KM 主触头和常开辅助触头断开→电动机 M 断电停转。

（2）点动控制

合上 QS。

启动：按下 SB3→SB3 常闭触头断开，失去自锁功能→SB3 常开触头接通→KM 线圈得电→KM 主触头和常开辅助触头闭合→电动机 M 通电启动。

停止：松开 SB3→SB3 常开触头断开→KM 线圈失电→KM 主触头和常开辅助触头断开→电动机 M 断电停转→SB3 常闭触头闭合，恢复自锁功能。

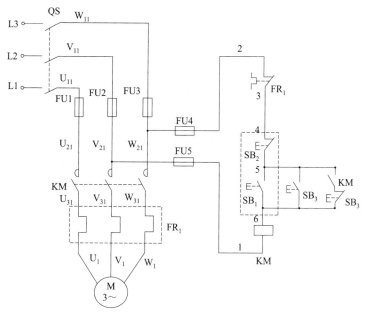

图 7-20 连续与点动混合控制的正转控制线路

7.3.3 电动机的正反转控制电路

正转控制线路只能使电动机朝一个方向旋转,但在生产实践中,许多生产机械往往要求运动部件能向正反两个方向运动,从而实现可逆运行。例如,铣床的主轴要求正反旋转,工作台要求往返运动,起重机的吊钩要求上升与下降,阀门要开阀与关阀等。从电动机的工作原理可知,只要改变电动机定子绕组的电源相序,就可实现电动机的反转。在实际应用中,通常通过两个接触器来改变电源的相序,从而实现电动机的正、反转控制。

1. 电气原理图

接触器互锁的正反转控制线路如图 7-21 所示。

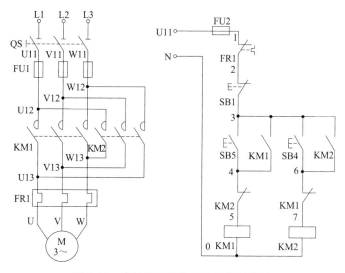

图 7-21 接触器互锁的正反转控制线路

2. 电路中的元件及其作用

隔离开关 QS：在电路中的作用是隔离电源，便于检修。

熔断器 FU1：主电路的短路保护。

熔断器 FU2：控制电路的短路保护。

交流接触器 KM1：主触头控制电动机的正转启动与停止，其辅助常开触头在电路中起到自锁、失压（零压）保护和欠压保护的作用，其辅助常闭触头与交流接触器 KM2 的辅助常闭触头构成互锁，使得 KM1 线圈和 KM2 线圈不能同时得电。

交流接触器 KM2：主触头控制电动机的反转启动与停止，其辅助常开触头在电路中起到自锁、失压（零压）保护和欠压保护的作用，其辅助常闭触头与交流接触器 KM1 的辅助常闭触头构成互锁，使得 KM1 线圈和 KM2 线圈不能同时得电。

热继电器 FR1：在电路中起过载保护作用。

正转启动按钮 SB5：控制接触器 KM1 线圈的得电。

反转启动按钮 SB4：控制接触器 KM2 线圈的得电。

停止按钮 SB1：控制接触器 KM1 线圈和 KM2 线圈的失电。

注意：接触器 KM1 和 KM2 的主触头绝不允许同时闭合，否则将造成两相电源短路。为了避免两个接触器 KM1 和 KM2 同时得电动作，就在正反转控制电路中分别串接了对方接触器的一对常闭触头，这样当一个接触器得电动作时，通过其常闭触头使另一个接触器不能得电动作，接触器之间这种相互制约的作用称为接触器互锁，实现互锁作用的常闭触头称为互锁触头，互锁符号用"∇"表示。

3. 工作原理

合上 QS。

1）正转控制

按下 SB5→KM1 线圈得电→KM1 主触头闭合（电动机 M 通电）、常开辅助触头闭合（自锁）、常闭辅助触头断开（互锁）→电动机 M 正转。

2）反转控制

按下 SB4→KM2 线圈得电→KM2 主触头闭合（电动机 M 通电）、常开辅助触头闭合（自锁）、常闭辅助触头断开（互锁）→电动机 M 反转。

3）停止控制

按下 SB1→KM1 和 KM2 线圈失电→KM1 和 KM2 主触头与常开辅助触头断开，常闭触头闭合→电动机 M 断电停转。

7.3.4 电动机的降压起动

1. 自耦变压器起动器

自耦变压器起动器又称自耦降压补偿器，如图 7-22 所示，由变换匝数比来降低电压，使电动机电流随加在电动机上的端电压下降而减少，电动机起动转矩也直接随线电流变化而变化，目前在人防工程中已很少采用。

2. 星-三角（Y-△）起动

电动机启动时接成 Y 形，加在每相定子绕组上的启动电压只有△形接法的 $1/\sqrt{3}$，启动电流为△形接法的 $1/3$，启动转距也只有△形接法的 $1/3$。所以这种降压启动的方法只

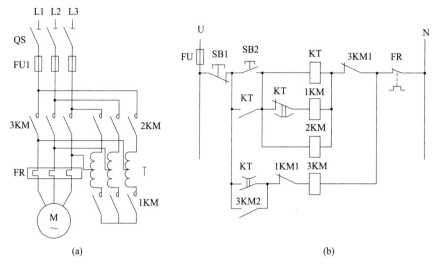

图 7-22 自耦变压器起动器原理图
(a) 主电路图；(b) 控制原理图

适用于轻载或空载下启动。凡是在正常运行时定子绕组做△形连接的异步电动机，均可采用这种降压启动的方法。

图 7-23 是鼠笼型异步电动机最常用的 Y-△ 降压起动原理图。

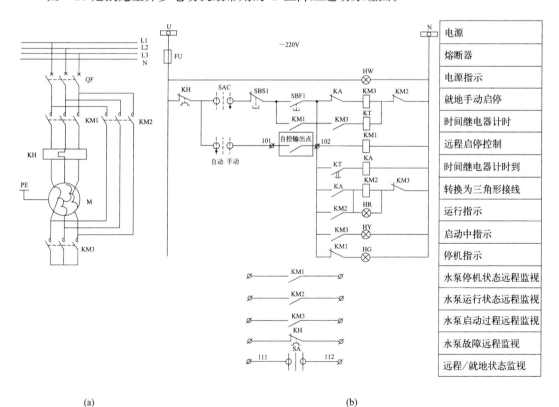

图 7-23 Y-△起动器原理图
(a) 主电路图；(b) 控制原理图

线路中示出的接触器 KM3 承受电动机负荷的 58%。在闭路转换中，接触器 KM3 的容量通常比接触器 KM2 小一级。每相有一个过负荷继电器，并且整定在电动机满载电流的 100%。转换时间整定值为 3~5s。

启动时，接触器 KM1 线圈和 KM3 线圈通电闭合，KT 时间继电器线圈通电，电机为 Y 接法运行，KT 动断触头延时 3~5s 后断开，KM3 线圈失电断开，KT 动合触头延时 3~5s 后闭合，KM2 线圈通电闭合，电机转换为 △ 运行。

对开路转换的起动器，支线保护的选择要特别注意。QF 开关电磁脱扣元件应在 15 倍满载电流以下不脱扣甚至更高，以避免切换过程中因严重的尖峰电流而脱扣。开路转换时间整定为 3~4s。

7.4 水泵的供电及自动控制

7.4.1 水泵的供电

水泵供电方式应根据各自的负荷等级来确定：

1) 一级负荷：消防用水泵、电站用泵，如喷淋泵、消火栓泵、油泵、电站深井泵等。
2) 二级负荷：如生活给水泵等。
3) 三级负荷：污水泵、冷却水泵等。

工程中供电保障方式：

1) 一级负荷采用双电源双回路供电方式，通常在水泵控制箱中带有双电源切换装置。
2) 对于负荷集中的场所，可设置一个双电源切换箱，就近向多个一级负荷供电。

7.4.2 水泵的自动控制

1. 单台水泵的自动控制

为了保证工程内的生活及机械用水，水库的水位应经常保持在一定的水平上。当水位低于最低位置时，应及时开动水泵打水，否则将因缺水而造成事故。而当水位达到最高位置时，应及时切断水泵电源，停止水泵工作，否则将使水溢出水库。要实现这一要求，当然可以由一个专人值班操作运行。但是，由于人防工程中机械用水量较大，而且水泵（尤其是外水泵）距水库较远，这将给值班人员的工作造成很多困难。因此，对工程水源点较多，外部水库站和平时经常运行的水库水泵间等宜设置遥控或自动控制装置，并装设相应的监测信号装置。遥控或自动控制的水泵也应能够就地操作。

下面介绍工程中常用的水位自动控制方案，其目的是了解工程中进行水位自动控制的基本原理。在具体设计中，还必须根据工程的具体情况和要求，考虑适当的控制系统。总之，控制系统应力求简单，操作方便及运行可靠。

图 7-24 所示为单台给水泵控制原理图，此线路有自动和手动两种控制方式，由选择开关 SAC 确定。自动控制由液位开关 SL1、SL2 控制，手动控制由 SF、SS 按钮控制，远程控制由开关 K 控制。

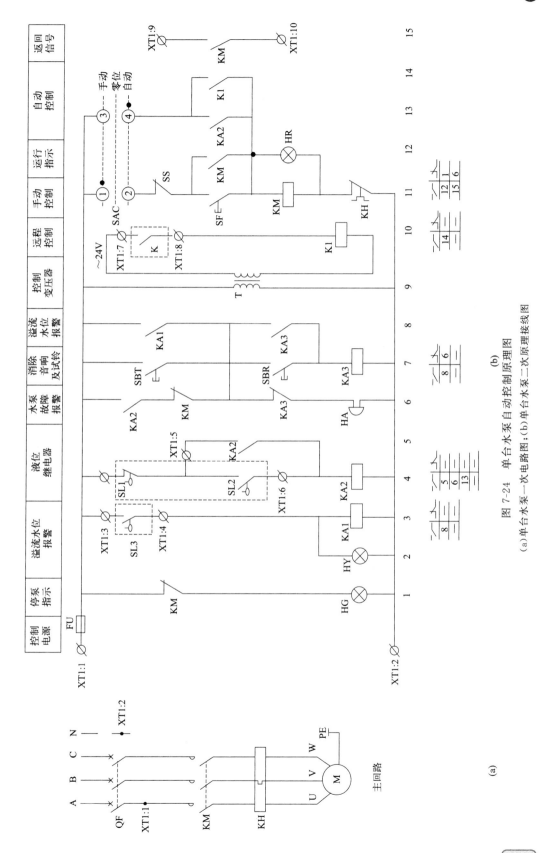

图 7-24 单台水泵自动控制原理图
(a) 单台水泵一次电路图；(b) 单台水泵二次原理接线图

水位自动控制的工作原理：SAC 选择自动控制，当水位达到低水位时，低液位开关 SL2 动作，KA2 线圈得电，KA2 常开触点闭合；与 SL2 并联的 KA2 常开触点使 KA2 线圈保持通电状态（称为自保持或自锁）；与 SAC 自动控制触头串联的 KA2 常开触点闭合使 KM 线圈得电，KM 主触头闭合启动水泵，指示灯 HG 熄灭 HR 亮，若水泵未启动，则发出声报警。当水位达到高水位时，高液位开关 SL1 动作，KA2 线圈失电，KA2 所有的常开触点断开，KM 线圈失电，KM 主触头断开停止水泵，指示灯 HR 熄灭 HG 亮。当水位达到溢流水位时，溢流液位开关 SL3 动作发出声光报警。

2. 消火栓泵自动控制

为了迅速而有效地扑灭火灾，在水泵间设置水泵。

消火栓泵自动控制线路如图 7-25 所示，其中（a）为消火栓泵主电路图，（b）和（c）为消火栓泵自动控制原理图。

此线路有自动和手动两种工作方式，由选择开关 SAC 确定。自动控制是由安装在高位水箱的流量开关或主干管上的压力开关或报警阀组的压力开关以及联动控制器的联动信号或手动控制盘的按钮实现的。

以用 2 号泵备用 1 号泵为例，其工作原理为：

正常时，高位水箱的流量开关、主干管上的压力开关、报警阀组的压力开关、手动控制盘的按钮无动作，联动控制器未发出联动信号，消防水泵不启动。

火灾发生时，有以下三种情况：

（1）高位水箱的流量开关或主干管上的压力开关或报警阀组的压力开关动作，时间继电器 KF3 线圈得电，延时时间到 KA5 线圈得电，其常开触点闭合，KT1、KM2 线圈得

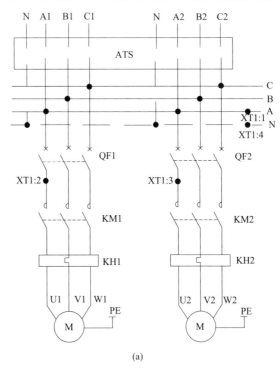

(a)

图 7-25 消火栓泵自动控制原理图（一）

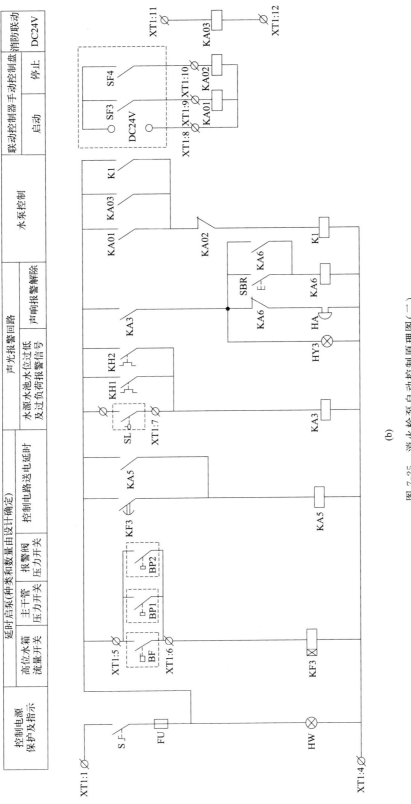

图 7-25 消火栓泵自动控制原理图（二）

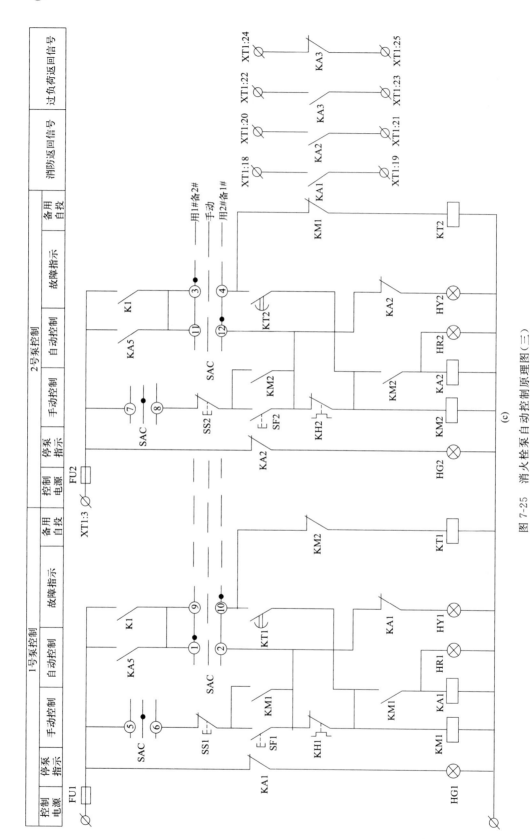

图 7-25 消火栓泵自动控制原理图（三）
（a）消火栓泵主电路图；（b）消火栓泵控制原理图 I；（c）消火栓泵原理接线图 II

电，KM2 主触点闭合，启动 2 号消防泵，指示灯 HW、HG1、HR2 亮，其余灭。

（2）值班人员按下手动控制盘的启动按钮，继电器 KA01 线圈得电，其常开触点闭合，继电器 K1 线圈得电，其常开触点闭合，KT1、KM2 得电，KM2 主触点闭合，启动 2 号消防泵，指示灯 HW、HG1、HR2 亮，其余灭。

（3）消防联动控制器发出启泵联动信号，继电器 KA03 线圈得电，其常开触点闭合，继电器 K1 线圈得电，其常开触点闭合，KT1、KM2 得电，KM2 主触点闭合，启动 2 号消防泵，指示灯 HW、HG1、HR2 亮，其余灭。

若 KT1 延时时间到，2 号消防泵仍未启动，KT1 常开触头闭合，KM1 线圈得电，KM1 主触点闭合，起动 1 号消防泵，指示灯 HW、HG2、HY2、HR1 亮，其余灭。

7.5 人防工程通风方式的控制

7.5.1 通风系统的供电

通风系统供电方式应根据各自的负荷等级来确定：
（1）一级负荷：柴油电站进排风系统、三种通风方式装置系统、防排烟系统，如电站进风机、电站排风机、补风机、排烟风机等。
（2）二级负荷：主体进排风系统，如主体进风机、主体排风机、电动防护密闭阀门等。
（3）三级负荷：空调循环风机、回风机等。
工程中供电保障方式：
（1）一级负荷采用双电源双回路供电方式，通常在末端配电箱中带有双电源切换装置。
（2）对于负荷集中的场所，可设置一个双电源切换箱，就近向多个一级负荷供电。

7.5.2 通风方式的控制

为了保证人防工程内部人员及设备的安全和正常工作，对防空地下室人员掩蔽工程，应装设三种通风方式的信号音响装置，其中清洁式通风为绿灯、滤毒式通风为黄灯、隔绝式通风为红灯加声音报警，通风方式信号音响装置分别装设在最里一道密闭门的内侧、防化值班室内、电站机房内、控制室内和风机房内。在主要出入口第一道防护密闭门的外侧设防爆按钮。

在通风系统中必须设置电气联锁和控制装置，确保工程遭到核生化袭击时，相关报警仪准确及时地自动关闭进、排风管上的防护密闭阀门；不装报警仪的工程，当防化值班室接到隔绝式通风信号时，应迅速关闭进、排风管上的防护密闭阀门。

进、排风机应进行控制联锁，联锁和自动装置应能手动切除。当工程内外超压低于允许设计值时，排风机自动停止运行。通风系统中的电加热器应与风机联锁，即装设无风断电保护。

在未遭受核生化袭击时，大气没有被污染，工程采用清洁式通风方式。当受到核生化袭击时，外部空气受到污染，但尚未查明毒剂的性质、浓度或因工程口部遭到破坏而使除尘滤毒设备失效时，则工程各种孔口应当紧闭，与外界隔绝，采用隔绝式通风。待查明毒剂的性质和浓度，确认滤毒设备能够有效地滤毒时，工程应转入滤毒式通风方式，即工程进风通过除尘滤毒设备实现毒剂滤除。

各种通风方式在进行转换时应发出必要的灯光或音响信号，并根据通风方式的要求开启和关闭相应的阀门。

图 7-26 为三种通风方式转换的进风系统集中控制原理图，其中图（a）为通风系统图，当工程采用清洁式通风时，要求阀门 1 号、2 号、3 号开，而 4 号、5 号关闭，使空气只经油除尘器进入工程；当采用滤毒式通风时，要求 1 号、4 号、5 号阀门开，而关闭 2 号、3 号阀门，外界空气应经油除尘器、纸除尘器、滤毒罐后进入工程；当采用隔绝式通风时，所有阀门都应关闭，使工程与外界隔绝。图（b）为其电动阀门主回路接线图。图（c）为控制装置的二次接线图，图中 1~3kA 为 JZ8-P 型带释放线圈及锁扣装置的中间继电器，其特点是吸引线圈断电后，锁扣装置仍将衔铁保持于闭合位置，直到输入另一信号使电磁复位线圈（Sr）激磁后，继电器才复位。由于继电器的电磁复位线圈仅能短时通电，因而在其回路中应串入一常开触点，以便当继电器复位后，马上断开复位线圈的电源。图 7-26(c) 中 1~5SL 为阀门的限位开关接点，实现在阀门完全开启或关闭后，断开阀门电动机的电源。

当工程采用清洁式通风时，按下清洁式通风的起动按钮 1SBF，使中间继电器 1KA 的吸引线圈带电，于是 1KA 的常开触点闭合，1KA1 触点闭合，为复位线圈（Sr）通电做好准备；1KA2 闭合使绿色信号灯 HG 亮，向各处发出清洁式通风信号；1KA3 闭合使 1 号电动阀门打开，当阀门开到位后，其限位开关节点 1SL1 断开，使电动机断电停止工作，1SL2 闭合，使白色信号灯 1HL1 亮，发出阀门开到位灯光指示；1KA4 闭合使 2 号（3 号）电动阀门打开，并发出阀门开到位的灯光指示信号；1KA5 闭合使 4 号（5 号）电动阀门关闭，并发出阀门关到位的灯光指示信号。

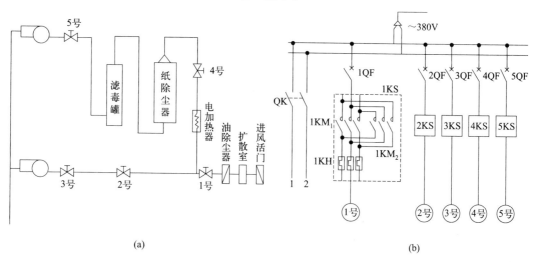

图 7-26 通风方式转换控制原理图（一）

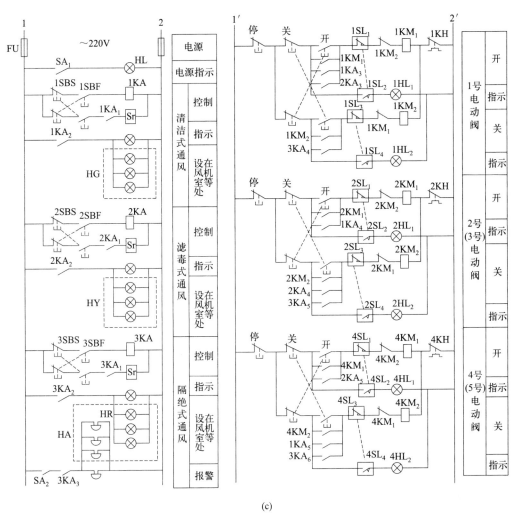

图 7-26 通风方式转换控制原理图（二）
(a) 通风系统图；(b) 电动阀主回路接线图；(c) 控制装置二次接线图

当工程采用滤毒式通风时，按下滤毒式通风按钮 2SBF，使中间继电器 2KA 带电，2KA 的各常开接点闭合，2KA1 闭合，为复位线圈 Sr 通电做好准备；2KA2 闭合向各处发出滤毒式通风的灯光指示信号；2KA3 闭合使开启 1 号阀门的接触器通电，1 号阀门打开，当 1 号阀门开到位后限位开关接点 1SL1 断开，使电动机断电，停止工作。同时 1SL2 闭合，发出 1 号阀门开到位的灯光指示信号；2KA4 闭合，使 2 号（3 号）阀门关闭；2KA5 闭合，使 4 号（5 号）阀门打开，此时工程实现通过除尘滤毒设备进风。

当工程采用隔绝式通风时，则按下隔绝式通风按钮 3SBF，使中间继电器 3KA 带电，其各常开触点闭合，为复位线圈 S_r 通电做好准备并使所有阀门关闭，工程内部与外界完全隔绝，其中 3KA3 闭合，使报警电铃 HA 接通电源，向各处发出隔绝式通风的声报警信号。

图 7-27 为通风方式信号装置原理图。

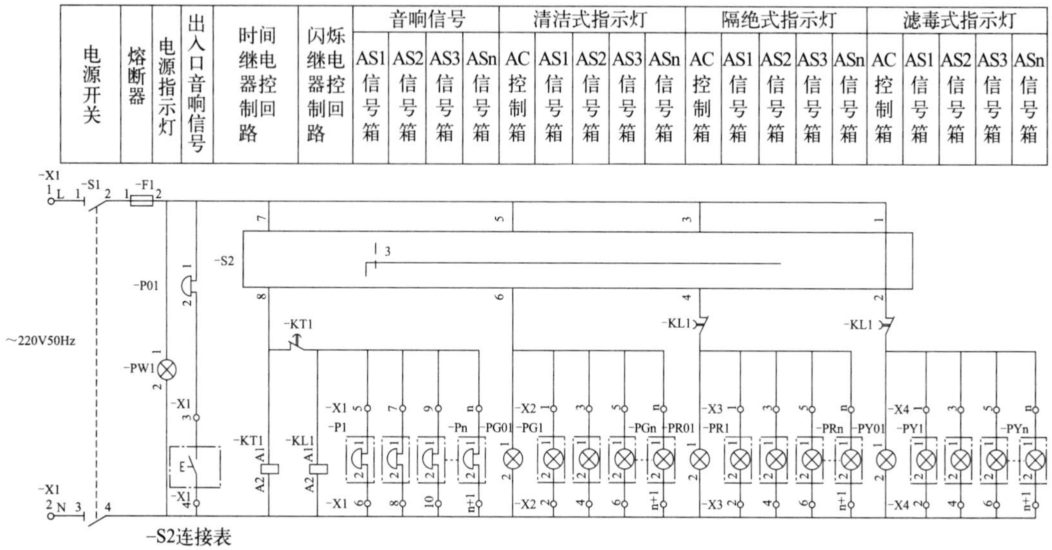

图 7-27 通风方式信号装置原理图

思考与练习题

7-1 举例说明动力配电系统有哪些配电形式?

7-2 确定配电点有哪些原则?

7-3 各级电力负荷的供电方式是什么?

7-4 如何绘制电气平面布线图?

7-5 试说明导线标注 $d(e \times f)g-h$ 的含义。

7-6 举例说明标注引入线规格的配电设备标注方法。

7-7 试分析图 7-20 星-三角起动工作原理。

7-8 试分析图 7-21 单台水泵的工作原理。

7-9 试分析图 7-22 消火栓泵的工作原理。

7-10 试分析图 7-23 通风方式转换工作原理。

第 8 章

人防工程照明

照明可分为自然照明和人工照明两大类。自然照明受自然条件的限制，不能根据人们的要求得到随时可用、明暗可调、光线稳定的采光。当夜幕降临或在自然采光不足的地方，都需要采用人工照明，现代的人工照明是用电光源来实现的，即电气照明。电气照明由电气和照明两套系统组成，它们既相互独立，又紧密联系，两套系统所遵循的基本理论，所依据的基本物理量，所采用的计算方法都不相同，但两套系统又通过电光源紧密联系。电光源既是电气系统的末端，又是照明系统的始端。

电气照明是人防工程的重要组成部分。科学合理的电气照明是保障人防工程安全运行、提高人员工作效率和生活质量的重要措施。人防工程照明设计的基本原则是可靠性、适用性与经济性相统一，正常使用与应急使用相结合。

8.1 照明技术的基本概念

8.1.1 光的度量常用单位

1. 光和光通量

1) 光

光是一种电磁波，其波长比无线电毫米波短，比 X 射线长。同所有电磁波一样，光通过辐射传播。光在一种介质中传播的路径是直线，称为光线。光由各种波长的单色光组成，把光线中不同程度的单色光，按波长长短依次排列，称为光源的光谱。光谱的大致范围包括：

(1) 红外线（红外辐射），波长为 780nm～1mm；

(2) 可见光（可见辐射），波长为 380nm～780nm；

(3) 紫外线（紫外辐射），波长为 100nm～380nm。

可见光谱又可分为：红（640～780nm）、橙（600～640nm）、黄（570～600nm）、绿（490～570nm）、青（450～490nm）、蓝（430～450nm）和紫（380～430nm）七种单色光。人眼对各色波长的可见光，具有不同的敏感性。实验证明，正常人的眼睛对于波长为 555nm 的黄绿色光最敏感，即这种黄绿色光的辐射能引起人眼的最大的视觉反应。波长越偏离 555nm 的光辐射，可见度越小。

2）光通量

光源在单位时间内,向周围空间辐射出去的能使人眼产生光感的能量,称为光通量,简称光通,符号为 Φ,单位为流明(lm)。1lm 相当于均匀分布 1cd 发光强度的一个点光源在一球面度(sr)立体角内发射的光通量。

通常以消耗 1W 电功率产生多少流明——lm/W 来表征电光源的特性,称为光视效能,简称光效。作为电光源,光效越高越好。

2. 发光强度(光强)及其配光曲线

1）光强

光强即发光强度,是表征光源发光能力大小的物理量。如图 8-1 所示,光源在某一给定方向上单位立体角内(每球面度)辐射的光通量,称为光源在该方向上的发光强度,又称光通的空间密度,符号为 I,单位为坎德拉(cd)。

对于向各方向均匀辐射光通量的光源,各方向的光强相等,其值为:

$$I = \frac{\Phi}{\Omega} \quad (8\text{-}1)$$

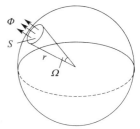

图 8-1 发光强度的定义

式中 Φ——光源在 Ω 立体角内所辐射出的总光通量(lm);

Ω——光源发光范围的立体角(球径),$\Omega = \frac{S}{r^2}$,单位为球面度(sr),其中 r 为球的半径(cm),S 是与 Ω 立体角相对应的球表面积(cm²)。

2）配光曲线

照明灯具在各个方向的光强是不同的。灯具在各个方向上的光强分布情况用光源(采用 1000lm 光通量的假想光源)对称轴的平面上绘出的光强分布曲线表示,此曲线称为配光曲线。对于采用对称光源的照明灯具,配光曲线是绘在极坐标上的,如图 8-2(a)所示。对于聚光很强的投光灯来说,由于其光强集中分布在一个很小的空间角内,因此其配光一般绘在直角坐标上,如图 8-2(b)所示。配光曲线是用来进行电气照明计算的一种基本技术资料。

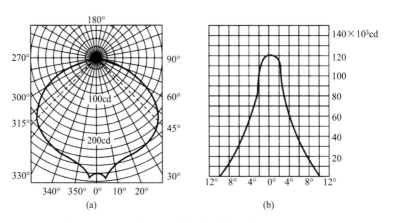

图 8-2 灯具的配光曲线

(a)绘在极坐标上的配光曲线(配照灯);(b)绘在直角坐标上的配光曲线(投光灯)

3. 照度和亮度

1) 照度

工作面的单位面积上接收到的光通量，称为照度，用 E 表示，单位为勒克司（lx）。被光均匀照射的受照面照度为：

$$E=\frac{\Phi}{S} \tag{8-2}$$

式中　Φ——受照面上接收的总光通量（lm）；
　　　S——受照面的面积（m²）。

1lx，相当于 1m² 受照面上的光通量为 1lm 时的照度。在夏季阳光强烈的中午，地面照度约为 50 000lx；冬季的晴天，地面照度约为 2 000lx；在晴朗的月夜，地面照度约为 0.2lx。

当采用某方向发光强度为 I_θ 的点状光源照明时，受照面上某点的水平照度 E_s 与它至光源的距离 r 的平方成反比，与入射角的余弦 $\cos\theta$ 成正比，如图 8-3 所示。用公式表示为：

$$E_S=\frac{I_\theta \cos\theta}{r^2} \tag{8-3}$$

若用高度 h 表示，式(8-3) 可改写为：

$$E_S=\frac{I_\theta \cos^3\theta}{h^2} \tag{8-4}$$

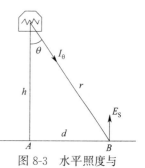

图 8-3　水平照度与光强的关系

同理，受照面上某点的垂直照度 E_C 与它至光源的距离 r 平方成反比，与入射角的正弦 $\sin\theta$ 成正比。用公式表示为：

$$E_C=\frac{I_\theta \sin\theta}{r^2} \tag{8-5}$$

由式(8-5) 可推导写出：

$$E_C=E_S\tan\theta=E_S\frac{d}{h} \tag{8-6}$$

式(8-6) 表示了在同一受照点上垂直照度与水平照度的关系，这是照度计算的一个基本公式。

由于照度既不考虑受照面的性质，如反射、透射和吸收光能的物理情况，也不考虑观察者在哪个方向去观察，因此它只能表明光照的强弱，并不能表征被照物体的明暗程度。

2) 亮度

发光体在给定方向单位投影面积上的发光强度，称为发光体在该方向上的亮度，亮度的符号为 L，单位为坎德拉/米²（cd/m²）或尼特（nt）。用公式表示为：

$$L=\frac{I_\theta}{S\cos\theta} \tag{8-7}$$

式中　I_θ——与法线成 θ 角的给定方向上的发光强度（cd）；
　　　S——发光体面积（m²）。

由图 8-4 可知，I_0 是发光体表面法线方向的光强。亮度的定义对于一次光源和受照面是同等适用的。对于受照面，θ 角则是视线与受照面法线之间的夹角，如图 8-4 所示，所以当观察者在垂直于 S 平面观看时,该平面的亮度 L_0 即为光强 I_0 与发光体面积(或受照面面积)之比,即:

$$L_0 = \frac{I_\theta}{S\cos\theta}\bigg|\theta=0° = \frac{I_0}{S} \tag{8-8}$$

无云的晴朗天空平均亮度为 $5000\text{cd}/\text{m}^2$,40W 荧光灯表面亮度为 $7000\text{cd}/\text{m}^2$。对于均匀漫反射体,其亮度与照度的关系为:

$$L = \frac{\rho E}{\pi} \tag{8-9}$$

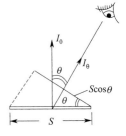

图 8-4 亮度的定义

式中　ρ——均匀漫反射体的反射系数;
　　　L——均匀漫反射体的亮度(cd/m^2);
　　　E——均匀漫反射体的照度(lx)。

人眼对明暗的感觉不是直接取决于物体上的照度,而是取决于物体在眼睛视网膜上成像的照度,即确定物体明暗程度要考虑以下两个因素:①物体在垂直于观察方向上的平面上的投影面积,这决定像的大小;②物体(被照物体可以看作是间接发光体)在该方向上的发光强度,这决定了在像的面积上能接受多少光通量。所以通常引用"亮度"的概念,亮度是衡量照明质量的一个重要依据。

8.1.2　物体的光照性能和光源的显色性能

1. 物体的光照性能

当光照射到物体上时,一部分光从物体表面反射回去,一部分光被物体吸收,而余下的一部分光则透射过物体,如图 8-5 所示。

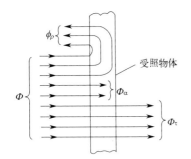

图 8-5　光投射在物体上的情形

为表征物体的光照性能可引入以下三个参数:
1) 反射系数

$$\rho = \frac{\phi_\rho}{\Phi} \tag{8-10}$$

2) 吸收系数

$$\alpha = \frac{\Phi_\alpha}{\Phi} \tag{8-11}$$

3) 透射系数

$$\tau = \frac{\Phi_\tau}{\Phi} \tag{8-12}$$

以上三个系数之间满足以下关系:

$$\rho + \alpha + \tau = 1 \tag{8-13}$$

一般特别重视反射系数这一参数,因为它与照度计算直接有关。

2. 色温

色温是电光源的技术参数之一。

当光源的发光颜色与黑体(能吸收全部光能的物体)被加热到某一温度所发出的光的颜色相同时,称该黑体的绝对温度为此光源的颜色温度,简称色温,用符号 T_c 表示,单位为 K。当光源的发光颜色与黑体被加热后的颜色均不相同,则与黑体被加热后的颜色最接近的黑体绝对温度称为光源的相关颜色温度，简称相关色温，用符号 T_{cp} 表示，单位为 K。例如，白炽灯的色温为 2400~2900K，管形氙灯的相关色温为 5500~6000K。

3. 光源的显色性能

同一颜色的物体在具有不同色谱的光源照射下，能显出不同颜色，光源对被照物体颜色显现的性质，称为光源的显色性。

为表征光源的显色性能，引入光源的显色指数概念。光源的显色指数是指在待测光源照射下物体的颜色与日光照射下该物体颜色相符合的程度，而将日光或与日光相当的参考光源的显色指数定为 100。因此光源的显色指数越高，说明光源的显色性越好，物体颜色的失真度越小。例如，白炽灯的显色指数为 95~99，荧光灯的显色指数为 75~90，三基色节能型荧光灯显色指数为 80~98。

为便于查阅，将各种光度量及其单位见表 8-1。

光度量及其单位表　　　表 8-1

名称	计算公式	单位
光通量 Φ	$\Phi = I\Omega$	流明(lm)
水平照度 E	$E = \dfrac{\Phi}{A} = \dfrac{I_\theta \cos\theta}{r^2} = \dfrac{I_\theta \cos^3\theta}{h^2}$	勒克司(lx)
光强 I	$I = \dfrac{\Phi}{\Omega}$	坎德拉(cd)
亮度 L	$L = \dfrac{I_\theta}{S\cos\theta}$	坎德拉/米^2(cd/m^2)
立体角 Ω	$\Omega = \dfrac{S}{r^2}$	球面度(sr)

8.2　照明方式、种类和照明质量

8.2.1　照明方式和种类

照明设计前应对照明方式和种类有所了解，才能正确规划照明系统。照明方式可分成以下三种：

1）一般照明：在整个场所各部分照度基本上均匀的照明。对于工作位置密度很大而对光照方向又无特殊要求，或工艺上不适合装设局部照明装置的场所，单独使用一般照明。例如工作场所。

2）局部照明：局限于工作部位的固定的或移动的照明。对于局部地点需要高照度并对照射方向有要求时，采用局部照明，但在整个场所不应只设局部照明而无一般照明。

3）混合照明：一般照明与局部照明共同组成的照明。对于工作面需要较高照度并对照射方向有特殊要求的场所，采用混合照明。此时，一般照明照度宜按不低于混合照明总照度的 5%~10%选取，且不低于 20lx。

按照功能不同，照明可分为下面五类：

1）正常照明：正常工作时使用的室内、外照明。一般可单独使用，也可与应急照明、值班照明同时使用,但控制线路必须分开。

2）应急照明:正常照明因故障熄灭后,供应急情况下继续工作或安全通行的照明。应急照明分为备用照明、安全照明和疏散照明三类。正常照明因故障熄灭后,需确保正常工作或活动继续进行的场所,应设置备用照明;正常照明因故障熄灭后,容易引起爆炸、火灾以及人身伤亡事故、造成严重政治后果和经济损失的场所,应设置安全照明。正常照明因故障熄灭后,需确保人员安全疏散的出口和通道,应设置疏散照明。应急照明灯布置在可能引起事故的设备、材料周围以及主要通道和出入口。并在灯的明显部分涂以红色,以示区别正常照明。应急照明若兼作为正常照明的一部分,则须经常点亮。

3）值班照明:在非工作时间内供人员使用的照明。对于人防工程的重要部位、有重要设备的房间及重要储备仓库设置值班照明。可利用正常照明中能单独控制的一部分,或利用应急照明的一部分或全部作为值班照明。

4）警卫照明:用于警卫地区周界附近的照明。是否设置警卫照明应根据人防工程的位置与重要性与当地保卫部门商定。

5）障碍照明:这是装设在建筑物上作为障碍标志用的照明。在飞机场周围较高的建筑物上,或有船舶通行的航道两侧的建筑上,按民航和交通部门的有关规定装设障碍照明。

8.2.2 照明质量

照明的目的在于创造满意的视觉条件,其中要注意经济上的合理性和技术上的可行性。质量问题表现在量与质的两个方面。在量的方面应保证有与工作性质要求相符合的照度和亮度;在质的方面,则要解决眩光、光的显色性、阴影等问题。

1. 合理的照度

照度是决定物体明亮程度的间接指标,在一定范围内,照度增加就会使视觉能力提高。合适的照度将有利于保护工作人员的视力,有利于提高工作质量。对下列五种情况,照度水平应适当提高:

(1) 对于较精细的工作而视距大于 500mm 时;
(2) 连续的或接近连续的视觉工作;
(3) 当所观察的物体是在运动的面上,而对鉴别速度又要求较高时;
(4) 容易受到伤害的危险的场所;
(5) 以本身能发光的炽热面作背景时。

照明标准有照度标准和亮度标准两大类,我国采用照度标准,照度标准是进行电气照明设计、安装的依据。

表 8-2 列出了人防工程照明的照度标准值。

人防工程照度标准　　　　　　表 8-2

战时通用房间照明的照度标准值				
类别	参考平面及其高度	Lx	UGR	Ra
办公室、总机室、广播室等	0.75m 水平面	200	19	80
值班室、电站控制室、配电室等		150	22	80

续表

战时通用房间照明的照度标准值				
类别	参考平面及其高度	Lx	UGR	Ra
出入口	地面	100	—	60
柴油发电机房、机修间		100	25	60
防空专业队队员掩蔽室		100	22	80
空调室、风机室、水泵间、储油间、滤毒室、除尘室、洗消间		75	—	60
盥洗间、厕所		75	—	60
人员掩蔽室、通道		75	22	80
车库、物资库		50	28	60
战时医疗工程照明的照度标准值				
类别	参考平面及其高度	Lx	UGR	Ra
手术室、放射科治疗室	0.75m 水平面	500	19	90
诊查室、检验科、配方室、治疗室、医务办公室、急救室		300	19	80
候诊室、放射科诊断室、理疗室、分类厅		200	22	80
重症监护室		200	19	80
病房	地面	100	19	60

注：Lx：照度标准值；UGR：统一眩光值；Ra：显色指数。

为了保证人防工程照明设计满足其使用功能的要求，按照其各自规定的照明设计标准所规定的照度值选用。人防工程照明照度标准值一般按以下系列分级：0.5、1、2、3、5、10、15、20、30、50、75、100、150、200、300、500、1000、1500 和 2000lx。照度标准值是指工作或生活场所参考平面上的平均照度值。一般情况下，照度标准值应根据等级、功能要求和使用条件从中选择。在照明设计时，根据光源的光通衰减、灯具积尘和房间表面污染引起的照度值降低的程度，除以维护系数。

不同环境下的维护系数如表 8-3 所示。

不同环境下的维护系数　　　　表 8-3

环境污染特征	维护系数
室内清洁	0.80
室内一般	0.70
室内污染严重	0.60
开敞空间	0.65

2. 照明的均匀度

在工作环境中视觉从一个面转到另一个面时，若这两个面上的亮度不同，人眼将被迫经过一个适应过程。当适应过程经常反复时，就会引起视疲劳，为此在工作环境中的亮度分布应力求均匀。照明的均匀度包含两方面的意义：一是工作面上的照明应该均匀，二是工作面与周围环境的亮度差别应有所控制。这里的工作面环境是指墙壁、顶棚和地板等。

一般照明的均匀性是以房间的最低照度 E_{min} 和最高照度 E_{max} 之比，即最低均匀度，或最低照度 E_{min} 和平均照度之比，即平均均匀度来衡量。

一般并不要求在整个工作面上的照度十分均匀，但照度的变化必须是缓慢的。就视觉效果而言，工作面允许的最低均匀度可达 0.3～0.5，在工作面上这样的照明均匀度是容易满足的。

我国《建筑照明设计标准》GB 50034—2013 规定室内最低照明均匀度不小于 0.7。对于室外照明，照明均匀度可允许更低的数值。

为了获得较理想的照明均匀度，主要在布灯时采用合理的距高比 L/H（灯具的安装间距 L 与计算高度 H 的比）。其次是选择合适的灯具、采用合适的布灯方式，例如可以采用间接型、半间接型照明器，灯具上加磨砂玻璃、有机玻璃罩以及日光灯发光带等方法。一般在布灯时采用的距高比 L/H 不超过所选用照明器的最大允许距高比 L/H 的值。

3. 限制眩光

眩光是指由于亮度分布不适当，或亮度的变化幅度太大，或亮度随时间的变化太大造成人眼在观看物体时感觉不舒适或视力减低的现象。眩光按其产生的原因分为直射眩光和反射眩光两种。眩光的强弱与视角的关系如图 8-6 所示。一般来说，被视物与背景的亮度比超过 1：100 时，就容易引起眩光。当被视物亮度超过 $1.6 \times 10^5 \mathrm{cd/m^2}$ 时，在任何条件下都会造成眩光；而小于 $500\mathrm{cd/m^2}$ 时，或在黑暗的环境中是不会造成眩光的。

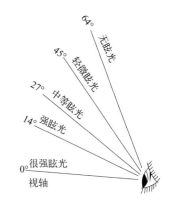

图 8-6 眩光的强弱与视角的关系

环境亮度与周围相邻工作区亮度之比不低于 1/3；工作区亮度与灯的亮度之比不大于 1/40。直接眩光限制质量等级划分及场所举例如表 8-4 所示。

直接眩光限制质量等级　　　　　　　　表 8-4

质量等级	眩光程度	场所举例
Ⅰ	无眩光感	指挥室、通信室、制图室、计算机室、控制室等有特殊要求的高质量照明房间
Ⅱ	有轻微眩光感	会议室、营业厅、餐厅、休息厅、厨房、游戏娱乐场所、配电室、发电机室、蓄电池室等照明质量要求一般的场所
Ⅲ	有眩光感	照明质量要求不高的房间，如库房、走道、动力设备房间等

由于照明器的眩光效应与光源亮度、背景亮度、悬挂高度以及灯具的保护角有关，限制眩光可采用以下几种办法：

（1）限制光源的亮度、降低灯具的表面亮度。如对亮度太大的光源，可用磨砂玻璃、漫射玻璃或栅格来限制眩光。栅格保护角应在 30°～45°范围。

（2）局部照明的照明器应采用不透光的反射罩，且照明器的保护角不小于 30°；若照明器安装高度低于工作者的水平视线时，照明器的保护角为 10°～30°。

（3）正确选择照明器的形式，合理布置照明器的位置，并选择好照明器的悬挂高度是消除或减弱眩光的有效措施。增加照明器的悬挂高度，眩光作用就减小。没有保护角的照明器，应该具有较低的亮度。为了限制直射眩光，室内用的照明器对地面的悬挂高度一般不低于表 8-5 中的规定值，其中最低高度主要决定于照明器形式和灯泡容量。

室内一般照明用的照明器距地面的最低悬挂高度   表 8-5

光源种类	照明器形式	照明器保护角	灯泡容量(W)	最低离地悬挂高度(m)
白炽灯	带反射罩	10°～30°	100 及以下 150～200 300～500 500 以上	2.5 3.0 3.5 4.0
	乳白玻璃漫射罩	—	100 及以下 150～200 300～500	2.0 2.5 3.0
荧光灯	无罩	—	40 及以下	2.0
金属卤化物灯	带反射罩	10°～30° 30°以上	400 及以下 1000 及以下	6.0① 14 以上
高压钠灯	带反射罩	10°～30°	250 400	6.0 7.0

注：①1000W 金属卤化物灯有紫外线防护措施时，悬挂高度可适当降低。

4. 照明的稳定性和波动深度要求

照明的不稳定性主要由于光源的光通量变化所致。光源光通量的变化，会使工作面上的亮度发生变化，从而在视野内产生视力适应跟随，时间久了，将使视力降低；若照度在短时间内迅速变化，将会在心理上分散工作人员的注意力，因此照明的不稳定将对安全操作及视力卫生带来危害。

照明光通量的变化，主要是由于照明电源电压的波动引起的。诸如供电系统发生故障，个别大型负载投入和切除都会引起电网电压的较大变动。这些大型负载如大型电动机的起动、大型电阻炉、大型电焊设备等。照明的供电线路必须考虑与负荷经常发生较大变化的动力供电线路分开，必要时还应采取稳压措施。

此外，光源的摆动也是不允许的。光源的摆动，将产生影子的晃动，从而影响视力。因此照明器安装位置，设置在没有气流经常冲击的地方，当照明器的吊挂长度超过 1.5m 时，采用管吊式。

交流气体放电灯随着电流周期性变化，光通量也周期性变化，在用这种灯具照明时就会使人眼产生闪烁感觉。对于荧光灯，由于荧光粉有一定的余晖时间，尚可以减轻一些闪烁现象，但也不能完全消除。若被照物体处于转动状态时，特别是当被照物体的转动频率是灯光明暗变化频率的整数倍时，则转动的物体看上去像是不转或转速减慢的状态，这种现象称为频闪效应，它会使人发生错觉，甚至出事故。因此，当采用荧光灯等气体放电灯时，应注意消除或减轻频闪效应的影响。

通常的方法是把气体放电灯（如荧光灯）采用多管移相的接法，如三根荧光灯管分别接在三相电源上。若在一个照明器中装有两根灯管时，则将两根灯管移相后接入单相电路。

根据实验，日光色荧光灯的光通量波动深度降低到 25% 以下时，频闪效应就可避免。现在，采用电子镇流器的荧光灯，波动深度均小于 25%，可避免频闪效应。

5. 光源的显色性

在需要正确辨色的场所，应采用显色指数高的光源，如白炽灯、日光色荧光灯、日光色玻璃灯等。目前荧光高压汞灯及高压钠灯的显色性尚不能令人满意，为了改善光色，也可采用两种光源混合使用的办法。

照明光源的显色性应与建筑功能相协调，光源的显色指数和适用场所举例如表 8-6 所示。照明光源的颜色应与室内装饰物的配色相协调。在工程内部不同的环境中，光源的颜色、灯具选型及布置、照度水平等，应有所区别。

光源的显色指数　　　　　　　　　　　　　　　　　　表 8-6

显色指数分组	一般显色指数(Ra)	光源举例	适用场所举例
I	$Ra \geqslant 80$	白炽灯、卤钨灯、三基色荧光灯、高显色高压钠灯、白色 LED 灯	绘图室、指挥通信室、商场中对显色性要求较高的场所
II	$60 \leqslant Ra < 80$	荧光灯、金属卤化物灯	办公室、会议室、休息室、病房、手术室和商场中对显色性要求一般的场所等
III	$40 \leqslant Ra < 60$	荧光高压汞灯、高压钠汞单光混合灯	动力设备房间
IV	$Ra < 40$	高压钠灯	辨色要求不高的场所,如库房等

8.3　常用照明光源及灯具的选用

8.3.1　常用照明光源的性能与选用

1. 电光源的分类

电光源按其发光机理可以分为三大类：

1）热辐射光源。这是一种基于热辐射原理，利用某一物质在高温下能发射可见光而制成的光源。这种光源发展最早，应用也最广泛。白炽灯、卤钨灯（碘钨灯和溴钨灯等）都属此类。

2）气体放电光源。这是一种利用基于电流通过某种气体或金属蒸汽发光的原理而制成的光源，光谱十分广泛，目前这种光源的种类已有很多。由于气体放电光源具有发光效率高，使用寿命长等特点，使其得到迅速的发展。随着气体放电光源质量的不断提高和新类型的不断出现，它将在照明工程中发挥越来越重要的作用。荧光灯、高压汞灯、高压钠灯、金属卤化物灯和氙灯均属此类。此处的高压、低压是指灯管内气体放电时的气压。

3）固态光源。发光二极管（LED）是一种固态光源，利用半导体中的电子和空穴相结合而发出光子。LED 所发出的光颜色取决于光子的能量，而光子的能量又因材料而异。同一种材料的波长很接近，因此每个 LED 的颜色都很纯正。白光 LED 灯存在的主要问题是灯功率不够大，但发展迅速，目前 LED 灯已进入工程应用阶段，有逐步取代常规气体放电光源的趋势。

人防工程中，普遍采用荧光灯、LED 灯作为照明光源，高压水银灯、碘钨灯等光效高的光源在工程中也有使用。另外，LED 灯、三基色稀土荧光灯光效高，可节省电能，在人防工程中使用前景很大。常用电光源的分类如表8-7所示。

常用电光源分类 表8-7

电光源	热辐射光源			白炽灯
	固态光源			场致发光灯（EL）
	气体放电	辉光放电灯		氖灯
				霓虹灯
		弧光放电灯	低压气体放电灯	荧光灯
				低压钠灯
			高压气体放电灯	荧光高压汞灯
				高压钠灯
				金属卤化物灯
				氙灯

2. 常用照明光源的性能

常用照明光源的特性如表8-8所示。

常用照明光源的特性 表8-8

特性	光源名称				
	白炽灯	碘钨灯	荧光灯	高压汞灯	金属卤化物灯
额定功率范围(W)	10～1000	500～2000	6～125	50～1000	400～1000
发光效率(lm/W)	6.5～19	19.5～21	25～67	30～50	60～80
平均寿命(h)	1000	1500	2000～3000	2500～5000	2000
启动稳定时间	瞬时	瞬时	1～3s	4～8min	4～8min
再启动时间	瞬时	瞬时	瞬时	5～10min	10～15min
功率因数	1	1	0.33～0.7	0.44～0.67	0.4～0.61
频闪效应	不明显	不明显	明显	明显	明显
表面亮度	大	大	小	较大	大
电压变化对光通量的影响	大	大	较大	较大	较大
耐震性能	较差	差	较好	好	好
所需附件	无	无	镇流器、启辉器	镇流器	镇流器、触发器

3. 常用照明光源的选用

照明光源的选用应根据照明要求和使用场所的特点：办公、通信设备房间、变配电控制室等，宜选用荧光灯或LED灯；生活房间、电传、电报室、收信机房等，宜选用荧光灯或LED灯或白炽灯；电站机房高度超过3.5m时，可选用高光强气体放电灯。

8.3.2 照明器的类型与选择

1. 照明器的类型

照明器的分类方法很多，照明器按结构特点分类如表8-9所示。

照明器按结构特点分类　　　　　　　　表 8-9

结构形式	结构特点		
开启型	光源与外界空间直接接触		
闭合型	透明罩将光源包合起来,但内外空气仍能自由流通		
封闭型	透明罩固定处加以一般封闭,与外界隔绝比较可靠,但内外空气仍可有限流通		
密封型	透明罩固定处加以严密封闭,与外界隔绝相当可靠,内外空气不能流通		
防爆型	透明罩本身及其固定处和灯具外壳,均能承受要求的压力,能安全使用在爆炸危险性介质的场所	隔爆型	在灯具内部发生爆炸时火焰通过一定间隙的防爆面后不会引起灯具外部的爆炸
		增安型	正常运行时产生火花电弧的部件放在单独隔爆室内,并在危险温度的部件上采取适当措施,以提高其安全程度

2. 照明器的选用

照明器是光源与灯具组合的称谓。灯具的作用是固定光源,把光源发出的光通量分配到需要的方向,防止光源引起的眩光、保护光源不受外力以及外界潮湿气体的影响等。灯具的结构应便于制造、安装和维护,兼有灯饰作用的灯具应考虑美观、华丽等要求。

照明器的特性,一般有以下三项指标:

1）光强分布曲线（配光曲线）,表示照明器在整个空间某一截面上光强分布特性的一种曲线,其中又分为极坐标光强分布曲线和直角坐标光强分布曲线。光强分布曲线是衡量照明器光学特性的重要标志,可以根据它来合理布置照明器的位置并进行照度计算。

2）保护角,说明防止眩光的程度。

3）照明器效率,表示照明器的技术经济指标。照明器效率定义为照明器发出的光通量与电光源提供的光通量之比。因为灯具在分配从电光源发出的光通量时,由于灯具材料的吸收与透射等因素的影响将引起光通量损失,所以照明器的效率总是小于1。

照明器的选用应根据安装使用场所的环境条件和要求选择灯具的类型,保证合理的照度,兼顾美观。一般情况下,办公室、会议室宜选用开启型灯具,门厅、走廊等处宜选用闭合型灯具,厕所、水库等处宜选用封闭型灯具,在空气潮湿和多尘的场所宜选用密封型灯具,有爆炸危险的场所则应选用防爆型灯具。

值得注意的是,人防工程中会议室的图板照明,宜设置局部照明,并应限制眩光,可以采用射灯或偏光曲线的照明灯具；洗消间、浴室等应选用防水的密闭型性灯具；在易燃有爆炸危险的房间（如蓄电池室、油库）应选用安全密闭、防爆灯具；对于安全要求较高的房间应有防止灯罩掉落的措施；在有机械撞伤可能的场所或灯具安装很低时,应有保护设施,如钢丝网防护罩。

8.3.3 照明器的布置

1. 室内照明器布置要求

室内照明器的布置应满足以下六个要求：①规定的照度；②工作面上的照度均匀；③光线的射向适当,无眩光,无阴影；④灯泡的安装容量减至最小；⑤维修方便；⑥布置整齐美观,并与建筑空间相协调。

室内照明器在用作一般照明用途时,大部分采用均匀布置的方式,只在需要局部照明或定向照明时,才根据情况采用选择性布置。灯具的均匀布置是指灯具在整个需要照明的建筑物内均匀分布,其布置与生产办公设备的位置无关。而选择布置是指灯具的布置与工作、办公设备的位置有关,大多是按工作面对称布置,力求使工作面上能获得最有利的光通方向和消除阴影。

由于均匀布置较之选择布置更为美观,又能使整个建筑物中的照度较为均匀,所以在既有一般照明又有局部照明的建筑物内,一般照明多采用均匀布置的方案。

2. 均匀布置时需考虑的几个问题

1) 照明器的悬挂高度(在无特殊说明时是指计算高度 H)。它是指电光源至工作面的垂直距离,即等于照明器离地悬挂高度减去工作面的高度(如果工作面是指一般工作台的台面,可取为 0.75m),如图 8-7 所示。各种照明器的最低离地悬挂高度,如表 8-5 所示。

2) 照明器的平面布置。均匀布置的灯具可排列成正方形、矩形或菱形,如图 8-8 所示。

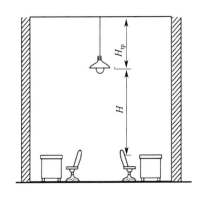

图 8-7 照明器悬挂高度示意图

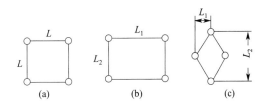

图 8-8 各种布灯形式
(a) 正方形;(b) 长方形;(c) 菱形

等效灯距 L 按下式计算:

正方形布置时: $$L=L_1=L_2 \tag{8-14}$$

长方形布置时: $$L=\sqrt{L_1 L_2} \tag{8-15}$$

菱形布置时: $$L=\sqrt{L_1 L_2} \tag{8-16}$$

实际上,照明器的布置还与建筑物的结构形式有密切关系。例如在工厂的车间,一般利用建筑物的桁架来悬吊照明灯具。这时灯具的布置和建筑结构的桁架分布密切相关。

为了使照度均匀,在矩形布置时,应尽量使灯距 L_1 与 L_2 接近,在菱形布置中,应尽量采用等边三角形的布置方法,即由两个等边三角形合成菱形。

3) 照明器布置是否合理,主要取决于灯具的等效灯距 L 与灯具的计算高度 H 的比值(距高比)。距高比 L/H 值小,照明均匀度好,但经济性差;L/H 值大时,不能保证照明的均匀度。在均匀布置灯具的条件下,保证室内工作面上有一定均匀度的照度时,允许灯具间的安装距离与灯具计算高度之比的最大允许值,称为最大允许距高比。一般在灯具的主要参数中应给出该数值。

4) 靠墙的一列照明器与墙壁的距离 a 应根据工作位置与墙的相对位置来决定。当靠墙边有工作位置时，建议采用 $a=(0.25\sim0.3)L$；若靠墙处为过道或无工作位置时，则可采用 $a=(0.4\sim0.5)L$，L 为两只照明器之间的等效灯距。

5) 当选用漫射型和半直接型照明器时，为了使天棚上的照度均匀，应合理确定照明器与天棚间的悬垂距离 H_{cc}。对漫射型照明器，H_{cc} 与天棚距工作面的高度 $(H+H_{cc})$ 之比可取 0.25；对半直接型照明器，该比值可取 0.2。

6) 为了改善高光效、光源显色性较差的缺点，可采用"混光"的方法，如将光效高、显色性差的荧光高压汞灯与光效低、显色性好的白炽灯混合使用，或将荧光高压汞灯与高压钠灯混合使用。两种光源可间隔布置，也可将灯具进行特殊设计，在一只照明器中装设两种光源。当采用"混光"方案时，为了得到比较满意的视觉效果，两种光源的光通量比（或功率比）应有一最佳数值，照明器的悬挂高度最好在 6m 以上。

7) 用作应急照明的照明器布置应能满足照度的要求，一般在主要工作面上的照度，应尽可能保持原有照度的 30%～50%。通常的做法如下：如只有一列照明器，可采用应急照明器与工作照明器相间布置，或与两个工作照明器相间布置；如为两列照明器，可选其中一列为应急照明，或每一列均相间布置应急照明；如为三列照明器，可选中间一列为应急照明或在侧面的两列相间布置应急照明。

3. 具有标准跨距和柱距的厂房一般照明布置方案

下面举例说明工程实践中常采用的一般照明的布置方案。

例：某车间的平面面积为 18m×36m，桁架的跨度为 18m，距地面高度为 5.5m，桁架之间相距 6m，工作面离地 0.8m，拟采用 GC_1-A-1 型工厂配照灯（装 150W 白炽灯）作车间的一般照明。试初步确定灯具的布置方案。

解：根据车间的结构考虑，灯具悬挂在桁架上。如果灯具离桁架 0.5m，则灯具离地高度为 5.5m－0.5m＝5m，这一高度符合表 8-5 所示限制眩光的要求。

由于工作面离地 0.8m，故灯具在工作面上的悬挂高度 $h=5m-0.8m=4.2m$。由 GC1-A-1 型配照灯的主要技术数据（见相关产品样本），可查得这种灯的最大允许距高比为 1.25，因此灯具间较合理的距离为：

$$L\leqslant 1.25h\leqslant 1.25\times 4.2m\leqslant 5.3m$$

灯具悬挂在桁架上，故 $L_1=6m$，则 $L_2=L^2/L_1\leqslant 5.3^2/6\approx 4.68m$

跨度方向最少布置灯具数＝18/4.68≈3.85 个，采用 4 个灯具，均匀布置 $L_2=18/4=4.5m$。

根据车间的结构和上面计算所得的较合理的灯距，初步确定灯具布置方案如图 8-9 所示。

此方案是否满足照度要求，还有待进一步作照度计算进行校核。

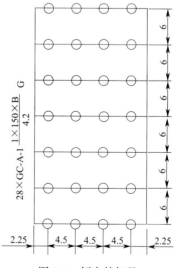

图 8-9 例中的灯具布置方案（单位：m）

8.4 照度计算

照度计算的基本方法有利用系数法、逐点计算法两种。任何一种计算方法，都只能做到基本准确。由于各种参数的不精确，计算结果有10%～20%的误差是允许的。限于篇幅，这里只介绍工程设计中常用的利用系数法。

在计算水平照度时，如无特殊要求，通常采用0.75m高的工作面作为计算面。

照明器在使用期间，由于光源光通量的衰减，照明器和建筑物墙面的污染，会引起照度降低，因此要引入照度补偿系数 K（维护系数的倒数），其数值如表8-10所示。

照度补偿系数 K 值　　　　　　　　　　　表8-10

环境污染特征	工作场所举例	照度补偿系数		照明器擦洗次数（次/年）
		白炽灯、荧光灯、荧光高压汞灯	卤钨灯	
清洁	仪器仪表室、办公室、设计室、实验室、病房、客房等	1.3	1.2	2
一般	商场营业厅等	1.4	1.3	2
污染严重	厨房等	1.5	1.4	3

利用系数法计算照度又可分为用利用系数计算照度、查概算曲线计算照度和单位容量法计算照度三种方法，现分别介绍如下。

8.4.1 用利用系数计算照度

1. 计算公式

利用系数 u 是表示室内照明器投射到工作面上的光通量（包括直射光部分和经建筑物的墙面多次反射的反射光部分）占照明器中光源发出的总光通量的百分比。它是由照明器的特性、房间的大小和形状、空间各表面的反射系数等条件决定的。若已知利用系数，可按下式计算平均照度：

$$E_{av} = \frac{\Phi \cdot n \cdot u}{S \cdot K} \qquad (8\text{-}17)$$

或

$$n = \frac{E_{av} \cdot S \cdot K}{\Phi \cdot u} \qquad (8\text{-}18)$$

式中　Φ——每个照明器中光源发出的总光通量（lm）；

　　　n——照明器数量（个）；

　　　u——利用系数（可从有关专业手册上查得）；

　　　S——房间面积（m²）；

　　　K——照度补偿系数，可从表8-10中查得；

　　　E_{av}——平均照度（lx）。

2. 利用系数的确定

利用系数是根据灯具光强配光曲线、灯具效率、房间形状、顶棚空间有效反射系数、墙面反射系数和地板反射系数的条件算出的。

一般由灯具制造厂家提供各种灯具的利用系数表。查表时可采用内插法计算,也可以在某项参数不满足表中要求时应用适当的修正系数进行修正。在计算精度要求不高的情况下,也可不作修正。

表 8-11 给出了 YG2-1 型 40W 荧光灯部分利用系数。

YG2-1 型 40W 荧光灯部分利用系数表 表 8-11

顶棚空间有效反射率/%		70				50				30				10				0
墙面反射率/%		70	50	30	10	70	50	30	10	70	50	30	10	70	50	30	10	0
		u				u				u				u				u
室空间比	1	0.75	0.71	0.67	0.63	0.67	0.63	0.60	0.57	0.59	0.56	0.54	0.52	0.52	0.50	0.48	0.46	0.43
	2	0.68	0.61	0.55	0.50	0.60	0.54	0.50	046	0.53	0.48	0.45	0.41	0.46	0.43	0.40	0.37	0.34
	3	0.61	0.53	0.46	0.41	0.54	0.47	0.42	0.38	0.47	0.42	0.38	0.34	0.41	0.37	0.34	0.31	0.28
	4	0.56	0.46	0.39	0.34	0.49	0.41	0.36	0.31	0.43	0.37	0.32	0.28	0.37	0.33	0.29	0.26	0.23
	5	0.51	0.41	0.34	0.29	0.45	0.37	0.31	0.26	0.39	0.33	0.28	0.24	0.34	0.29	0.25	0.22	0.20
	6	0.47	0.37	0.30	0.25	0.41	0.33	0.27	0.23	0.36	0.29	0.25	0.21	0.32	0.26	0.22	0.19	0.17
	7	0.43	0.33	0.26	0.21	0.38	0.30	0.24	0.20	0.33	0.26	0.22	0.18	0.29	0.24	0.20	0.16	0.14
	8	0.40	0.29	0.25	0.18	0.35	0.27	0.21	0.17	0.31	0.24	0.19	0.16	0.27	0.21	0.17	0.14	0.12
	9	0.37	0.27	0.20	0.16	0.33	0.24	0.19	0.15	0.29	0.22	0.17	0.14	0.25	0.19	0.15	0.12	0.11
	10	0.34	0.24	0.17	0.13	0.30	0.21	0.16	0.12	0.26	0.19	0.15	0.11	0.23	0.17	0.13	0.10	0.09

现将有关概念及利用系数的求法简介如下:

1)房间特征及各量值的确定

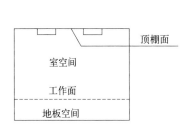

图 8-10 装有吸顶式或嵌入式灯具时,房间的空间划分图

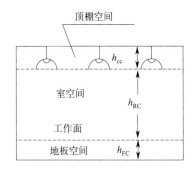

图 8-11 装有悬吊式灯具时房间的空间划分

将一个房间的空间分成三个部分:顶棚空间、室空间和地板空间,如图 8-10 和图 8-11 所示。当装有吸顶式或嵌入式灯具时,只有室空间和地板空间,在采用悬吊式灯具时,还形成了一个顶棚空间。分别用下列系数定量地表示三个空间的形状:

室空间比: $$RCR = \frac{5h_{RC}(L+W)}{L \cdot W} = \frac{5}{RI} \qquad (8-19)$$

顶棚空间比：$$CCR = \frac{5h_{CC}(L+W)}{L \cdot W} = RCR\frac{h_{CC}}{h_{RC}} = \frac{5h_{CC}}{RIh_{RC}} \quad (8\text{-}20)$$

地板空间比：$$FCR = \frac{5h_{FC}(L+W)}{L \cdot W} = RCR\frac{h_{FC}}{h_{RC}} = \frac{5h_{FC}}{RIh_{RC}} \quad (8\text{-}21)$$

式中　　L——房间长度（m）；

　　　　W——房间宽度（m）；

　　　　RI——室形指数 $RI = \dfrac{L \cdot W}{h_{RC}(L+W)}$；

h_{RC}、h_{CC}、h_{FC}——室空间、顶棚空间、地板空间的高度（m）。

2）顶棚空间有效反射系数

图 8-10 中顶棚的反射系数和顶棚有效反射系数是同一数值。图 8-11 中，由于采用悬吊式灯具，顶棚的有效反射系数则不等于顶棚反射系数。

假设从照明器投射到上部的光通量 $\Phi=1$，顶棚表面反射系数为 ρ'_P，则（$1-\rho'_P$）就是顶棚表面的吸收系数。但在这个空间内，光经过反射后必然会增加光通量的损失，一部分光被这个空间吸收，余下的光通量从照明发光面（假想的顶棚面）射出。若设 ρ_P 为假想的顶棚空间有效反射系数，则其吸收系数表示如下：

顶棚表面吸收系数：$$\tau' = 1 - \rho'_P \quad (8\text{-}22)$$

顶棚空间吸收系数：$$\tau = 1 - \rho_P \quad (8\text{-}23)$$

一般说来 $\rho_P < \rho'_P$，因而 $\tau' < \tau$，但在顶棚空间内那部分墙面的反射系数比顶棚反射系数高 2.25 倍以上时，则有可能出现 $\rho_P > \rho'_P$ 的情况。

顶棚空间有效反射系数的计算公式如下：

$$\rho_P = \frac{\rho S_0}{S_b - \rho S_b + \rho S_0} \quad (8\text{-}24)$$

式中　S_0——顶棚空间敞口面积（m²）；

　　　S_b——顶棚空间内所有表面面积（m²）；

　　　ρ——顶棚表面的平均反射系数（%）。

ρ 的计算如下：

$$\rho = \frac{\sum \rho_i S_i}{\sum S_i} \quad (8\text{-}25)$$

式中　ρ_i——第 i 面的反射系数（%）；

　　　S_i——第 i 面的面积（m²）。

为简化计算，可作出顶棚空间有效反射系数计算曲线，如图 8-12 所示。若已知顶棚空间比 CCR，对应于顶棚平面和墙面反射系数 ρ'_P、ρ'_q 可从曲线上查得顶棚空间有效反射系数。

当照明器悬吊在屋架的下弦时，顶棚空间不完全是矩形立方体。在求这类顶棚空间有效反射系数时，为了简便起见，将顶棚原有的反射系数适当降低即可。多边形屋架（12～24m）顶棚空间有效系数 ρ_P 约为该顶棚反射系数的 0.93～0.98；薄膜梁（9～15m）约为该顶棚反射系数的 0.86～0.96。按其一般规律在考虑选择下降百分比时，屋架跨度越大下降得越多；房间越长下降得越多；而顶棚反射系数越高下降得越少。

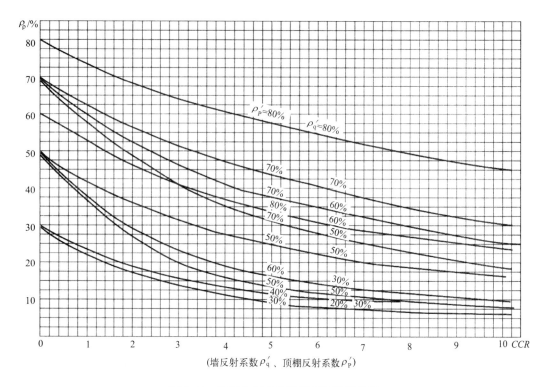

图 8-12 顶棚空间有效反射系数计算曲线

3）墙面平均反射系数

由于房间开有窗户、墙面上还有装饰物等遮挡，它们均会引起墙面反射系数的变化，在计算利用系数时，墙面反射系数应计算出平均值，公式如下：

$$\rho_q = \frac{\rho_{q1}(S_q - S_c) + \rho_c S_c}{S_q} \tag{8-26}$$

式中　ρ_q——墙面平均反射系数（％）；

　　　S_q——墙面总面积（包括墙及窗户的面积）（m^2）；

　　　S_c——窗户或装饰物的面积（m^2）；

　　　ρ_{q1}——墙面反射系数（％）；

　　　ρ_c——玻璃窗或装饰物的反射系数（％）。

严格地说，ρ_q 应该是室空间的墙面加权平均反射系数，式中 S_q 是室空间的墙面面积，但为了简化计算，S_q 一般按全房间含窗户的墙面积计算。

4）地板空间有效反射系数

地板空间与顶棚空间性质一样，可用相同方法求出有效反射系数 ρ_q。利用系数表中的数值是在 $\rho_q = 20\%$ 的条件下算出的，当不是该值时，利用系数需精确计算时应加以修正。

地板空间有效反射系数为 10％时，部分利用系数的修正系数如表 8-12 所示。

部分利用系数的修正系数表（地板空间有效反射系数为10%） 表8-12

顶棚空间有效反射率/%		80				70				30			10		
墙面反射率/%		70	50	30	10	70	50	30	10	50	30	10	50	30	10
		修正系数				修正系数				修正系数			修正系数		
室空间比	1	0.923	0.929	0.935	0.940	0.933	0.939	0.943	0.948	0.956	0.960	0.963	0.973	0.976	0.979
	2	0.931	0.942	0.950	0.958	0.940	0.949	0.957	0.963	0.962	0.968	0.974	0.976	0.980	0.985
	3	0.939	0.951	0.961	0.969	0.945	0.957	0.966	0.973	0.967	0.975	0.981	0.978	0.983	0.988
	4	0.944	0.958	0.969	0.978	0.950	0.963	0.973	0.980	0.972	0.980	0.986	0.980	0.986	0.991
	5	0.949	0.954	0.976	0.983	0.954	0.968	0.978	0.985	0.975	0.983	0.989	0.981	0.988	0.993
	6	0.953	0.969	0.980	0.986	0.958	0.972	0.982	0.989	0.979	0.985	0.992	0.982	0.989	0.995
	7	0.957	0.973	0.983	0.991	0.961	0.975	0.985	0.991	0.979	0.987	0.994	0.983	0.990	0.996
	8	0.960	0.976	0.986	0.993	0.963	0.977	0.987	0.993	0.981	0.988	0.995	0.984	0.991	0.997
	9	0.963	0.978	0.987	0.994	0.965	0.979	0.989	0.994	0.983	0.990	0.996	0.985	0.992	0.998
	10	0.965	0.980	0.989	0.995	0.967	0.981	0.990	0.995	0.984	0.991	0.997	0.986	0.993	0.998

5) 各种常用的顶棚、墙壁、地面反射系数的近似值

如表8-13所示。

顶棚、墙壁、地面反射系数的近似值 表8-13

反射面性质	反射系数(%)	反射面性质	反射系数(%)
抹灰并大白粉刷的顶棚和墙面	70～80	混凝土地面	10～25
砖墙或混凝土屋面喷白（石灰、大白）	50～60	钢板地面	10～30
墙、顶棚为水泥砂浆抹面	30	广漆地面（耐酸、耐腐蚀）	10
混凝土屋面板	30	沥青地面	11～12
红砖墙	30	无色透明玻璃窗（2～6mm）	8～10

6) 利用系数的确定

求出室空间比（RCR）、顶棚有效反射率（ρ_P）、墙面平均反射率（ρ_q）以后，从图表中即可求得利用系数 u。当 RCR、ρ_P、ρ_q 不是图表中分级的整数时，可以用插值法计算其相应值。

例：有一办公室长 6.6m，宽 6m，高 3.6m，在天花板下方 0.5m 处均匀安装 8 支 YG2-1 型 40W 荧光灯，每支光源的光通量为 2200lm，办公桌高度为 0.8m，天花板反射系数为 0.8，室空间与顶棚空间墙面反射系数为 0.5，地板空间墙面反射系数为 0.3，地面反射系数为 0.1。试计算办公桌面上的平均照度。

解：根据已知条件，室空间高度：

$$h_{RC} = 3.6 - h_{CC} - h_{FC} = 3.6 - 0.5 - 0.8 = 2.3\text{m}$$

所以，室空间比：

$$RCR = \frac{5h_{RC}(L+W)}{L \cdot W} = \frac{5 \times 2.3(6.6+6)}{6.6 \times 6} = 3.66$$

因顶棚空间由 5 个表面组成,其面积分别为:6.6m×0.5m、6.6m×0.5m、6m×0.5m、6m×0.5m 和 6.6m×6m,所以顶棚表面的平均反射系数为:

$$\rho = \frac{\sum \rho_i S_i}{\sum S_i} = \frac{(6.6\times0.5)\times0.5\times2+(6\times0.5)\times0.5\times2+(6.6\times6)\times0.8}{(6.6\times0.5)\times2+(6\times0.5)\times2+(6.6\times6)} = 0.73$$

顶棚空间敞口面积:$S_0 = 6.6\times6 = 39.6\text{m}^2$。

顶棚空间内所有表面面积:$S_b = 6.6\times0.5+6.6\times0.5+6\times0.5+6\times0.5+6.6\times6 = 52.2\text{m}^2$。

所以,顶棚空间有效反射系数:

$$\rho_P = \frac{\rho S_0}{S_b - \rho S_b + \rho S_0} = \frac{0.73\times39.6}{52.2-0.73\times52.2+0.73\times39.6} = 0.67$$

同样,地板空间由 5 个表面组成,其面积分别为:6.6m×0.8m、6.6m×0.8m、6m×0.8m、6m×0.8m 和 6.6m×6m,所以地板表面的平均反射系数为:

$$\rho = \frac{\sum \rho_i S_i}{\sum S_i} = \frac{(6.6\times0.8)\times0.3\times2+(6\times0.8)\times0.3\times2+(6.6\times6)\times0.1}{(6.6\times0.8)\times2+(6\times0.8)\times2+(6.6\times6)} = 0.17$$

地板空间敞口面积:$S_0 = 6.6\times6 = 39.6\text{m}^2$。

地板空间内所有表面面积:$S_b = 6.6\times0.8+6.6\times0.8+6\times0.8+6\times0.8+6.6\times6 = 59.76\text{m}^2$。

所以,地板空间有效反射系数:

$$\rho_d = \frac{\rho S_0}{S_b - \rho S_b + \rho S_0} = \frac{0.17\times39.6}{59.76-0.17\times59.76+0.17\times39.6} = 0.12$$

根据墙面平均反射系数 $\rho_q = 0.5$,查表 8-11:

$RCR=3$、$\rho_P=0.7$、$\rho_q=0.5$ 时,$u=0.53$;$RCR=4$、$\rho_P=0.7$、$\rho_q=0.5$ 时,$u=0.46$。用内插法计算 $RCR=3.66$、$\rho_P=0.67$、$\rho_q=0.12$ 时,利用系数 $u \approx 0.48$。

因 $\rho_d = 12\%(\neq 20\%)$,须进行修正,查表 8-12,用内插法得修正系数为 0.957。

故经修正后的利用系数:

$$u = 0.48\times0.957 = 0.46$$

由表 8-10 办公室采用荧光灯时,照度补偿系数 $K=1.3$。

因此,计算工作面上的平均照度为:

$$E_{av} = \frac{\Phi \cdot n \cdot u}{S \cdot K} = \frac{2200\times8\times0.46}{6.6\times6\times1.3} = 157.3\text{lx}$$

8.4.2 单位容量法

为了便于工程设计计算,根据不同形式的照明器、不同的计算高度、不同的房间面积和不同的平均照度要求,应用利用系数法计算出单位面积安装功率,并列成表格,供设计直接查得安装容量的方法称为单位容量法。实践证明,这种方法简易实用,在一般情况下均能满足房间照度要求。

单位容量指标 w 即单位面积安装功率,不仅取决于灯具形式、要求的最小平均照度 E、计算高度 h、房间面积 S、天花板、墙壁和地面的反射系数以及减光补偿系数,而且还与灯具的布置形式及选用光源的发光效率有关。实际中可根据主要因素的变化计算出单

位容量指标 w，然后编制成分类表格供设计时参考使用。

单位面积容量法计算步骤如下：

（1）确定房间单位面积用电量。根据房间要求的照度标准可从编制的表格中查得单位面积用电量。

（2）计算房间总用电量，S 为房间面积。

（3）确定房间灯具的个数（见灯具的布置）。

（4）确定每个照明器的功率（设照明器的功率相同）。

$$P = \frac{W \cdot S}{N} \tag{8-27}$$

人防工程中采用高效节能灯灯具时，单位安装容量参考值如表 8-14 所示。

人防工程中节能灯具的单位安装容量　　　　表 8-14

房间名称	照度(lx)	单位安装容量(W/m²)
指挥通信、总机室	300	9
办公室、防化室、配电室	200	7.5
设备间	100	6
休息房间	75	3.5
通道	50	2.5
车位	30	2

8.5 照明供电系统

8.5.1 照明系统的电压

1）照明系统一般采用 220/380V 中性点接地的三相四线制供电系统。应急照明如需采用直流电源时，则根据直流电源电压确定。

2）手提行灯的电压一般采用 36V。在危险场所而又不便于工作的狭窄场所，或工作者有可能接触到有良好接地的大块金属面（如在金属容器里面或金属平台上等）时，手提灯电压应采用 12V。

3）照明用电设备端子处的电压偏差允许值如下：

在一般工作场所为 ±5% 额定电压；对于远离变电所的小面积一般工作场所，难以满足上述要求时，可为 +5%，-10% 额定电压；应急照明、道路照明和警卫照明等为 +5%，-10% 额定电压。

8.5.2 照明供电方式

1. 照明负荷的分级

人防工程照明负荷等级都较高，照明供电方式应根据各自的负荷等级来确定。

1）一级负荷：应急照明、工作区照明等；

2）二级负荷：生活区照明等。

2. 工程中供电保障方式

1）工作区照明应采用双电源双回路供电方式。通常是在负荷侧照明配电箱中设置双电源切换装置（ATS），以实现工作电源回路与备用电源回路在负荷侧自动切换。对于照明负荷集中的场所，可设置一个双电源切换箱，再由其就近向多个照明配电箱供电。

2）生活区照明可采用双电源单回路供电方式，即从配电室低压母线上引接专用回路（放射式配电）供电。

3）应急照明可采取 EPS 应急电源集中供电保障方式或应急灯具自带蓄电池供电保障方式。

为保证照明的质量，照明线路与动力线中应分开配电，且照明配电箱与动力配电箱应尽可能分别从配电室低压母线上直接引接电源（个别较小的负载可以从动力、照明配电箱后分开），原则上不应共享一个供电回路。这是由于如果照明与动力合用一条线路，动力设备起动时会造成线路电压波动很大，将严重影响照明装置的正常工作。应急照明应与正常照明线路分开供电。为提高应急照明供电的可靠性，可将应急照明与邻近变电所低压母线相连，或与专门的应急电源（如蓄电池组、柴油发电机组等）相连，以取得备用电源，当工作电源故障停电时，可自动投入备用电源，以实现应急照明的工作电源与备用电源的自动切换。

图 8-13 和图 8-14 分别是由一台变压器和两台变压器供电的设有应急照明的照明供电系统图，图 8-15 为人防工程常用照明供电系统示例。

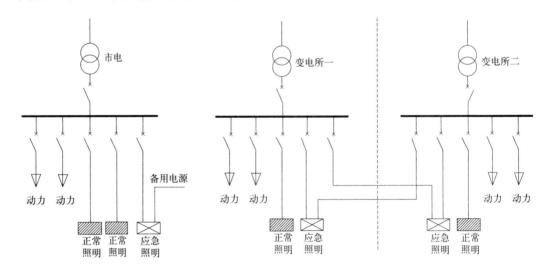

图 8-13　应急照明由一台
　　　　　变压器供电的系统

图 8-14　应急照明由两台
　　　　　变压器交叉供电的系统

3. 照明配电箱

照明配电箱在照明供电系统中起着"承上启下"的作用；一方面，它接受系统的电能；另一方面，向照明灯具、插座回路供电。

由于我国低压配电系统一般是采用 220/380V 三相四线制系统，而照明灯具通常是 220V 额定电压，由此在负荷较小的场所，如家庭用电等，照明配电箱一般是直接引接单相电源。人防工程由于区域较广，照明负荷较大，为减少照明配电箱的数量，一般是直接引接三相电源；对负荷特别大的场所，还常采用照明配电柜。为满足供电保障要求，工作区照明配电箱（柜）中一般设置双电源切换装置。

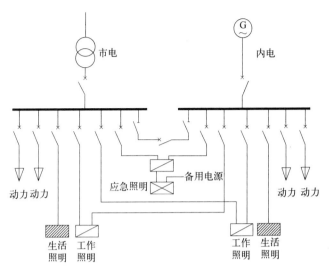

图 8-15　人防工程照明供电系统示例

人防工程中设置双电源自动切换装置的照明配电箱系统图如图 8-16 所示，图中 AL3 为该照明配电箱的编号，线框中表示配电箱内包含的设备及其相互连接关系。

该照明配电箱的受、馈电通道为：从变电所引接两路电源，经双电源自动切换装置和总开关断路器后，馈出 11 路单相供电回路，分别向照明灯具和插座供电，在馈出线单相回路上分别设置了额定电流为 16A 的微型断路器，用来控制馈出回路的通、断与保护。

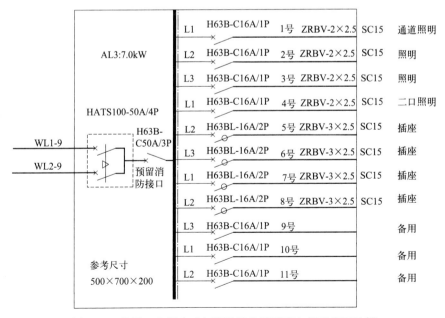

图 8-16　设置双电源自动切换装置的照明配电箱系统图示例

WL1-9、WL2-9 是引入该照明配电箱电缆的编号，其中 WL1、WL2 表示电缆是从变电所两段母线上分别引接电源,该配电箱引入的是三相电源,共有五根线,分别为三根相线、又称火线、一根零线、一根保护线。注意图中双电源切换器采用的是 4 极（4P）而进线断路器采用的是 3 极（3P）。该配电箱共馈出了 11 个单相回路,其中有 3 个回路是留作备用,即供后期工程中增加设备时使用。

在图 8-16 中馈出线回路依次循环标注了 L_1、L_2、L_3、L_1、L_2、L_3……表示引出的 11 个单相回路是依次接在配电箱母线的 L_1、L_2、L_3 三相上,或称 A、B、C 三相。单相负载应尽可能均衡地分配到三相系统中,是供电的一个基本要求。

该照明配电箱引出的照明回路上,采用的是额定电流为 16A、C 型（照明用）、单极断路器（1P）,也就是该断路器只能控制一根火线；而插座回路采用的是具有漏电保护功能的二极断路器（2P）,能够同时控制火线和零线,注意这两种断路器图形符号上的区别。

配电箱系统图上还采用标注的方式,表达了配电箱、设备和线缆的结构参数,其含义与动力平面布线路相同。

8.5.3 照明控制线路

1. 常用照明线路的表示方法

在工程图纸中,照明线路通常用单线图来表示,现介绍 4 种最基本的线路表示法。

1）一只开关控制一组灯

如图 8-17 所示。图 8-17(a) 多线图表明了用一只开关控制一组灯的控制原理和布线要求,即引入的火线（L）应首先接至控制开关,然后再从开关将火线回引至每盏灯具,而引入的零线 N 及保护线 PE(I 类灯具有接地要求时) 则不需要接开关,都是直接引至每盏灯具,工程中布线口诀为：火线进开关,零线（和保护线）跟着灯具走。图 8-17(b) 是工程图纸中的单线图,表明了灯具安装位置和线路的路径。灯具与灯具之间都是两根线（一火、一零）,注意两根线在工程制图中,一般不需要注明根数。

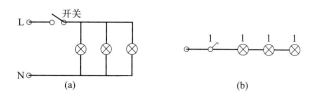

图 8-17　一只开关控制一组灯
(a) 多线图；(b) 单线图

2）两只开关控制两组灯

如图 8-18 所示。图 8-18(a) 多线图表明了用两只开关控制两组灯的控制原理和布线要求,即引入的火线应首先接至控制开关,可以用两只单联单控开关或一只双联单控开关控制,然后再从开关处将两根回线引至每组灯具,而零线（和保护线）仍然是直接引至每盏灯具。图 8-18(b) 是工程图纸中的单线图,表明了开关到灯具为三根火线,一进两回,第一组灯具与灯具之间都是三根线,分别是第一组灯的火线、借道的第二组灯的火线和一根零线；第一组灯具与第二组灯具间及第二组灯具与灯具间都是两根线（一火一零）。

工程中布线口诀仍然为：火线进开关，零线（保护线）跟着灯具走。

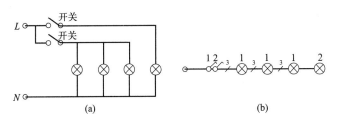

图 8-18　两只开关控制两组灯
(a) 多线图；(b) 单线图

3）一只开关在线路末端控制一组灯

如图 8-19 所示。图 8-19（a）多线图表明了用一只开关在线路末端控制一组灯的控制原理和布线要求，即火线应首先接至控制开关，然后再从开关处将回线引至每盏灯具，而零线（和保护线）是直接引至每盏灯具。图 8-19（b）是工程图纸中的单线图，表明了灯具与灯具之间都是三根线，分别是引至开关的火线、火线经开关后的回线和一根零线。

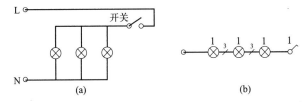

图 8-19　一只开关在线路末端控制一组灯
(a) 多线图；(b) 单线图

4）两只开关分别在首尾控制一组灯（双控）

如图 8-20 所示。图 8-20(a) 多线图表明了用两只开关分别在首尾控制一组灯的控制原理和布线要求。双控开关有三个接线端子，分别为 L、L_1、L_2，两只双控开关是分别安装在不同的位置，引入的火线应首先接至第一只双控开关的进线端子 L 上，然后再从这只双控开关的两个出线端子 L_1 和 L_2 处接两根回线并引至另一只双控开关，对应接入它的两个出线接线端子 L_1 和 L_2 上，最后再从这只双控开关的出线端子 L 上，将回线引接至每盏灯具。

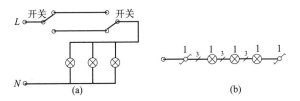

图 8-20　两只开关分别在首尾控制一组灯（双控）
(a) 多线图；(b) 单线图

图 8-20(b) 是工程图纸中的单线图，表明了第一只双控开关到灯具为三根线（一根引入的火线、两根回线），灯具与灯具间都是四根线，它们分别是从第一只开关引至第二

只开关（借道）的两根回线 L_1 和 L_2，从第二只双控开关引接至每盏灯具的一根回线 L 和一根零线，即三火一零；最后一只灯具到第二只双控开关间是三根线，它们分别是从第一只开关到第二只开关的两根回线 L_1 和 L_2 和从第二只双控开关引至灯具的一根回线 L，即二火进、一火回。工程中布线口诀仍然为：火线进开关，而且是火线要接完所有控制该灯具（组）的开关后，才能引至灯具，零线（和保护线）仍然是跟着灯具走。

2. 应急照明控制线路

应急照明灯具的控制要求是，平时无论是否点亮，但工程中发生事故时，应急灯具应能够全部自动点亮，这也称为应急照明灯具事故时的"常亮"控制。依据《消防应急照明和疏散指示系统技术标准》GB 51309—2018，疏散指示照明灯具的主电源和蓄电池电源额定工作电压均不大于 DC36V。这里主要介绍一种人防工程中应急（备用）照明灯具平时作为一般照明使用，在发生事故（正常照明电源停电或火灾）时无论其是处于点亮状态或关闭状态，应急（备用）照明灯具都能全部自动点亮的应急照明供电系统及其控制线路图。

图 8-21～图 8-23 分别是某人防工程中应急照明采用 EPS 集中供电的应急照明供电系统图、应急照明控制箱系统图和应急照明灯具控制线路图。

1) EPS 集中供电的应急照明供电系统

图 8-21 表明，EPS 应急电源功率为 7kW，EPS 引入电源为三相，有两个三相馈出回路 EPS-1 和 EPS-2，分别引至应急照明配电箱 AEL1 和 AEL2。系统的受、馈电通道为：从变电所两段线线上分别通过电缆 P1-12、P2-12 引入两路电源给 EPS 供电，EPS 中设置有双电源自动切换开关 ATS 和储能蓄电池，工程中供电正常时，由两路电源中的工作电源为储能蓄电池充电，同时向应急照明配电箱供电，当两路电源同时停止供电时，系统改由应急电源 EPS 中的储能蓄电池向应急照明配电箱继续供电。

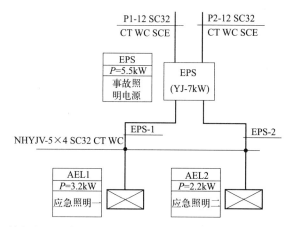

图 8-21 某人防工程中应急照明采用 EPS 集中供电的应急照明供电系统图

2) 应急照明控制箱系统

以图 8-20 中应急照明控制箱 AEL1 为例说明，如图 8-22 所示。应急照明控制箱 AEL1 是通过 EPS-1 电缆引入电源，电源引入箱中后分为两个供电通道（如图 8-22 中的两条母线），一个通道是由 H63B 型断路器控制，这个线路称为正常供电线路，馈出线亦称为正常线,与普通照明配电箱相同。另一通道是由交流接触器 HIMC18 控制,交流接触器旁标有预留消防接口表示该接触器在收到消防报警控制信号(事故)时能动作闭合,这一线路称为应急供电线路,其馈出线也称为应急线,应急线回路中装设了熔断器保护。工程正常供电时,接触器 HIMC18 主触头是断开的,应急线不带电,应急灯具是由正常线供电;当工程中出现事故时(电源停电或需要电源停电),如火灾时,为防止事故扩大,供电电源需停止供电,非应急照明灯具全部熄灭。但由于 EPS 中有储能电池,仍继续保持供电状态,也就是说,此时工程中只有应急照明系统仍然是保持供电的,且由于应急照明配电箱中的交流接触器 HIMC18 收到消防信号的触发而动作闭合,这时应急线和正常线将会全部通电。

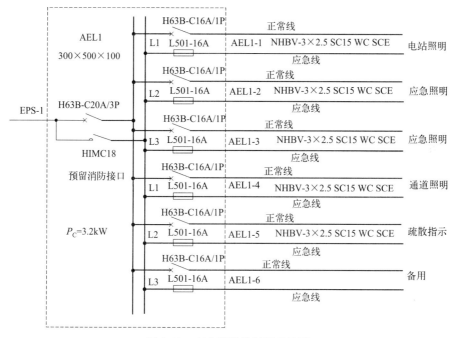

图 8-22 应急照明控制箱系统图

3)应急照明灯具控制路线

如图 8-23 所示。应急照明灯具控制开关采用的是双控开关,接线要求是从正常供电线和应急供电线分别引接火线接至双控开关的端子 L_1 和 L_2,然后再从双控开关的接线端子 L 引出接至灯具。由于双控开关只有两个通或断位置(L-L_1 或 L-L_2),例如,应急灯具 1 的双控开关若事故前是置于应急线接通的位置,由于事故前接触器 HIMC18 是断开的,应急线不带电,也就是应急灯 1 是不亮的(关闭状态),但在工程中发生事故时,接触器受到消防信号的触发后自动闭合,应急线也接通 EPS 电源,从而无需人去动作,灯具 1 则会立即、自动点亮;又如应急灯具 2 的双控开关,若事故前是置于正常线接通的位置,灯是亮的,在兼作正常照明使用;在工程中发生事故时,由于 EPS 电源(储能电池)作用,应急照明系统是维持供电的,也就是说正常线仍然是保持带电的,灯具 2 将保持点亮状态。如此,实现了无论应急灯具是否点亮,在发生事故时,工程中应急灯具会全部、自动点亮,为人员安全疏散提供照明。图 8-23 中还示意了交流接触器受消防信号联动控制的原理接线。

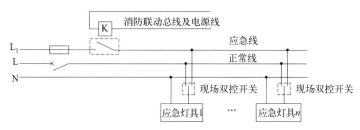

图 8-23　应急照明灯具控制线路图

8.5.4　电气照明平面布线图

电气照明平面布线图是在建筑平面图上，应用国家标准规定的有关图形和文字符号，按照照明设备（照明配电箱、灯具、开关和插座等）的安装位置及照明线路的敷设方式、部位和路径以单线图的形式绘出的电气平面布线图。它是建筑工程电气施工图的重要组成部分，是照明工程施工的基本依据。

1. 常用照明设备图形符号

电气照明平面布线图常用的照明设备图形符号如表 8-15 所示。

常用的照明设备图形符号　　表 8-15

符号及说明		图例	符号及说明		图例
照明、动力配电箱		■　▭	荧光灯	单管	⊢⊣
事故照明配电箱		⊠		双管	⊨
单相插座	明、暗装	⌒ ◓		三管	⊫
	密闭（防水）	⌒		防爆型	⊢◀
	防爆	◓	广照型灯		⊘
带接地插孔单相插座	明、暗装	⌒ ◓	壁灯		●
	密闭（防水）	⌒	防水防尘灯		⊗
	防爆	◓	单极明、暗装开关		✓ ●
带接地插孔的三相插座	明、暗装	▽ ▼	双控明、暗装开关		✗ ●
	密闭（防水）	▽	风扇		—∞
	防爆	▽	闸阀		⋈

2. 照明设备设计与安装要求

1) 为了便于检修，每回路供电干线上连接的照明配电箱一般不超过 3 个。在多层建筑物内（如办公楼、实验室等）一般采用树干式配电，总配电箱装在底层，以干线向各层照明配电箱供电。各层的照明配电箱装于楼梯间或其附近，每回路干线上连接的照明配电箱一般不超过 3 个。走道及楼梯等公共场所的照明器单独设一条支路。

2) 人防工程通道照明可由配电箱直接控制，应选用各回路带开关的配电箱，一般选用单极开关，实行逐相控制。当照明由局部开关控制时，可选用各回路仅带熔断器的配电箱。照明配电箱有悬挂式和嵌入式，其外形尺寸及技术数据见产品样本。

3) 室内照明支线每一单相回路一般采用不大于16A的熔断器或自动开关保护，连接高强度气体放电灯的单相分支回路的电流不宜大于25A。每一单相回路所接光源数或LED灯具数一般不超过25个，插座数10个。

4) 道路照明除各回路有保护外，每个照明器加单独的熔断器保护。

5) 安装高度一般推荐采用以下数值：

(1) 配电箱中心距地1.5m。若控制照明不是在配电箱内进行，则配电箱的安装高度可以提高到2m或以上。配电箱采用非延燃材料制品。配电箱的金属构架、金属盘面及电器的金属外壳均应良好接地。箱内应备有接线端子。配电箱体应留有裕度。

(2) 照明开关底距地1.3~1.4m。

(3) 插座：一般用电插座采用250V、10A，厂房内底距地1m；办公室及生活设施场所底距地0.3m；厨卫处底距地1.4m；挂式空调16A插座高度在1.8~2.0m之间。10A插座可采用两孔加三孔型，16A插座为三孔型。大型电热及电力用设备的用电插座均应设专用开关控制与保护。

电源插座采用单独支路配电，并装设剩余电流保护器，以便于电源控制。

6) 线路敷设

照明线路敷设方式应按环境条件和安装维护方便来决定。

线路敷设时应尽可能采用暗配线。推荐支路线穿半硬塑料管，干线穿钢管暗敷设。管径按所穿导线截面大一级选取。至消防电器设备的配电线路应穿金属管，暗敷时应敷在非燃烧体结构内，其保护层厚度不小于3cm；明敷时必须在金属管上采取防火保护措施。采用绝缘和护套为非燃性材料的电缆时，可不采取穿金属管保护，但应敷在电缆沟内。

3. 照明平面布置图示例

图8-24是某人防护工程办公区（一角）的照明平面布置图。绘制或识读照明平面布置图，应将工程配电系统图、照明配电箱系统图等结合起来。

1) 照明配电箱布置

图8-24中有正常照明配电箱AL1、AL3两台，应急照明配电箱有AEL1一台。灯具的电源都是从照明配电箱来的，该区正常照明灯具是由AL3照明配电箱供电，图中AL3-1，…，AL3-8是表示正常照明配电箱AL3的馈出线回路编号；同样，该区应急照明灯具是由AEL1应急照明配电箱供电，AEL1-1，…，AEL1-3是表示应急照明配电箱AEL1的馈出线回路编号。

2) 线路、灯具、开关布置

照明系统中，应急照明线路与正常照明线路要求分开布线和控制，图8-24中，应急照明灯具上都带有Y符号，表示应急，正常照明灯具上没有，连接正常照明灯具的控制线路是实线，连接应急照明灯具的线路是弧线，连接疏散指示灯具的线路是虚线，连接插座的线路也是虚线，符合正常照明与应急照明分开供电，灯具与插座是由不同回路供电的要求。此外还应注意：设有应急灯的房间，门边的控制开关有两种，有一种是双控开关，这是由于应急灯具要求用双控开关控制，这样才能保证平时既可作为正常照明使用，正常照明停电后又能自动点亮。

3) 照明回路中灯具和插座配置

图8-24中，正常照明配电箱AL3的第2号出线AL3-2是供该区域左侧7个房间正常

照明灯具用电，共有 14 盏正常照明灯。

左上角房间 6 只单管荧光灯由一个三开，也称三极单控开关控制，每极控制两盏灯。

正常照明配电箱 AL3 的第 5 号出线 AL3-5 是供右上角房间插座用电，共计按入了 12 只三孔加两孔的暗装单相插座。

该区域房间的应急照明灯具是由应急照明配电箱 AEL1 的第 3 号馈出回路 AEL1-3 供电；通道应急照明灯是由 AEL1-4 回路供电，通道疏散指示灯是由 AEL1-5 回路供电，等等。

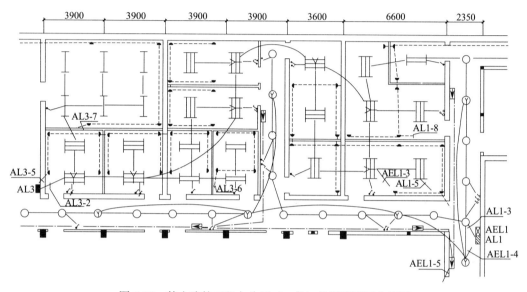

图 8-24　某人防护工程办公区（一角）的照明平面布置图

工程中都是在线布（配）置完后才能进行照明设备的安装接线。在图 8-24 中灯具与灯具之间、灯具与控制开关之间未标注出导线的根数，读者可据此图仔细想一想工程中该如何布（配）线？

在工程设计中，对照明设备较多的人防工程，如医疗救护工程等，可分开绘制照明和插座的平面布置图。按照工程标准要求，在照明平面布线图上还应对配电设备和配电线路，对所有灯具的位置、数量、型号、安装高度、安装方式以及单个灯具的光源容量与数量等进行标注。配电设备和配电线路的标注方式与动力电气平面布线图相同，对照明灯具的标注格式这里就不一一赘述，有兴趣者可查阅相关标准和图集。

思考与练习题

8-1　什么是光强、照度和亮度？其单位是什么？什么是配光曲线？

8-2　什么是色温？它对照明效果有什么影响？

8-3　照明种类有哪些？什么是工作照明、应急照明？

8-4　照明设计中对照明质量有什么要求？

8-5　什么是热辐射光源、气体放电光源？它包括哪些常用电光源？

8-6　LED光源有什么特点？

8-7　照明器、光源、灯具之间是什么关系？各有什么作用？

8-8　如何选择照明器？

8-9　照明器有几种布置方式？分别应用在什么场所？

8-10　什么是室空间比？

8-11　如何划分室空间高度、顶棚空间高度、地板空间高度？

8-12　如何采用单位容量法设计照明？

8-13　如何选择照明供电系统电压？

8-14　人防工程如何保障照明供电？

8-15　照明配电箱配电回路有什么要求？

8-16　某工程分区面积为10m×30m，顶棚离地高度5m，工作面离地0.75m。拟采用GC1-A-1型配照灯（装220V、150W白炽灯）作为分区的照明，灯从顶棚吊下0.5m。房间反射系数：$\rho_C=50\%$，$\rho_W=30\%$，$\rho_E=20\%$，补偿系数可取1.4。使用利用系数法确定灯数，并进行布置。

8-17　某工程一办公室面积为$4.5×6.5=29.25m^2$，房间高3m，照度要求150lx，如选用单根容量为40W的双管日光灯（表8-16），吸顶安装，试确定灯的个数及合理的布置方式，画布置图。

30W、40W日光灯照明的单位安装容量　　　　表8-16

室空间高度(m)	房间面积(m²)	照度(lx)			
		60	80	120	150
		单位安装容量(W/m²)			
2～3	10～15	7.9	10.6	15.9	21.2
	15～25	6.9	9.2	13.8	18.4
	25～50	6.1	8.1	12.1	16.2
3～4	10～15	11.7	15.6	23.4	31.2
	15～20	9.4	12.6	18.9	25.2
	20～30	7.9	10.6	15.9	21.2
	30～50	6.9	9.2	13.8	18.4
	50～120	5.9	7.9	11.9	15.8

第 9 章

雷电与过电压防护

供配电系统的过电压是指在电气设备或线路上出现了超过正常工作电压范围的高电压值，它不仅指工频电压，还包括其他频率或波形的电压。供配电系统的过电流与过电压是一对对偶的故障或不正常运行状态。在前面章节主要介绍了过电流的危害、特征及其保护方法，本章主要针对供配电系统过电压的危害和防护问题进行讨论。

9.1 雷电与过电压防护的基本知识

9.1.1 雷电及其特性参数

1. 雷击的形成与危害

雷电或称闪电是雷云与雷云之间、雷云云体内各部位之间、雷云与大地之间发生的强烈的自然放电现象。大气中带电荷的云团称为雷云，雷云是产生雷电的前提条件。关于雷云的形成有多种理论解释，但至今尚未获得一致认可，仍处在探索之中。雷电可造成人畜伤害、建筑物损毁、电气设备绝缘的破坏、影响供配电系统的安全运行等危害，目前人类虽然还不能有效控制其发生，但通过长期的探索研究，对雷电现象及其特性，发生和发展的规律已经取得了一定的成果，并在此基础上形成了雷电防护的理论和措施。

雷云以带负电荷居多，且雷云中的电荷并不是均匀分布，而是有许多个电荷中心，因而在雷云云体内的各部位之间、雷云与雷云之间、雷云对地之间的各处电场强度是不相同的，随着雷云中某一区域的电荷逐渐集聚，这一区域的电势就会逐步上升，当它的电场强度达到足以使其周围空气绝缘破坏程度时，该处的空气间隙就会被击穿，开始了雷云放电，也就是产生了雷电。

工程标准中将雷云对地面或地面附着物的放电称为闪击，将闪击过程中的每一次放电称为一次雷击。图 9-1 为雷云对建筑物放电时雷击形成的示意图。雷击形成前期，由于雷云中各处的电场强度不同，电势较高的部位会将附近的空气首先击穿，形成放电的先导，如图 9-1(a) 中所示的"向下先导"，也称为"下行先导"。当向下先导发展到一定距离时，因先导中电荷密度下降、场强降低可能会暂时停歇，待雷云中电荷不断地补充进来后，先导又会继续向下发展，也就是"先导"是阶跃式向下发展的。

与此同时，当带负电荷的雷云接近建筑物时，会在建筑物上感应出正电荷。建筑物上

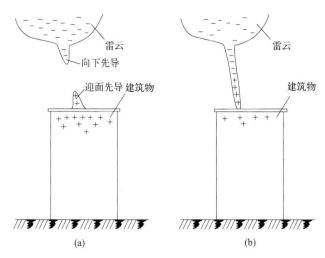

图 9-1 雷击形成的示意图

的正电荷也会发展出向上的先导，又称为"迎面先导"。当向下先导和迎面先导之间的距离为"击距"（间隙的电场强度达 $25\sim30\mathrm{kV/cm}$）时，先导之间的空气间隙绝缘就可被击穿，雷云电荷就会通过电离的放电通道开始向建筑物泄放，雷云的开始放电阶段也称为雷电的主放电，如图 9-1(b) 所示。主放电持续时间约为数十至数百微秒，雷电电流可达数百千安培，并伴有强烈的闪光和巨大声响。主放电阶段之后，雷云中的残余电荷经过主放电通道继续向建筑物泄放，称为余辉放电或余光放电。余辉放电一般电流较小，约为数百安培，但持续时间较长，可长达数百毫秒。

由于雷云中通常会有多个电荷中心，当第一个电荷中心放电后，可能会激发并引起多个电荷中心通过第一个通道放电，因此闪击往往会呈现多重性，并且一个闪击过程通常包含若干次雷击，平均约有三至四次重复雷击，最多可达数十次。在工程标准中还将始于雷云向下先导的放电称为向下闪击，将始于建筑物向上先导的放电过程称为向上闪击，将雷云放电按先后次序分为首次雷击和后续雷击，并按雷云放电的持续时间将雷击又分为短时雷击和长时雷击等。

雷击的效应和危害主要有以下 3 个方面：

（1）热效应。雷击的热效应包括幅值巨大的雷电流流经导体电阻时所迅速产生的焦耳热和放电间隙击穿所形成的强大电弧附着点热损，其量值巨大，极易产生燃烧和爆炸，或熔化金属导体材料等事故。

（2）机械力效应。雷击的机械力效应包括雷电流通过建筑物时，由于被击物体内部水分急剧汽化膨胀在材料中产生的破坏性应力、由于雷电流高温使周围空气急剧膨胀在空气产生的冲击波、由于极高的雷电流峰值通过导体时在平行导体间或环状导体之间产生的冲击性电动力、在被击物体上同性电荷之间产生的静电斥力等，极易导致物体的损坏并引发次生事故。

（3）电磁效应。量值巨大且变化迅速的雷电流在周围空间产生急剧变化的电磁场，处于这个变化磁场中的导体可能会在闭合的金属回路中产生很大的感应电流，或者在非闭合金属回路的开口处产生很高的电动势，会造成闭合金属回路熔化，非闭合金属回路的高电位或回路开口的击穿放电，从而造成损坏设备、人员触电伤亡，甚至引发火灾、爆炸等事故。

2. 雷电的特性参数

1) 雷电的气象参数

（1）雷暴日。雷暴日是指一年中有雷电放电的天数，一天内只要听到过一次以上的雷声，就算一个雷暴日。

（2）年平均雷暴日。由气象台、站统计的多年雷暴日的平均值，称为年平均雷暴日数，简称年平均雷暴日。

我国工程标准规定地区雷暴日应以国家公布的当地年平均雷暴日为准，并依据地区的年平均雷暴日将地区雷暴日等级划分为少雷区、中雷区、多雷区和强雷区四个等级。其中年平均雷暴日 25d 及以下的地区称为少雷区，大于 25d、不超过 40d 的地区称为中雷区，大于 40d 不超过 90d 的地区称为中雷区，超过 90d 的地区称为强雷区。在工程防雷设计中要根据地区雷暴日的等级因地制宜地采取防雷措施。

2) 雷电流

雷电流是指流经雷击点的电流。所谓雷击点是指闪击击在地面或地面附着物（突出物）上的那一点，一次闪击可能有多个雷击点。实测到的雷电流波形是各式各样的，但波形都具有脉冲形态的共同特征，工程标准中一般用双指数波来模拟实际的雷电流波形，如图 9-2 所示。雷电流波形的主要特征参量含义如下。

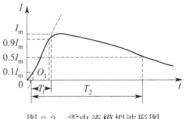

图 9-2 雷电流模拟波形图

（1）雷电流的幅值 I_m。它是雷电流的瞬时最大值（kA），与雷云中的电荷量及雷电放电通道的阻抗有关。

（2）波头时间 T_1。雷电流在幅值以前的一段波形称为波头。波头时间理论上是指雷电流从零开始升至幅值的时间，但为便于测量和计算，工程标准中定义的波头时间是指以连接 $10\%I_m$ 与 $90\%I_m$ 的直线与时间轴（横轴）的交点为起点，与幅值水平线的交点为终点之间的间隔时长，如图 9-2 中所示。波头时间也常称作波前时间。

（3）波尾时间 T_2。雷电流从幅值起到衰减到 $I_m/2$ 的一段波形称为波尾。波尾时间是指以 T_1 的起点为起点，以雷电流下降到幅值的一半为终点之间的间隔时长，如图 9-2 中所示。波尾时间也常称作半峰时间。

（4）雷电流的陡度 α。雷电流的陡度是指雷电流波头部分增长的速率，即 $\alpha = dI/dT$。雷电流陡度很大，可达 $50kA/\mu s$ 以上。对电气设备的绝缘来说，雷电流的陡度越大，产生的过电压就会越高，对绝缘的破坏性也越严重。工程中一般是计算其平均值。

应特别注意的是工程标准中所规定的雷电波形式，通常用 T_1/T_2 波形来表达，其含义是指雷电流波头时间与波尾时间的组合，这时符号"/"并非是除法运算的含义。例如常用的雷电流试验波形 $8/20\mu s$，表示波头时间 T_1 为 $8\mu s$，波尾（半峰值）时间 T_2 为 $20\mu s$ 的冲击电流。

9.1.2 过电压的分类

过电压是指在电气设备或线路上出现了超过正常工作电压范围的高电压值，而电压是电路中电场能量的表征参数。在电力系统中一般是根据产生过电压的能量来源，将过电压分为内部过电压和外部过电压两大类。

1. 内部过电压

内部过电压是由于电力系统中的开关操作、出现故障或其他原因，使电力系统的工作状态突然改变，从而在其过渡过程中出现因电磁能在系统内部发生振荡而引起的过电压。

在工程标准中又将内部过电压分为操作过电压、谐振过电压和工频过电压等形式。操作过电压是指由于系统中的开关操作、负荷骤变、故障等原因出现断续性电弧而引起的过电压。谐振过电压是指由于系统中的电路参数（R、L、C）在不利组合时发生谐振而引起的过电压，包括电力变压器铁芯饱和而引起的铁磁谐振过电压等。工频过电压是指系统中由于线路空载、不对称接地故障和甩负荷等原因引起的频率等于工频（50Hz）或接近于工频的过电压。

内部过电压的能量来源于电网本身，过电压幅值与系统标称电压密切相关。运行经验证明，内部过电压一般不会超过系统正常运行时相对地（单相）额定电压的3～4倍，由于高压和超高压系统绝缘裕度较小，因此，内部过电压对高压和超高压系统绝缘危害最为严重，必须采取技术措施进行防护，而中、低压系统由于绝缘裕度较大，内部过电压对电气设备或线路绝缘危害则相对较轻，但从用电安全的角度看，中、低压系统的内部过电压也可能会导致电击、电气火灾、损坏用电设备等严重后果，因此也必须予以高度重视。

2. 外部过电压

外部过电压是指由于电力系统内的设备或构筑物遭受来自大气中的雷击或雷电感应而引起的过电压。由此，外部过电压也常称作雷电过电压或大气过电压。工程标准中又依据雷电作用于电力系统引起过电压的途径与方式的不同，将雷电过电压分为直接雷击过电压、感应雷过电压、侵入雷电波过电压和雷击电磁脉冲等几种形式。

（1）直接雷击过电压是指雷云对电气设备、线路或构筑物直接放电而产生的过电压。直接雷击简称为直击雷，如前所述，直击雷放电时能量巨大，放电电流可高达数百千安培，并伴有强烈的闪光和巨大的声响，但持续时间很短，约为数十微秒，具有脉冲特性，巨大的雷电流会产生极大的热效应和机械效应，相伴的还有电磁效应和闪络放电。

（2）感应雷过电压也称为感应过电压，是指雷云或雷电磁场对附近设备、线路或其他物体的静电感应或电磁感应所引起的过电压。

雷电感应有静电感应和电磁感应两种形式。图9-3表示架空线路上产生静电感应过电压的情形。当雷云出现在架空线路上方时，线路上由于静电感应而积聚大量异性的束缚电荷，如图9-3(a)所示。当雷云飘移后或在雷云的电荷向其他地方放电后，线路上的束缚电荷被释放形成自由电荷，向线路两端行进，则会形成很高的过电压波（行波），如图9-3(b)所示。其电压在高压线路上可高达几十万伏，在低压线路上也可达几万伏。

电磁感应是指雷击建筑物附近大地或建（构）筑物时，雷电所产生的空间电磁场可能会耦合到建筑物内，在建筑物内的导体或电气电子系统中产生感应电动势，引起过电压，进而可能产生击穿放电，形成感应电流。

在一些文献中也将感应雷称为感应雷击，将感应雷的两种作用形式分别称为静电感应雷击和电磁感应雷击。

（3）侵入雷电波过电压是指由直击雷或感应雷产生的过电压波（行波）沿着线路或金

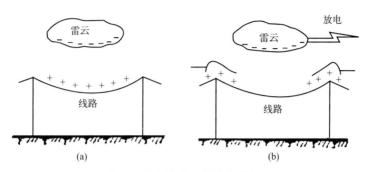

图 9-3 架空线路上的感应过电压

属管道等侵入变配电所或建筑物所引起的过电压,工程标准中也称之为雷电波侵入或高电位侵入。统计表明,这种雷电波侵入而造成的雷害事故,在整个电力系统雷害事故中占比高达 50%～70%,对其防护问题应予高度重视。

(4) 雷击电磁脉冲 (LEMP) 是指作为干扰源的闪电电流和闪电电磁场,也就是雷电流所引起的电磁效应。雷击电磁脉冲是一种干扰源,它既可以以过电压的形式出现,也可以以过电流或电磁辐射的形式出现,因此,雷击电磁脉冲并不完全是过电压的问题,而是一种能量冲击。雷击电磁脉冲对供配电系统中电气设备的绝缘威胁不大,但对电子信息系统设备的正常工作会产生严重影响,近些年来随着电子信息系统的广泛应用,雷击电磁脉冲防护问题已受到了普遍重视。此外,工程标准中电力系统的过电压还可按持续时间的长短进行分类,又将过电压分为瞬态过电压和暂时过电压两大类。雷电过电压和大多数操作过电压属于瞬态过电压,而谐振过电压和工频过电压一般是属于暂时过电压。

9.1.3 过电压量值的表示方法

1. 外部过电压

外部过电压一般直接用电压值表示其大小,通常还应注明电压的波形。例如,某 $1.2/50\mu s$ 雷电过电压,幅值为 375kV。其中, $1.2/50\mu s$ 电压波形是表示电压波的波头时间 T_1 为 $1.2\mu s$,波尾时间 T_2 为 $50\mu s$,其波形如图 9-4 所示。在工程标准中, $1.2/50\mu s$ 电压波形是电气设备雷电冲击试验的标准电压波形。工程上一般将电压波形范围为 $0.1\mu s < T_1 < 20\mu s$、$T_2 < 300\mu s$ 的电压波称为快前波。

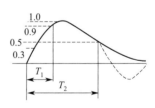

图 9-4 雷电过电压波形

2. 内部过电压

工程标准中内部过电压一般用过电压的倍数来表示,其基准值写为"$p.u$",并分以下两种情况。

(1) 相对地工频过电压。基准值为系统最高相电压的有效值,即:

$$1.0 p.u = \frac{U_m}{\sqrt{3}} \qquad (9-1)$$

式中 U_m——系统的最高电压(线电压)有效值,是指正常运行条件下,系统中可能出现的最大电压值,但不包括瞬变电压;U_m 的量值可查阅《标准电压》GB/T 156—2017,

它与设备最高电压 $U_{\max.E}$ 相对应。

（2）相对地操作与谐振过电压。基准值为系统最高相电压的幅值，即：

$$1.0 p.u = \frac{\sqrt{2}U_m}{\sqrt{3}} \tag{9-2}$$

运行经验表明，供配电系统中由于线路空载、接地故障和甩负荷等原因引起的工频过电压，3～10kV 系统一般不超过 $1.1\sqrt{3}p.u$，35kV 系统一般不超过 $\sqrt{3}p.u$；由单一电源侧用断路器或熔断器操作中性点不接地的变压器，因操动机构故障出现非全相或熔断器非全相熔断时，变压器的励磁电感与对地电容易产生铁磁谐振，能产生 2.0～3.0 p.u 的谐振过电压。由此，在工程中对 35kV 及以下供配电系统一般不需要采取专门措施限制工频过电压，而对由单一电源侧用断路器或熔断器操作中性点不接地变压器的系统，则要求采取措施避免出现谐振过电压的条件，或采用保护装置限制其幅值和持续时间。

9.1.4 电气设备的耐压

电气设备的耐压是指设备的绝缘对正常工频电压和故障过电压的承受能力。研究表明电气设备绝缘的耐压是一个非常复杂的问题，它不仅取决于绝缘材料和绝缘结构本身的属性，还取决于外加电压的形式、量值、作用时间和作用次数等因素。例如，同一个绝缘结构，在直流电压和交流电压作用下，其耐压值并不相同；即使同样是交流电压，在不同频率的交流电压作用下其耐压值也不相同。由此，电气设备绝缘的耐压参数一般应与作用于其上的电压（作用电压）形式一同给出，这些参数是由专门的试验测定的。工程界根据系统在运行中可能承受的作用电压形式，规定了一些标准化的绝缘耐受试验，如持续（工频）试验、短时工频试验、操作冲击试验、雷电冲击试验等。

工程中应用较多的电气设备绝缘耐压参数有电气设备的最高工作电压、1min 短时工频耐受电压和 1.2/50μs 冲击耐受电压，它们是分别由持续工频电压试验、短时工频耐压试验和雷电冲击耐压试验测定，用于考察电气设备在长期工作电压、暂时过电压和雷电冲击过电压作用下绝缘的耐受能力。中压系统电气设备工程标准中要求的耐受电压如表 9-1 所示。

中压系统电气设备选用时要求的耐受电压　　　　表 9-1

系统标称电压(kV)	设备最高电压(kV)	设备类别	雷电冲击耐受电压(kV)(1.2/50μs 波形)				短时(1min)工频耐受电压(kV)(有效值)			
			相对地	相间	断口		相对地	相间	断口	
					断路器	隔离开关			断路器	隔离开关
6	7.2	变压器	60(40)	60(40)	—	—	25(20)	25(20)	—	—
		开关	60(40)	60(40)	60	70	30(20)	30(20)	30	34
10	12	变压器	75(60)	75(60)	—	—	35(28)	35(28)	—	—
		开关	75(60)	75(60)	75(60)	85(70)	42(28)	42(28)	42(28)	49(35)

注：括号外数据对应非低电阻接地系统；括号内数据对应低电阻接地系统。

电力系统的过电压与设备耐压是一对矛盾的两个方面，如果将系统中产生的过电压看成是对电气设备施加的破坏强度，那么电气设备的耐压水平就是电气设备的承受能力，电气设备是否因过电压而损坏取决于这两者的相对强弱。规定电气设备的最高电压,提高其绝缘裕度是电力系统内部过电压防护的基本措施,体现了工程技术人员的工程智慧。由于中压系统电气设备的最高电压大致是系统标称电压的1.2倍,因此,工程上对开关类设备常常将其最高电压称为额定电压。

9.1.5 过电压防护的基本方法

外部过电压的能量来自雷电,雷电能量值虽然很大,但是瞬间就可释放完毕,而内部过电压能量可以由系统(电源)不断地补充,持续时间会较长,但其量值一般不是很大,由此,电力系统内部过电压与外部过电压在防护方式上有很大的区别。

供配电系统内部过电压防护的基本措施是通过规定电气设备的最高电压,提高其绝缘裕度来实现;而雷电过电压的防护主要是从两个方面入手:一是尽可能地减少雷电过电压发生的可能;二是一旦产生了雷电过电压时,采取措施来限制过电压的幅值和陡度,从而尽量避免或减小过电压的危害程度。

供配电系统雷电过电压防护的主要措施主要有:

(1)直接雷击的防护。采用直击雷防护装置(防雷装置)来保护供配电设施设备或建筑物免遭直接雷击。这类措施的目的是尽可能地避免直接雷击过电压。

(2)雷电过电压的防护。采用避雷器、并联电容器、防感应雷接地装置等技术措施来限制和降低由于直击雷过电压和感应雷过电压造成的侵入雷电波过电压的幅值与陡度。这类措施的目的是避免过电压对被保护电气设备的危害或减轻其危害程度。

(3)雷击电磁脉冲的防护。采用屏蔽、接地和等电位联结、设置电涌保护器等措施来限制雷击电磁脉冲的幅值或泄放其能量。

9.2 建(构)筑物的雷电防护

建(构)筑物防雷与供配电系统过电压防护密切相关,建(构)筑物防雷在工程上一般是归属于供配电系统讨论的范畴。在工程界,建筑物防雷按保护对象的不同可约定俗成地划分为传统的建筑物防雷和建筑物中电气电子系统的防雷两个类别。

9.2.1 建(构)筑物防雷工程体系

1. 建(构)筑物防雷工程体系

建(构)筑防雷不只是某一项或若干项技术的独立运用,而是采用一系列技术措施的相互配合与协作,由此形成的有机整体称为防雷工程体系。传统的建(构)筑物防雷工程体系按实施部位可分为外部防雷和内部防雷两个部分。

(1)外部防雷。由接闪器、引下线和接地装置等组成,主要是用于直击雷的防护。

(2)内部防雷。由防雷等电位连接、防感应雷接地装置及与外部防雷装置的间隔距离(也称为防雷电反击或防反击,详见9.2.4)等组成,主要用于防雷电感应和防沿电源线、通信线和各种管道线侵入雷电波。其中防雷电反击部分在一些文献和工程标准中被划分为外部防雷。据此,传统的建(构)筑物工程防雷体系可归纳如图9-5所示。

在这个体系中，建（构）筑内部防雷系统主要是防雷电感应和雷电波沿管线的侵入，其防护目的是避免在建（构）筑物内引起电气火花和电位差。

建（构）筑物防雷工程体系在最近二十余年的发展和变化主要是体现在内部防雷系统上。主要工程背景是随着建（构）筑物内电子信息设备的广泛应用，雷电损坏电子信息设备的情况大量

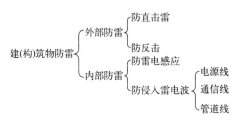

图 9-5 传统的建（构）筑物工程防雷体系

出现，表明传统的建（构）防雷工程体系已经不能满足社会生产、生活快速发展的需要。近年来，在涉及建（构）筑物内电气电子信息系统防雷问题时，工程标准已将防雷电感应的辐射耦合和侵入雷电波的传导耦合纳入内部防雷系统的防护范畴，并将之统称为雷击电磁脉冲；防护的主要目标是避免电气电子设备的损坏，防护体系的名称在相关工程标准中也称为雷击电磁脉冲防护。

我国《建筑物电子信息系统防雷技术规范》GB 50343—2012 中，定义雷电电磁脉冲防护系统为建（构）筑物用于防御雷电电磁脉冲的措施构成的整个系统；将建（构）筑物外部和内部雷电防护系统总称为综合防雷系统；并定义外部防雷由接闪器、引下线和接地装置等组成，用于直击雷的防护；内部防雷是由等电位连接、共用接地装置、屏蔽、合理布线、浪涌保护器等组成，用于减小和防止雷电流在所需防护空间内所产生的电磁效应。

如何理解传统建筑物防雷与雷击电磁脉冲防护的关系？概括地说可理解为当保护对象为建筑物时，就是传统的建筑物防雷，防护的目的是避免在建（构）筑物内引起电气火花和电位差；当保护对象是建筑物内电气电子系统时，就是所谓的雷击电磁脉冲防护，防护目标是避免电气电子设备的损坏。电气电子系统的雷击电磁脉冲防护分为两个环节实施：第一个环节是在建筑物上实施，称为建筑物上的雷击电磁脉冲防护措施，主要包括等电位连接、屏蔽、接地等，目的是衰减进入室内空间的雷电能量；第二个环节是在电气电子系统内部实施，主要是设置电涌保护器，称为电涌保护，目的是泄放耦合进入电气电子系统的雷电能量。

需要特别注意的是：①外部防雷是建（构）筑物防雷体系中的第一道防线，是内部防雷的基础；②电气电子系统的雷击电磁脉冲防护措施与传统的建（构）筑物内部防雷措施有很多的重叠，当防雷措施在同一建筑物上实施时，重叠部分只要实施一次就能满足要求。

2. 建（构）筑物的防雷分类

由于对于不同的建筑物来说，有雷击危险性的程度不同；而且对于建筑物内的设备、设施，也有耐受雷电过电压能力上的差别。因此，在工程上需要对建（构）筑物防雷的等级进行分类，以便于按类别进行不同程度的防雷设防。根据《建筑物防雷设计规范》GB 50057—2010 规定，建（构）筑物按防雷类别分为三类，一类防雷建筑对防雷的要求最高，二类次之，三类最低。各类建筑物防雷类别的具体划分方法在该标准均有明确规定，这里就不再赘述。需要特别说明的是民用建筑物一般应划分为第二类和第三类防雷建筑物，属于第一类防雷建筑物的多是易燃、易爆危险场所。

9.2.2 建（构）筑物外部防雷装置

建（构）筑物外部防雷装置主要防直接雷击，包括建（构）筑物顶击和侧击的情况，也包括由直击雷防护装置引起的雷电"反击"的防护（详见 9.2.4 节）。

对直击雷防护的基本思路是让雷电在人为设置的直击雷防护装置上放电，并沿防护装置泻入大地，以免被保护的设备或建筑物受到损坏。直击雷防护装置由接闪器、引下线和接地装置三个主要部分构成。

1. 接闪器

接闪器有避雷针、避雷线、避雷网、避雷带等几种形式，其作用都是利用其高出被保护物的突出地位，将雷电放电通道引向自身，然后通过引下线和接地装置将雷电流泄入大地，使被保护物免受雷击。因此，接闪器实质上就是"引雷器"。接闪器一般由镀锌圆钢、钢管或扁钢等制作，也可利用金属屋面等作自然接闪器，但须满足一定的条件。

2. 引下线

引下线是连接接闪器与接地装置的金属导体，其作用是构建雷电流向大地泄放的通道。引下线一般由镀锌圆钢或扁钢制作，应满足机械强度、热稳定及耐腐蚀等要求。对于钢筋混凝土结构的建筑，可利用结构钢筋作引下线。在电磁兼容要求高的建筑物中，还可采用同轴屏蔽电缆作为引下线。

3. 接地装置

接地装置是接地体与接地线的统称，可使雷电流更有效地向大地中泄放，并降低或消除向大地泄放雷电能量过程中出现的其他危害。

图 9-6 为一个建筑物外部防雷系统示例。该建筑物采用了接闪带作为接闪器，用镀锌圆钢或扁钢作为引下线，利用建筑物基础中的钢筋网（自然接地体）作为接地装置，为了便于测试接地引线的导通性和接地装置的接地电阻，在引下线上要求设有断接卡，如图 9-6 中所示。

图 9-7 为与建筑物分离的独立直击雷防护装置（独立防雷装置），其具有独立的接闪器（避雷针）。

直击雷防护装置的防护原理是：在雷电先导的初始阶段，因先导离地面较高，故先导发展的方向不受地面物体的影响，但当其向下发展到某一高度时，地面上的接闪器将会影响先导的发展方向，使先导向接闪器定向发展，这是由于接闪器比被保护建筑或设施高并具有良好的接地，在其上因静电感应而积聚了与先导相反极性的电荷使其附近的电场强度显著增强的缘故，此时先导放电即开始被接闪器所引导，将放电途径引向接闪器本身，从而能达到保护被保护物的目的。

9.2.3 接闪器保护范围计算

确定接闪器的保护范围，是防雷设计中的一项重要工作。接闪器的保护范围是一个三维空间，工程中确定接闪器保护范围的设计计算方法有折线法、保护角法、滚球法和网格尺寸法等。前两种方法主要用于输电线路避雷线的保护范围计算，而建筑物的雷电防护主要是采用后两种计算方法。

1. 滚球法

滚球法是以雷电闪击距离理论为基础确定接闪器保护范围的一种方法。研究表明，当雷击先导达到接闪器的放电距离之前，其闪击点是有一定的选择范围（或规律）的。这是由于当被保护建筑附近有雷云并产生向下先导时，被保护建筑上的接闪器同时会形成若干的上行先导，因而最终总是在最容易击穿的路径上首先达到放电距离，从而形成主放电（闪击）。据此，接闪器（避雷针、避雷网、避雷带）应尽可能设置在被保护物上闪击概率较高的各个部位。滚球法不仅可用于计算接闪器的保护范围，而且可用于计算较高建（构）筑物对邻近较低建筑物的保护范围。

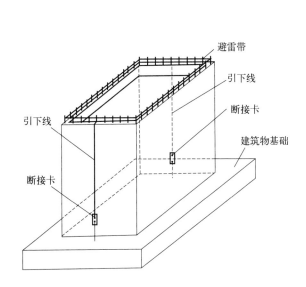

图 9-6　建筑物外部防雷系统示例　　　　图 9-7　独立直击雷防护装置

（1）滚球法计算原理。滚球法是假想有一个半径为 h_r 的球体（称为滚球，表示雷云或雷团），将其沿需要防直击雷的建筑地面滚动，当球体只能触及接闪器（包括被利用作为接闪器的避雷网、避雷带等金属物）或只触及接闪器和地面（包括与大地接触并能承受雷击的金属物）而不触及被保护的建筑物时，建筑物各部位就能得到接闪器的保护，否则就需要对建筑物上可能被滚球（雷云）所触及的部位或区域进一步设置保护。

（2）滚球半径的确定。选择并确定滚球半径的大小是应用滚球法进行防雷设计的关键问题。滚球半径 h_r 本质上就是表示地面目标的雷击距离，确定滚球半径的工程思路是依据建筑物的重要性、使用性质、发生雷电事故的可能性及后果，将建筑物按防雷要求进行分类（我国防雷标准中是将建筑物、构筑物划分为三类不同的防雷类别），防雷要求越高的建筑物，滚球（雷团）的半径就要求越小。根据模拟雷击实验的结果和推算，在工程标准中分别给出了三个类别防雷建筑物的滚球半径及网格尺寸，见表 9-2。据此，在工程设计中滚球半径是直接按照建筑物的防雷类别来确定的。

按建筑物的防雷类别布置接闪器及其滚球半径　　　　表 9-2

建筑物的防雷类别	避雷网尺寸（m×m）	滚球半径 h_r（m）
第一类防雷建筑物	5×5 或 ≤6×4	30
第二类防雷建筑物	10×10 ≤ 12×8	45
第三类防雷建筑物	20×20 ≤ 24×16	60

2. 网格尺寸法

依据雷电闪击距离理论，雷击建筑物是有一定规律的，最可能受雷击的地方是山墙、屋脊、烟囱、通风管道以及平屋面的边缘等。在建筑物最可能受到雷击的地方装设金属带作为接闪器，就构成避雷带、避雷网的保护方式，工程上也可以利用直接敷设在屋顶和房屋突出的金属物作为接闪器。当建筑物由于艺术上的要求，不准许装设突出的避雷针时，还可利用钢筋混凝土屋面中的钢筋作为接闪器的暗装避雷网保护方式。同样，避雷网的网格尺寸要求应按表 9-2 确定。

应当注意的是网格尺寸法和滚球法是两种相互独立的确定保护范围的方法，他们所确定的保护范围可能会出现差别，但只需满足其中任一种，就可认为建（构）筑物能得到有效保护。此外，网格尺寸法相对来说应用更为简单，但只能用于接闪网（避雷网），没有普遍性，而滚球法可适用于所有情况，并可以按滚球法原则对接闪网的保护范围进行确定。

3. 典型接闪器保护范围计算

典型的接闪器有避雷针（接闪杆）、避雷线（接闪线）、避雷网、避雷带等几种形式，下面以避雷针、避雷线为例，具体介绍应用滚球法计算接闪器保护范围的方法。

1) 单支避雷针的保护范围

（1）当避雷针高度 $h \leqslant h_r$ 时，单支避雷针的保护范围可按下列步骤通过作图确定，如图 9-8 所示。

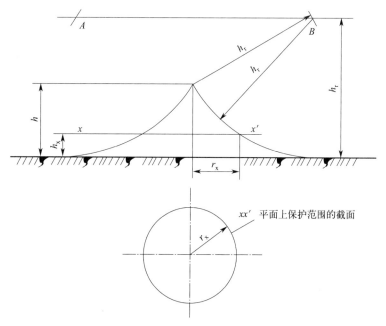

图 9-8 单支避雷针的保护范围

① 在距离地面 h_r 处作一平行于-地面的平行线。

② 以避雷针的针尖为圆心，h_r 为半径，作弧线交于平行线的 A、B 两点。

③ 分别以 A、B 点为圆心，h_r 为半径作弧线，该弧线与避雷针的针尖相交并与地面相切，则此弧线以避雷针为轴的 360°旋转弧面与地面间的空间就是保护范围。

④ 避雷针在距地面 h_x 高度的 xx' 平面上和在地面上的保护半径 r_x 和 r_0 按下列计算式确定：

$$r_x = \sqrt{h(2h_r-h)} - \sqrt{h_x(2h_r-h_x)} \tag{9-3}$$

$$r_0 = \sqrt{h(2h_r-h)} \tag{9-4}$$

式中　r_x——避雷针在 h_x 高度的 xx' 平面上的保护半径（m）；
　　　r_0——避雷针在地面上的保护半径（m）；
　　　h_r——滚球半径（m），按表 9-2 确定；
　　　h——避雷针的高度（m）。

（2）当避雷针高度 $h > h_r$ 时，避雷针高出滚球半径的部分无效。确定保护范围的方法是在避雷针上取高度 h_r 的一点代替单支避雷针针尖作为圆心，其余的做法同上述(1)，但需要注意的是上式两计算式中的 h 应改为用 h_r 代替。

被保护物可以采用独立的单支避雷针（接闪杆）保护，也可以采用多支避雷针（接闪杆）进行联合保护，双支或多支避雷针的保护范围计算方法原理相同，步骤大同小异，有兴趣者可参阅相关文献，这里就不再赘述。

例： 某厂一座 30m 高的水塔旁边，建有一水泵房（属三类防雷建筑物），尺寸如图 9-9 所示。水塔上面装有一支高 2m 的避雷针。试问此针能否保护这一水泵房。

解： 查表 9-3，得滚球半径 $h_r = 60$m，而 $h_x = 6$m，$h = 30 + 2 = 32$m，计算在 h_x 高度 xx' 平面上的保护半径为：

$r_x = \sqrt{32 \times (2 \times 60 - 32)} - \sqrt{6 \times (2 \times 60 - 6)}$
　　$= 26.9$m

现水泵房在 $h_x = 6$m 高度上最远一角距避雷针的水平距离为：

$r = \sqrt{(12+6)^2 + 5^2} = 18.7\text{m} < r_x$

由此可见，水塔上的避雷针完全能保护这一水泵房。

2）单根避雷线的保护范围

野外电力线路通常是采用装设避雷线（也称作接闪线）进行防雷保护。避雷线保护范围的计算原理与避雷针相同，作图方法相似，都是归属于立体几何的计算。下面以等高杆塔单根避雷线为例介绍其保护范围的确定方法。

（1）当避雷线的高度 $h \geqslant 2h_r$ 时，避雷线是无保护范围的，这是由于滚球（雷团）可直接从避雷线下滚过，从而对被保护物直接放电。

（2）当避雷线的高度 $h < 2h_r$ 时，保护范围确定方法与步骤如下（注意：确定架空避雷

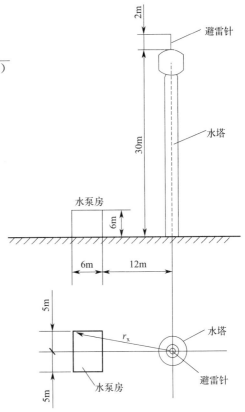

图 9-9　避雷针保护范围

线的高度时应计及弧垂的影响。在无法确定弧垂的情况下，当等高杆塔间的距离小于 120m 时，架空避雷线中点的弧垂宜采用 2m，距离为 120～150m 时宜采用 3m）。

① 在距地面 h_r 处作一平行于地面的水平线。

② 以避雷线上的任一点为圆心（该点就相当于是避雷针），h_r 为半径，作弧线交于平行线的 A、B 两点。

③ 分别以 A、B 为圆心，h_r 为半径作弧线，该两弧线相交或相切并与地面相切。该两弧线沿避雷线滑动所形成的弧面与地面所夹的空间就是避雷线的保护范围，单根避雷线在两端为一半弧面圆锥体，沿线为一弧面三角形廊道，如图 9-10 所示。

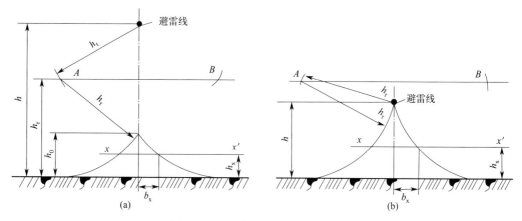

图 9-10 单根架空避雷针的保护范围
(a) $h_r < h < 2h_r$ 时；(b) $h \leqslant h_r$ 时

④ 当避雷线高度 $h_r < h < 2h_r$ 时，保护范围最高点的高度 h_0 计算公式为：
$$h_0 = 2h_r - h \tag{9-5}$$

⑤ 避雷线在被保护物高度 h_x 的 xx' 平面上的保护宽度 b_x 计算公式为：
$$b_x = \sqrt{h(2h_r - h)} - \sqrt{h_x(2h_r - h_x)} \tag{9-6}$$

式中　b_x——避雷线在 h_x 高度的 xx' 平面上的保护宽度（m）；

　　　h——避雷线的高度（m）；

　　　h_r——滚球半径（m）；

　　　h_x——被保护物的高度（m）。

⑥ 避雷线两端相当于独立避雷针，其保护范围按单支避雷针的方法确定。

9.2.4 雷电"反击"及其防护

1. 雷电"反击"现象

防雷系统接受雷击时，在雷电流沿着接闪器、引下线和接地体向大地泄放的过程中，由于各部分阻抗的作用，会在接地装置或引下线上产生很高的对地电位，从而可能会对附近的物体发生放电，这种现象称为反击。

反击发生的原理如图 9-11 所示。由于引下线和接地装置都有阻抗存在，雷电流下泄时就会在这些阻抗上产生电压降落。如图 9-11 中避雷针引下线上距地 x 点处的对地电位为：

$$u(x) = (R_{sh} + R_x)i_L + L_x \frac{di_L}{dt} \tag{9-7}$$

式中 R_{sh}——接地装置的冲击接地电阻（忽略接地装置的电感）；

R_x、L_x——距地 x 点处引下线的电阻和电感；

i_L——雷电流。

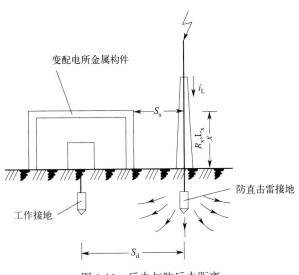

图 9-11 反击与防反击距离

若 $u(x)$ 大到足以使间距为 S_x 的空气击穿，则避雷针引下线就会向变配电所的金属构件放电，这也就是所谓的反击。在地中，同样雷电流可通过防雷接地装置向变配电所的工作接地装置反击。反击可能造成多种不良的后果，因此必须予以防护。

2. 雷电"反击"的防护

雷电"反击"的防护措施有两种：一是维持安全间距，即使被保护物与防雷装置保持一定的安全距离；二是等电位联结，即将被保护物与防雷装置作等电位联结，使其之间不存在电位差。

1）安全间距

最常用的防止反击措施是维持安全距离，在空气中，如取空气的抗电强度为 500kV/m，则安全距离须满足：

$$S_x > 0.2R_{sh} + 0.1x \tag{9-8}$$

在土壤中，假设土壤的抗电强度为 300kV/m，则安全距离须满足：

$$S_d > 0.3R_{sh} \tag{9-9}$$

式中 S_x、S_d——距地 x 高度处和土壤中为避免发生反击所需的距离（m）；

R_{sh}——防雷接地装置冲击接地电阻（Ω）；

x——反击点距地高度（m）。

一般要求：S_x 不小于 5m，S_d 不小于 3m。

2）等电位联结

当建（构）筑物现场没有足够的空间维持防反击的安全间距时，可采用等电位联结措施，即将防雷引下线或接地体与可能被反击的金属构件进行电气连通，人为地消除它们之间的电位差，以防止反击的发生。注意：这一做法存在的问题是连通的金属构件会分走或通过雷电流，因此该措施对于一些对电流敏感的金属构件或设备应谨慎应用。

9.2.5 建（构）筑物内部防雷措施

传统的建筑物内部防雷，主要包括防雷电感应（感应雷）和防雷电波沿管线的侵入两个方面，防护的目的是避免在建（构）筑物内引起电气火花和电位差。

1. 感应雷及其防护

感应雷有静电感应和电磁感应两种。依据工程标准，仅一类防雷建筑和少数特定（具有爆炸危险性场所）的二类防雷建筑要求采取防感应雷的措施。建（构）筑物在已经设置了外部防雷系统的前提下，感应雷的防护措施主要有以下3项。

（1）设置防感应雷接地装置。防感应雷接地装置应与电气电子系统的接地装置共用，但应与独立避雷针（线、带、网）的接地装置相隔足够的安全距离，以防止反击。工程标准中要求防感应雷的接地装置工频接地电阻不宜大于10Ω，且建（构）筑物总等电位联结与防感应雷接地装置的连接应不少于两处。

（2）平行敷设的金属管道、构件等应做横向的金属跨接，以及金属管道和构件的弯头、阀门、法兰盘等连接处采用金属线跨接，使可能出现的金属环路均为闭合回路。这是为了防止出现因电气连接不良甚至中断的情况下，形成开口的金属环路，而开口在电磁感应电动势作用下被击穿时就可能会产生电火花，引起燃烧或爆炸。

（3）将建筑物内的所有金属体都连接到防感应雷接地装置上。这是为了避免不同金属构件间出现电位差，同时有利于泄放静电荷。

2. 雷电波侵入的防护

雷电波侵入的路径主要是进、出建筑物的各种金属管道、电力线路和通信线路。对电力线路，宜采用电缆埋地敷设，并在进入建筑物处将电缆的金属外皮与防感应雷接地装置进行电气连接；对其他金属管道，也应在进入建筑物处与防感应雷接地装置做电气连接。这样做的目的是在进入建筑物处就消除各管线间的电位差，起到等电位的作用，同时通过接地泄放雷电能量。对通信线路则应尽可能地采用光缆。

9.3 供配电系统雷电过电压防护

9.3.1 避雷器

避雷器是用来防止雷电产生的过电压波沿线路侵入变配电所或其他建筑物内，以免危及被保护设备的绝缘，或防止雷电电磁脉冲对电子信息系统的电磁干扰。避雷器应与被保护设备并联，且安装在被保护设备的电源侧，如图9-12所示。当线路上出现危及设备绝缘的雷电过电压时，避雷器的火花间隙就被击穿，或由高阻抗变为低阻抗，使雷电过电

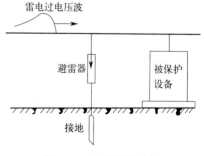

图9-12 避雷器的连接

压通过接地引下线对大地放电，从而保护了设备的绝缘，或消除了雷电电磁干扰。

理想避雷器的工作特性如图 9-13 所示，在工作电压和系统可承受的过电压作用下，避雷器相当于开路，阻抗无穷大，无电流通过；当超过系统承受能力的过电压到来时，避雷器导通放电时，相当于短路，阻抗为零，允许任意大的电流通过，泄放过电压能量。

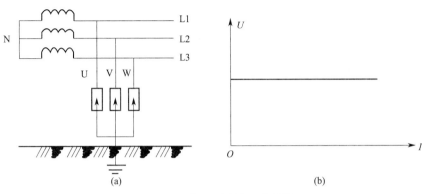

图 9-13 理想避雷器的工作特性
（a）接线图；（b）理想避雷器的伏安特性

由于避雷器放电时，相当于短路，放电通道的阻抗很低，当作用在避雷器上的过电压通过后，这时在系统正常工频电压作用下，避雷器中就会有工频电流通过，称之为工频续流。对于大接地系统，只要有一相存在工频续流，就相当于单相短路，当三相避雷器中都有工频续流时，工频续流大小近似于三相短路电流。因此，避雷器应具有一定的熄弧能力，工程中要求在工频续流第一次过零时能被迅速可靠地切断，否则就会引起继电保护动作，或烧毁避雷器。

常用避雷器的类型主要有阀式避雷器、排气式避雷器、金属氧化物避雷器等。

1. 保护间隙与管式避雷器

图 9-14、图 9-15 分别为保护间隙和管式避雷器的原理结构，他们都有两个间隙，分别为主（内）间隙和辅助（外）间隙，所不同的是管式避雷器的主间隙位于排气管中，而保护间隙的主间隙暴露在大气中。正常情况下，工作电压不足以使间隙击穿，避雷器相当于开路，对系统的正常工作没有任何影响，辅助间隙可防止主间隙被外物意外短接时导致系统对地短路；当发生过电压时，间隙被击穿，相导体通过间隙电弧接地，从而限制了相导体上的过电压值。保护间隙的灭弧能力较差，往往不能及时熄灭工频续流，进而引起继电保护跳闸。管式避雷器内间隙的电弧高温使排气管管壁上的产气材料（纤维、塑料或橡胶等）产生大量气体，这些气体从环形电极的排气孔中冲出，对主间隙电弧形成吹弧作用，其灭弧能力比保护间隙有较大提高，由此也常认为管式避雷器本质上是一个设置了灭弧装置具有较高熄弧能力的保护间隙。管式避雷器外间隙的作用是防止正常工作时主间隙泄漏电流使管壁温度上升，影响使用寿命。

保护间隙和管式避雷器的伏秒特性陡峭，不容易与被保护设备绝缘配合，动作后电压急剧下降，形成陡峭的截波，威胁被保护设备的匝间绝缘，且特性受气象条件的影响较大，因此一般用于线路的保护，以泄放过电压能量为主要任务。

2. 阀式避雷器

阀式避雷器的核心元件是阀片，阀片从电气特性上看是一种非线性电阻器，阀片主要有 SiC 和 ZnO 两种，后者又称为金属氧化物阀片。两种阀片的伏安特性如图 9-16 所示，图中还示出了理想避雷器的伏安特性。从图 9-16 中看出，ZnO 阀片的特性更接近于理想特性，即在正常工作电压作用下电阻更大，在导通之后电阻更小。

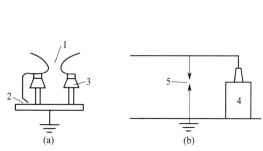

图 9-14　保护间隙
（a）保护间隙的结构；（b）保护间隙与被保护设备的连接
1-主间隙；2-辅助间隙；
3-绝缘子；4-被保护设备；5-保护间隙

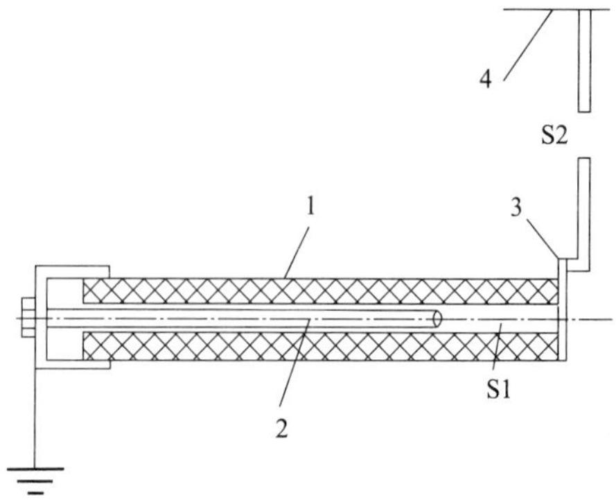

图 9-15　管式避雷器
1-产气管；2-棒形电极；3-环形电极；
4-工作母线；S1-内间隙；S2-外间隙

SiC 阀片在正常工作电压作用下就会产生较大的泄漏电流，泄漏电流使阀片发热，特性变差，这又会进一步加大泄漏电流，使阀片在短时间内就被损坏。因此，SiC 阀式避雷器都是由间隙与阀片串联构成的，用间隙来隔离正常情况下阀片上的泄漏电流。根据不同的电压等级，SiC 阀式避雷器串联的间隙数目不一，多者可达上百个。

ZnO 阀片在正常工作电压作用下泄漏电流很小，不需要用间隙来隔离，因此仅由阀片就可以构成避雷器。由于在过电压波前上升过程中，阀片导通程度随电压上升而增大，不断地泄放过电压能

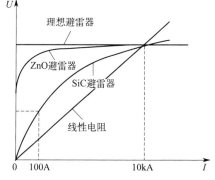

图 9-16　SiC 和 ZnO 两种阀片的伏安特性

量，因此它不只是在动作后才限制过电压幅值，而是在动作前就已经对过电压幅值进行了衰减。

SiC 阀式避雷器由于有串联间隙，间隙逐一击穿后才导通阀片，因此响应时间长，对陡波前过电压防护效果差，且通流容量较小，还需要间隙承担灭弧任务，这些都是它不及金属氧化物避雷器之处。但由于阀片电阻的存在，其动作后无截波现象（指电压瞬间下降一个很大的数值），且阀片电阻与电流反相关，使得冲击电流过去后阀片电阻增大，限制了工频续流的量值，有利于工频续流的开断，这是它优于保护间隙和管式避雷器之处。

ZnO 避雷器由于无串联间隙，响应速度很快，可用于陡波保护，且无续流、通流容量大、耐重复动作，相比于 SiC 阀式避雷器有较大的优势，应用范围日趋广泛。

阀式避雷器保护特性比较平缓，可与被保护设备耐压特性较好配合，主要用于变配电所电气设备的过电压保护。

3. 阀式避雷器的主要参数

由于有间隙与无间隙的阀式避雷器的动作过程不尽相同，由此 SiC 与 ZnO 避雷器的参数有些是共同的，有些是各自特有的。目前，SiC 阀式避雷器虽已处于逐步淘汰的过程中，但因其在电力系统中仍还有较大的保有量，且很多与避雷器和过电压保护相关的概念、术语等都来自于它，因此在这里对一些主要参数一并介绍。

（1）额定电压。它是指与避雷器安装处电力系统标称电压等级相对应的电压。避雷器只能安装在与其额定电压相称的电压等级的系统中。

（2）灭弧电压。它是指为保证工频续流电弧在第一次过零时熄灭，所允许加在避雷器上的最高工频电压。避雷器安装处相导体上可能出现的最高工频电压与系统的中性点运行方式、不正常运行或故障类型等有关，在供配电系统中最高工频电压主要是指系统单相接地时非故障相的对地电压。对 SiC 避雷器，额定电压与灭弧电压是相同的。

（3）工频放电电压。它是指在工频电压作用下，使避雷器发生放电的最低电压。由于避雷器间隙击穿特性具有分散性，产品样本给出的工频放电电压数据值为一个范围。

（4）冲击放电电压。它是指在标准波形的冲击电压作用下避雷器发生放电的最低电压幅值。避雷器冲击放电电压应低于被保护设备在同样冲击波形下的绝缘冲击击穿电压。

（5）残压。它是指避雷器导通时冲击放电电流在阀片电阻上产生的电压降。避雷器是通过导通放电来限制过电压的，残压表明它能将过电压限制到何种程度，也就是说被保护设备必须要能够承受残压的冲击，因此，避雷器的残压一般是越低越好。由于 ZnO 避雷器不仅可用作雷电过电压保护，还可用于操作过电压及陡波保护，因而其产品样本一般会给出雷电冲击下的残压、操作冲击下的残压、陡波冲击下的残压一组值。

（6）通流容量。它是指避雷器通过电流的能力。我国规定普通型 SiC 阀片通流容量应能达到通过 $20/40\mu s$、峰值 5kA 冲击电流和 100A 工频半波电流各 20 次。

（7）起始动作电压 U_{1mA}。它是指 ZnO 避雷器中泄漏电流为 1mA 时所对应的电压。这是由于无间隙 ZnO 避雷器无明确的导通点，1mA 泄漏电流大约正好位于 ZnO 避雷器伏安特性曲线的转折处，电压超过 U_{1mA} 后，电流会急剧增大，阀片开始明显发挥限压作用，因此，工程中也将 1mA 称为 ZnO 避雷器的起始动作电流，但应注意，1mA 并非是指 ZnO 避雷器的放电电流。

9.3.2 输电线路的雷电过电压防护

架空线路由于直接曝露在大气中，易受雷击或雷电感应的影响，产生过电压；而电缆线路因埋设在地下，受雷击或雷电感应的可能性很小。这里主要介绍架空线路的雷电过电压防护。

架空线路上雷电过电压的最直接后果是发生闪络。所谓闪络是指高压电器（如高压绝缘子）在绝缘表面发生的放电现象，也称为表面闪络，简称闪络。闪络放电时的高温本身就可能造成高压电器绝缘材料的破坏，造成绝缘性能下降，且闪络放电后，因闪络形成的低阻抗通道中常常会出现稳定的工频电流，从而形成短路。短路可引发继电保护动作，造成停电事故。

输电线路雷电过电压的间接后果是过电压会沿着线路传导致发电厂或变配电所，使站内设备绝缘受到过电压威胁。

输电线路雷击过电压的防护：一是限制过电压水平以避免闪络发生；二是应有措施尽量减小因闪络短路而引发跳闸断电的可能；三是采取自动重合闸措施以避免长时间停电。

对中低压供配电系统，线路的雷电过电压以感应雷过电压为主。输电线路雷电过电压防护主要有以下一些具体措施。

1. 架设避雷线

避雷线可以减少雷电直击导线的可能。对雷电直击于杆塔的情况，避雷线还可对杆塔的雷电流进行分流，从而降低塔顶的电位，进而能降低杆塔电位反击于导线的概率。此外，避雷线还可通过对导线的耦合作用，抬高导线的电位，降低导线与杆塔间的电位差，从而降低加在绝缘子上的过电压。对110kV及以上架空输电线路，一般都要沿全线架设避雷线。110kV以下架空输电线路，视情况或全线装设避雷线，或在进入变配电所前装设一定长度的避雷线或不装设避雷线。

2. 降低杆塔接地电阻

这主要是为了降低雷击杆塔时塔顶电位，减小反击导线发生的概率。杆塔的工频接地电阻一般为10～30Ω，线路杆塔工频接地电阻在雷季干燥时，一般不宜超过表9-3所列数值。

线路杆塔工频接地电阻　　　　　　　　表9-3

土壤电阻率(Ω·m)	100及以下	100～500	500～1000	1000～2000	2000及以上
接地电阻(Ω)	10	15	20	25	30

3. 加强线路绝缘

这一措施能提高线路的耐雷水平，降低建弧率，但不能降低过电压大小。由于加强线路绝缘的措施需要在全线采用才能有效，故实施较为困难。

4. 采用中性点不接地或经消弧线圈接地运行方式

绝大多数单相着雷闪络接地故障能被消弧线圈消除，而在两相或三相着雷时，首先闪络的一相接地不会造成跳闸，闪络后相当于地线，增加了耦合作用，使未闪络相绝缘子串上的电压下降，从而提高了耐雷水平。

5. 装设管式避雷器

一般仅在线路绝缘的薄弱点、线路交叉处或大跨距（如线路过江河）处装设，用以限制过电压。只要避雷器的冲击放电电压低于绝缘子串的冲击放电电压，就可以避免绝缘子串上发生冲击闪络。此外，由于管式避雷器本身具有灭弧功能，一般能保证不致因工频续流问题引起跳闸。

6. 装设自动重合闸

这是一项直接针对系统中已经产生过电压并造成断电后果而采取的补救措施，以避免长时间停电。由于雷击造成的闪络大多能在跳闸后自行恢复绝缘性能，因而重合闸成功率会很高，运行经验也表明这一措施对避免长时间停电十分有效。

9.3.3 变配电所的雷电过电压防护

变配电所的雷电过电压，主要是侵入雷电波过电压，也就是线路上的直击雷或感应雷过电压行波沿导线传导至变配电所。由于变配电所有大量的变配电设备，侵入雷电波过电压对这些设备的绝缘会构成严重威胁。

1. 阀式避雷器的保护作用

为了使避雷器可靠保护电气设备，避雷器必须满足以下条件。

（1）避雷器的伏秒特性应能与被保护设备配合，在任何过电压波形下，避雷器伏秒特性都应在被保护设备绝缘的伏秒特性之下。

避雷器的工作特性是用伏秒特性来描述。所谓伏秒特性是指某一被试绝缘体，在同一波形、不同幅值的冲击电压作用下，击穿电压与放电时间的关系曲线，如图9-17所示。

伏秒特性是依据实验数据绘制，它不是一条光滑曲线，而是具有一定分散性的由上下包络线包围的一个范围。电气设备和避雷器分别具有各自的伏秒特性曲线。因此在过电压作用下，避雷器应该先于被保护设备放电，这主要靠两者之间的伏秒特性配合来实现，如图9-18所示。

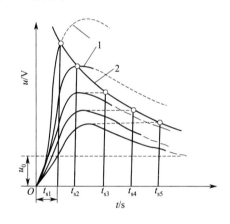

图9-17 伏秒特性曲线
1-冲击电压；2-伏秒特性

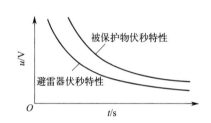

图9-18 避雷器与被保护设备伏秒特性的配合

（2）避雷器的残压要低于被保护设备的冲击击穿电压。

在满足以上两个条件以后，若避雷器与被保护设备所承受的电压时刻都是相同的，也就是说工程中若能保证避雷器与被保护设备是接于同一点，则被保护设备就能得到完全可靠的保护。但事实上，由于发电厂、变配电所设备很多，不可能做到为每一个被保护设备都单独设置一台避雷器，实际工程中往往是设置一台避雷器用于对若干设备作过电压保护，也就是说避雷器与被保护设备之间是有一定距离的，工程实践和理论推导都表明，当这个距离超过一定数值时，即使避雷器满足上述的两个条件，也不能保证被保护设备得到有效保护；因此，避雷器安装位置与被保护设备之间的距离还必须限制在一定的范围内。相关设计标准或规程中都给出了避雷器至变压器间的最大电气距离推荐值，这里不再赘述。注意：由于变压器是变配电所中最重要但耐压水平最低的电力设备，因此对其他设备，最大允许距离比变压器大，一般可增大35%左右。

2. 变配电所电气设备的过电压保护

根据上面的讨论可知，一般采用阀式避雷器对变配电所设备进行保护。避雷器一般安装在母线上，应尽量靠近变压器和其他设备。避雷器与所有被保护设备的电气距离均不能超过其最大允许值，若不能满足要求，则应增设避雷器。

3. 变配电所的进线段保护

所谓进线段保护，是指在进入变配电所前 1~2km 这一段架空线路上采取措施加强防雷。进线段保护的目的：一是要降低雷电流幅值；二是要降低雷电波陡度。因为阀式避雷器的通流容量是有限的，且残压与电流大小正相关，因此减小雷电流幅值很有必要；被保护设备上电压高出避雷器冲击放电电压的部分与雷电波陡度成正比，或者说保护的最大允许距离与雷电波陡度成反比，因此降低雷电波陡度也是有好处的，另外，降低雷电波陡度对电气设备的匝间绝缘是有利的。

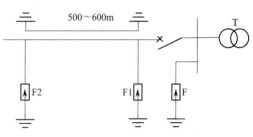

图 9-19　35kV 小容量变配电所的简化保护接线

35kV 小容量变配电所的简化保护接线如图 9-19 所示。因 35kV 小容量变配电站中避雷器距变压器的电气距离一般在 10m 以内，这样侵入波陡度可允许增大，故进线段长度可缩短到 500~600m。

9.4　低压配电系统电涌保护

电涌是以雷击电磁脉冲和（或）操作电磁脉冲为骚扰源，在电气电子系统中耦合的能量脉冲。电涌保护的目的，是通过在电气电子设备的电源侧限制雷电过电压（兼限制大部分操作过电压）并泄放雷电能量，以保护设备的绝缘及硬件不致损坏。

9.4.1　电涌保护器

电涌保护器（SPD）又称浪涌保护器，是一种用于带电系统中限制瞬态过电压并泄放电涌能量的非线性保护器件，已被广泛用在低压配电系统和信息系统中，用于对雷电过电压、操作过电压、雷击电磁脉冲、电磁干扰脉冲的防护，以保护电气电子系统免遭雷电或操作过电压及涌流的损害。电涌保护器具有与避雷器相似的特性，所不同的是电涌保护器主要是用于低压配电系统和电子信息系统，而避雷器主要用于中、高压系统。

1. 电涌保护器的种类

电涌保护器的应用条件主要是指其在系统中的安装位置和保护作用。在建筑物中可能遭受直接雷击的区域或雷电能量几乎未衰减的区域称之为高曝露或自然曝露区，装设在该区域的电涌保护器主要作用是泄放雷电能量，一般不能直接保护设备；在远离高曝露区的区域，由于系统中的雷电能量已经被衰减，波形也发生了变化，装设在这些区域的电涌保护器主要作用是进一步泄放雷电流，并以合适的特性可靠地保护被保护设备。

电涌保护器按所使用的非线性元件特性可分为以下 3 类。

（1）电压开关型 SPD。此类无电涌时呈高阻抗状态，当电涌电压达到一定值时突变为低阻抗，因此又称为"短路开关型"SPD。这类 SPD 具有通流容量大的特点，主要作用是泄放雷电能量，但特性陡峭、残压较高，一般用于高曝露区，不适合作终端设备的保护。

（2）限压型 SPD。此类无电涌时呈高阻抗状态，但随着电涌电压和电涌电流的升高，其阻抗持续下降，因此又称为"箝位型"SPD。限压型 SPD 箝位电压比电压开关型 SPD

低，但通流容量小，常作为直接保护设备。

(3) 混合型 SPD。它是将电压开关型和限压型元件组合在一起的一种 SPD，随其承受的冲击电压不同而分别呈现电压开关型特性、限压型特性，或同时呈现两种特性。

此外，电涌保护器还可按在不同系统中的不同使用要求进行分类。如：按用途可分为保护电源系统 SPD、保护信号系统 SPD 和保护天馈系统 SPD；按端口型式和连接方式可分与保护电路并联的单端口 SPD 和与保护电路串联的双端口（输入、输出）SPD，以及适用于电子系统的多端口 SPD 等；按使用环境又分为户内型和户外型等。这里主要介绍低压配电系统使用的电涌保护器。

2. 电涌保护器的冲击分类试验级别

电涌保护器的合格性检验、参数标定等都依赖于一系列配套的标准化试验。这些试验目前主要有三种，称为冲击分类试验。这三种试验没有等级之分，只是针对的应用条件有所不同，生产厂家可根据产品的使用场所选择其中一种或几种进行试验。

Ⅰ级分类试验：采用 $1.2/50\mu s$ 的冲击电压、$8/20\mu s$ 的电涌冲击电流和 $10/350\mu s$ 的雷电冲击电流所做的试验，用于确定 SPD 的标称放电电流 I_n（$8/20\mu s$）和最大冲击电流 I_{imp}（$10/350\mu s$）。Ⅰ级分类试验模拟了部分导入雷击冲击电流的情况，通过Ⅰ级分类试验的 SPD 通常推荐用于高曝露地点。

Ⅱ级分类试验：采用 $1.2/50\mu s$ 的冲击电压和 $8/20\mu s$ 的电涌冲击电流所做的试验，用于确定 SPD 的标称放电电流 I_n（$8/20\mu s$）和最大放电电流 I_{max}（$8/20\mu s$）。通过Ⅱ级分类试验的 SPD 用于较低曝露地点，为直接保护设备的电涌保护器，对限压型 SPD 应进行该项试验。

Ⅲ级分类试验：采用开路时施加 $1.2/50\mu s$ 的冲击电压、短路时施加 $8/20\mu s$ 的电涌冲击电流所做的试验，开路电压峰值与短路电流峰值之比取为 2Ω，用于电子信息系统电源端的电涌保护器一般应进行该项试验。

3. 电涌保护器主要参数

(1) 最大持续工作电压 U_c。它是指允许持续施加在 SPD 端子间的最大电压有效值，也称作电涌保护器的额定电压。U_c 不应低于线路中可能出现的最大持续运行电压。

(2) 标称放电电流 I_n。它是指 SPD 多次通过 i_{sn}（$8/20\mu s$ 电涌冲击电流）的能力，一般要求 SPD 在通过 I_n 的电流波 i_{sn} 15 次后，其特性变化不得超过规定的允许范围。它是表征电压开关型和限压型 SPD 通流容量的参数之一，表明 SPD 能起正常保护作用次数下所允许的最大电流量值，通常由Ⅰ或Ⅱ类试验测定。

(3) 最大放电电流 I_{max}。它是指 SPD 能单次通过的最大 i_{sn}（$8/20\mu s$ 电涌冲击电流）峰值，即在通过峰值为 I_{max} 的电流波 i_{sn} 一次后，SPD 不会发生实质性损坏。它也是表征电压开关型和限压型电涌保护器通流容量的参数，通常由Ⅱ级分类试验测定。

(4) 冲击电流 I_{imp}。它是指 SPD 能单次通过的最大 i_{imp}（$10/350\mu s$ 雷电冲击电流）峰值，即在通过峰值 I_{imp} 的电流波 i_{imp} 一次后，SPD 不会发生实质性损坏。它是表征电压开关型 SPD 通流容量的参数，由Ⅰ级分类试验测定。

(5) 动作电压 U_{op}。它是指电压开关或混合型电涌保护器的冲击放电电压，或限压型电涌保护器的导通电压。

(6) 电压保护水平 U_p。它是表征 SPD 动作后，将接线端子之间电压限制到什么程度的参数，又称残压。对电压开关型 SPD，指规定陡度电压波形下的最大放电电压；对限压型 SPD，指规定电流波形下的最大残压。SPD 的保护水平应低于被保护设备的冲击耐压。

（7）响应时间。它是指从暂态过电压开始作用于 SPD 的时刻到 SPD 实际导通放电时刻之间的延迟时间。SPD 的响应时间为纳秒级，快的为 5~25ns，慢的可达 100ns 以上。

示例：某同时通过Ⅰ、Ⅱ级分类试验的 SPD 主要参数。

最大持续工作电压 U_c：350V；

标称放电电流 I_n：20kA（15 个 8/20μs 波形冲击电流）；

最大放电电流 I_{max}：40kA（1 个 8/20μs 波形冲击电流峰值）；

冲击电流 I_{imp}：115kA（1 个 10/350μs 波形冲击电流峰值）；

电压保护水平 U_p：小于 600V。

符合标准：《低压电涌保护器（SPD）第 11 部分：低压电源系统的电涌保护器　性能要求和试验方法》GB/T 18802.11—2020。

9.4.2　低压配电系统电涌保护布局

电涌保护是最近几十年发展起来的一个新的技术领域。在电涌保护技术出现之前，低压系统也有传统的雷电过电压保护，但传统的雷电过电压保护措施不仅不能阻止过大的雷电能量通过低压系统进入电子信息设备，而且对低压系统本身的设备也存在失防之处。

1. 电涌防护等级

电涌防护等级是以建筑物中电子信息系统为对象划分的。电涌防护等级有两种依据，一种是按雷击风险，另一种是按电子信息系统的重要性和使用性质。两者依据的具体划分方法，在《建筑物电子信息系统防雷技术规范》GB 50343—2012 中都有明确规定。

无论根据哪一种防护等级依据，电涌防护等级都分为 A、B、C、D 四个等级，其中 A 级的要求最高，D 级的最低。对于一般建筑物，按两种依据中任一种进行分级都可以，但对于特殊的重要建筑，特别是人防工程，应取两个分级中较高的一个等级。

2. 电涌保护对象耐受水平

低压配电系统电涌保护对象为配电设备和用电设备。现行国家标准中将低压系统设备分为四类过电压（安装）类别，就我国交流低压系统标称电压的现状而言，各类设备的冲击耐压见表 9-4。

低压系统各类设备的额定冲击电压耐受值（V）　　　　　　　　　表 9-4

系统标称电压	从交流标称电压导出线对中性点的电压(不大于)	设备的额定冲击耐压、过电压(安装)类别			
		Ⅰ	Ⅱ	Ⅲ	Ⅳ
220/380	300	1500	2500	4000	6000
380/660	600	2500	4000	6000	8000
1000	1000	4000	6000	8000	12000

过电压类别Ⅰ：需要将过电压限制到特定低水平的设备，主要是电子设备，如电视机、计算机等。这一类别设备的冲击耐压为 1.5kV。

过电压类别Ⅱ：由末级配电装置供电的设备，如家用电器、可移动式工具或类似负荷。这一类别设备的冲击耐压为 2.5kV。

过电压类别Ⅲ：安装于配电装置中的设备，如配电箱及安装于配电箱中的开关电器，包括电缆、母线等，以及永久连接至配电装置的动力用电设备，如电动机等。这一类别设备的冲击耐压为 4kV。

过电压类别Ⅳ：使用在配电装置电源端的设备，如主配电屏中的电气仪表和前级过流保护设备、纹波控制设备、稳压设备等。这一类别设备的冲击耐压为 6kV。

3. 电涌保护的布局

所谓电涌保护的布局，是指低压电网中电涌保护的设置位置和保护针对性。由于在同一个电压等级的系统中有多种冲击耐压水平的电气设备，且这些设备是分布在不同的位置，电涌保护基本上都采用分散、多级的布局来实现，该布局要求在系统中恰当的位置处设置恰当的电涌保护器，也就是说要求在冲击耐压不同的设备处设置不同电压保护水平的电涌保护器，以保证电涌保护器的电压保护水平能与被保护设备的冲击耐压相配合。

电涌保护布局中的"级"，是按其所保护对象的过电压（安装）类别划分的，按从电源到负荷的方向，分别称为第一、二、三、四级保护，分别保护过电压（安装）类别Ⅳ、Ⅲ、Ⅱ、Ⅰ类的设备。人防工种中电涌保护系统布局的一个概念性示例如图 9-20 所示，图中各级电涌保护器的电压保护水平 U_p 为必要条件。

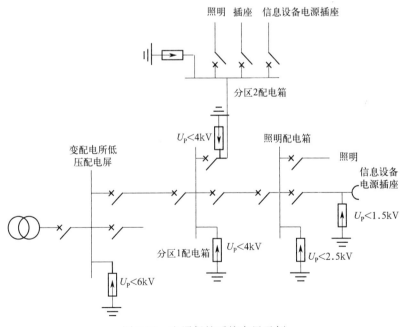

图 9-20　电涌保护系统布局示例

4. 电涌保护器电压保护模式

所谓电涌保护器电压保护模式，是指电涌保护器 SPD 在相线 L、中性线 N 和地（或接地的 PE 线）之间的电气接线方式。SPD 保护模式及特点见表 9-5。

SPD 保护模式及特点　　　　　　　　　表 9-5

保护模式	SPD 连接的导体	保护的对象
共模保护模式	相-地、中-地	载流导体对地绝缘
差模保护模式	相-中	相绝缘、绕组匝间绝缘；负载电路或元件
	相-相	相间绝缘、绕组匝间绝缘、负载电路或元件
全模保护模式	共模＋差模	

低压系统中还常采用一种所谓的"3+1"接法，即在三相导体与中性线之间以及中性线与地（通常为 PE 线）之间各接一只 SPD，实际上这是一种不完全的差模与共模混合保护模式。电压保护模式接线方式示例如图 9-21 所示。

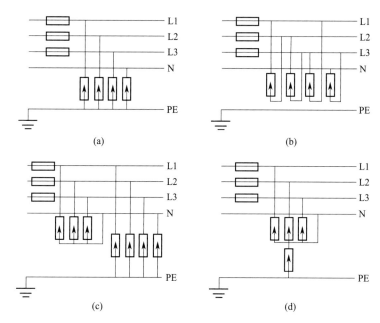

图 9-21　电压保护模式接线方式示例
(a) 共模保护模式；(b) 差模保护模式；(c) 全模保护模式；(d) "3+1"模式

9.4.3　电涌保护器主要参数选择

1. 电压保护水平 U_P 选择

被保护设备的冲击耐压应不小于 SPD 的电压保护水平。一般应按下式计算 SPD 的电压保护水平：

$$K_1\left(U_P + L_0 l \frac{\mathrm{d}i}{\mathrm{d}t}\right) \leqslant K_2 U_W \tag{9-10}$$

式中　U_P——电涌保护器的电压保护水平（kV）；
　　　U_W——被保护设备的冲击耐压（kV）；
　　　L_0——电涌保护器引线单位长度电感（H/m）；
　　　l——电涌保护器的引线长度（m）；
　　　i——通过电涌保护器的雷电流（kA）；

K_1——考虑 SPD 和被保护设备之间波过程的系数;

K_2——配合裕度系数。

工程上可采用下式近似估算:

$$U_P \leqslant 0.8 U_W \tag{9-11}$$

2. 通流容量的选择

电涌保护器必须能承受通过的预期电涌电流,并切断工频续流。低压配电系统中,最严重的电涌电流为直击或反击雷电流,其次是沿架空线路引入的雷电流,感应雷电流较小。由于现代建筑物均采取了防雷措施,低压供电系统又设置了多级保护,故通过电涌保护器的雷电流一般远小于建筑物的雷击放电电流,且与电涌保护器所安装的位置有关。精确计算电涌保护器预期电涌电流是非常困难的。工程上的做法是根据被保护对象的电涌防护等级,规定出各级电涌保护最低的通流容量要求,见表 9-6。注意:浪涌保护器中工频续流的概念与避雷器相同,SPD 的额定开断续流 I_f 应大于安装处的最大三相短路电流。

电源系统电涌保护器通流容量参考值   表 9-6

保护对象电涌防护等级	第一级保护放电电流(kA) $I_{imp}(10/350\mu s)$	第二级标称放电电流(kA) $I_n(8/20\mu s)$	第三级标称放电电流(kA) $I_n(8/20\mu s)$	第四级标称放电电流(kA) $I_n(8/20\mu s)$
A 级	≥20	≥80	≥40	≥20	≥10
B 级	≥15	≥60	≥40	≥20	—
C 级	≥12.5	≥50	≥20	—	—
D 级	≥12.5	≥50	≥10	—	—

3. 最大持续工作电压 U_c 的选择

电涌保护器的最大持续工作电压不能低于低压供配电系统中可能出现的最大持续运行电压,以保证 SPD 能长期可靠地工作。低压配电系统中最大持续运行电压应考虑以下 3 个方面。

(1) 系统正常运行时的电压偏差。冗余 10% 的系统电压偏差,U_c 至少应高于系统标称电压 10%。

(2) 低压系统的接地型式。TT、TN 及 IT 系统发生故障情况下,可能出现暂时或持续过电压。例如,在 TT 系统中,当线路中某一相断线并跌落大地时,系统的中性点对地电位上升,此时接于正常相上的 SPD 对地电压就会超过相电压。由于 TT 系统发生单相接地故障时的电流较小,系统中的过电流保护装置很可能不会动作,该工况下加于非故障相 SPD 上的过电压会较长时间存在,应视为系统持续运行电压。

(3) 配电变压器两侧接地情况。供配电系统中变压器高压侧一般是不接地的,如图 9-22 所示,低压侧采用 TT 系统,变压器外壳的保护接地与变压器低压侧中性点的工作接地共用接地体。当变压器高压侧发生碰壳故障时,故障电容电流从接地体上流过,使中性点对地电压发生变化,接于各相及中性线与地之间的 SPD 上的电压都将发生变化,有的会高于相电压,该工况会较长时间存在,应视为持续运行电压。

低压配电系统工况复杂,准确计算系统的最大持续工作电压非常困难。工程方法是在综合考虑各种因素的基础上,电涌保护器的最大持续工作电压按表 9-7 选取。

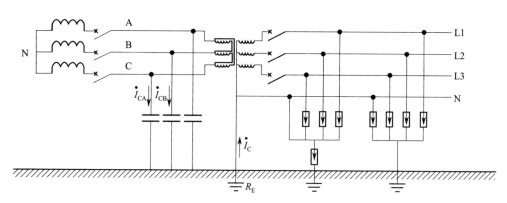

图 9-22 共地对 SPD 最高持续工作电压选取的影响

表 9-7 220/380V 系统中电涌保护器的最大持续工作电压限值（最小值）

SPD 接线方式	低压配电系统的接地形式				
	TN-S	TN-C	TT	IT 不引出中性线	IT 引出中性线
L-N	$1.1U_{N\phi}$	—	$1.1U_{N\phi}$	—	$1.1U_{N\phi}$
L-PE	$1.1U_{N\phi}$	—	$1.1U_{N\phi}$	U_N	U_N
N-PE	$U_{N\phi}$	—	$U_{N\phi}$	—	$U_{N\phi}$
L-PEN	—	$1.1U_{N\phi}$	—	—	—

注：$U_{N\phi}$ 为系统的标称相电压，U_N 为系统的标称线电压。

4. 电涌保护器类型选择

1) 分类试验类别选择

用于第一级及高曝露区的电涌保护器应选用通过Ⅰ级分类试验的产品，这类 SPD 一般是电压开关型的，主要作用是泄放雷电能量。用于第四级电涌保护的电涌保护器一般应选用通过Ⅲ级分类试验的产品，这类 SPD 一般是以 ZnO 或半导体器件为非线性元件构成，主要作用是限制过电压幅值。用于第二、三级电涌保护的电涌保护器应选用通过Ⅱ级分类试验的产品，这类 SPD 一般是限压型或混合型的，非线性元件一般为 ZnO 或 SiC，其主要作用是进一步泄放雷电能量和限制过电压幅值。

2) 自身保护功能选择

电涌保护器自身所具备的保护功能主要有热保护和过电流保护。热保护主要作用是电涌保护器在过热损坏时能自动脱扣，从而能实现自动将已失效的 SPD 退出系统；过电流保护主要用于限制电涌保护器导通后所通过的冲击电流量值，当通过的冲击电流大于 SPD 自身的通流能力时，能自动切断 SPD 的放电通道，该保护功能还可作为 SPD 导通后的工频续流未能被及时断开后的后备保护。

3) 信息显示功能选择

有的电涌保护器产品具有动作次数显示和失效警告显示功能，有的还具有就地或远传信号功能，可将失效信号、动作次数等信息传到值班室。人防工程长期处于维护管理状态，维护管理人员所关心的 SPD 的信息主要是动作次数和是否失效，可根据需要，选择合适产品。

9.4.4 电涌保护的配合要求

低压配电系统电涌保护是采用多级、分散的布局。首先，如上所述，各级电涌保护必须与本级被保护设备达到保护配合要求，这主要是通过电涌保护器的类型和参数选择来实现的；其次，每一级的电涌保护又是与其上或（和）下级电涌保护有联系的，需要满足一系列的要求，这也就是电涌保护的级间配合问题。此外，在低压配电系统中，电涌保护只是过电流保护、剩余电流保护、绝缘监视等诸多保护中的一种，因此，还存在着电涌保护与其他保护的协调与配合问题。

1. 电涌保护的级间配合

在电涌保护的系统中，采用设置多级 SPD，目的是为逐级削减瞬态过电压幅值和泄放电涌能量。由于各级电涌保护器本身能够承受的能量也是有限的，通常电源侧电涌保护器所能承受的能量最大，按照由电源至负荷的方向逐级降低，因此，下级电涌保护器既是保护器件，又是上级电涌保护的保护对象，若上级的电涌保护泄放的能量不充分，下级的电涌保护器就有可能被损坏。据此，电涌保护级间配合的原则为：上级电涌保护应能可靠保证下级电涌保护器不受到电涌损坏。

1）安装间距配合要求

如图 9-23 所示，同一线路上装设有两级电涌保护，上级 SPD1 为电压开关型，下级 SPD2 为限压型，根据保护要求，电压开关型 SPD1 应先于限压型 SPD2 动作，否则过多的雷电能量将损坏 SPD2。为了在任何情况下都能保证两个 SPD 均动作，SPD2 的导通电压（近似地等于残压）加上电涌电流在连接两者线路上的压降应不小于 SPD1 的动作电压。

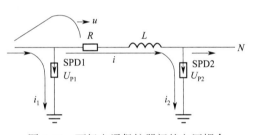

图 9-23 两级电涌保护器间的电压耦合

$$U_{op1} \leqslant U_{res2} + Ri + L\frac{di}{dt} \approx U_{P2} + Ri + L\frac{di}{dt} \tag{9-12}$$

式中 U_{op1}——SPD1 的动作电压（kV）；

U_{res2}——SPD2 的残压（kV）；

U_{P2}——SPD2 的电压保护水平（kV），即最大残压；

L——两级 SPD 连接线的线路电感（H）；

R——两级 SPD 连接线的线路电阻（Ω）；

i——两级 SPD 连接线上的电涌电流（kA）。

电涌电压是从 SPD1 处通过线路传导耦合到 SPD2 上的，耦合量越小，SPD2 就越不易被损坏。从式(9-12) 也可看出，线路的阻抗越大，不等式就越容易满足，也就是说，耦合量的大小与线路阻抗（R、L）是反相关，线路的阻抗具有减小耦合的作用，工程中将两级 SPD 间的阻抗称为去（解）耦阻抗。若级间线路阻抗的去耦作用不能满足要求，就需连接专门的阻抗元件以增大去耦作用，这种阻抗元件也叫去耦元件。

线路阻抗大小与线路的长度正相关，因此要求两级 SPD 之间的距离是越远越好，这个距离工程上一般要求是不低于 10m。当线路的阻抗去耦作用不能满足要求，安装间距又不能增加时,可设置去耦元件。一般情况下,电压开关型与限压型 SPD 间的去耦元件采用电感元件,限压型 SPD 之间的去耦元件采用电阻元件。

2) 通流容量配合要求

设置多级电涌保护系统中,电涌保护器的通流容量要求是逐级降低的。标称放电电流是表征电涌保护器通流容量的重要参数之一,因此,以标称放电电流表征的通流容量的逐级减小,有利于逐级降低电压保护水平。

3) 电压保护水平配合要求

下级电涌保护器的电压保护水平 U_P 的量值增大,对其与上级电涌保护间的配合也是有利的,但电涌保护器的电压保护水平 U_P 受到本级被保护设备冲击耐压水平的限制,是不可以随意选择的。两者之间若发生冲突时,应首先保证 U_P 与被保护设备耐压水平的配合,再采用改变线路的敷设方式以增加线路的阻抗或串接去耦元件等方法来解决去耦问题。

2. 电涌保护与系统中其他保护的配合

在低压配电系统中,人身安全保护措施是最为优先,应不能因为设置电涌保护措施而使人身保护措施失效或减弱。

1) 电涌保护与过电流保护的配合

SPD 经常发生的故障是本身因过热失效,这时 SPD 相当于短路,应该由过电流保护电器切除失效 SPD。

如图 9-24 所示,在 TN 系统中不管采用差模或共模接法,SPD 失效都会造成系统短路故障,量值很大的短路电流足以能够驱动过电流保护电器动作切除失效的 SPD。

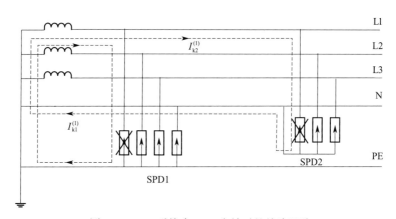

图 9-24 TN 系统中 SPD 失效时的故障回路

在 TT 系统中,当采用共模接法时,由于 SPD 失效时的故障回路上有两个接地电阻,故障电流会较小,就有可能不足以使过电流保护电器动作,如图 9-25 中 SPD1 失效时所示。TT 系统中常采用所谓的"3+1"接法,就可能实现与过电流保护良好配合,如图 9-25 中 SPD2 失效时所示,接于相线的 3 只任 1 只失效,都会产生系统单相短路的结果。"3+1"接法中,对接于 N-PE 间的 SPD 要求很高,要考虑三相 SPD 的涌流同时通过的情况。一般 L-N 间 SPD 选用限压型,N-PE 间 SPD 选用电压开关型。这种接法的缺点是共模过电压时,放电电压和残压都很高。

另外,关于是专门为 SPD 设置短路保护好,还是利用系统本身的过电流保护电器兼

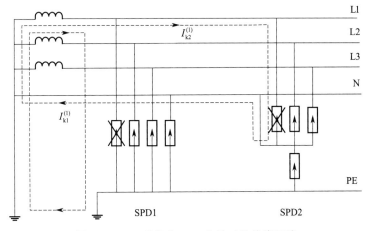

图 9-25 TT 系统中 SPD 失效时的故障回路

作 SPD 失效短路保护好的问题，如图 9-26 所示。一般来说，专门为 SPD 设置过电流保护，除了可作为 SPD 的失效短路保护外，还可兼作电涌电流超过其通流容量时的保护，因此，如果低压配电系统过流保护电器动作电流很大，已不能保证其在通过 SPD 的电涌电流超过通流容量时有效动作，就需要专门为 SPD 设置过电流保护电器。

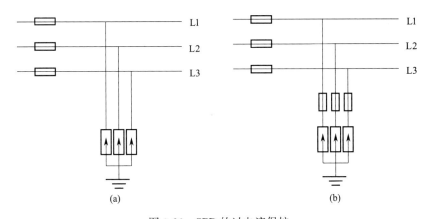

图 9-26 SPD 的过电流保护
（a）利用系统熔断器作 SPD 失效保护；（b）专门为 SPD 设置熔断器作失效保护

2）电涌保护与剩余电流保护的配合

电涌保护与剩余电流保护的配合应注意 SPD 的保护模式、SPD 与 RCD 的安装位置、系统的接地形式等几个方面的问题。

若 SPD 安装在 RCD 的负荷侧，SPD 泄放电涌电流时，电涌电流可能成为剩余电流，使 RCD 误动作，同时 RCD 未受到 SPD 的保护。这种情况下，应采用防电涌的 RCD。防电涌的 RCD 允许通过的电涌电流为 250A（8/20μs），常常小于 SPD 泄放的电涌电流，但由于 RCD 测得的是载流导体瞬时电流之和，因此在大多数情况下，能保证 RCD 在电涌电流通过时不误动作。

安装在 RCD 负荷侧的 SPD 宜接成共模接法。这是因为在共模接法中，当 SPD 有一只失效时，故障电流即成为剩余电流，即使在 TT 系统中，尽管该电流可能不足以驱动过电流保护电器动作,但足以驱动 RCD 动作,从而能实现切除故障的 SPD,保证系统安全。

当安装在 RCD 负荷侧的 SPD 接成差模接法时,只要有任一只 SPD 失效,就都会造成系统短路,此时,尽管 RCD 检测不到剩余电流,但过电流保护电器能可靠地切除故障,因此也是能保证安全的。

将 SPD 安装在 RCD 电源侧的一种常见情况如图 9-27 所示。该系统 10kV 侧电源为小电阻接地,低压侧为 TT 系统,采用共同接地方式。为防止变压器高压侧碰壳故障在接地体上产生的高电压破坏低压设备绝缘,通过控制故障电流 I_d 和接地电阻 R_N,使得 $U_d = I_d R_N \leqslant 1200V$。该电压尽管不会威胁设备绝缘,但远大于 SPD 的最高持续工作电压 U_c,将导致 SPD 烧坏。该示例中 SPD 采用了 "3+1" 接法,其中 N-PE 间 SPD 是电压开关型,其作用之一就是阻止在上述故障过电压作用下,相线上的三只 SPD 被击穿,只有当幅值更高的雷电过电压到来时,N-PE 间 SPD 才被击穿放电,这时 N-PE 间 SPD 通过了三只相线 SPD 的电涌电流。在这一接线中,三只共模接法 SPD 任一只击穿都会造成短路,因此可不必用 RCD 保护;同时,SPD 接于 RCD 的电源侧,一方面可以降低 RCD 承受的电涌电压,另一方面可以避免 SPD 动作时很大的电涌电流通过 RCD,对 RCD 都是有利的。

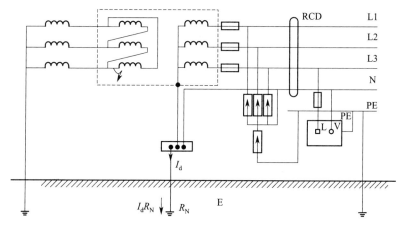

图 9-27 SPD 安装在 RCD 电源侧高压侧发生碰壳故障

9.4.5 电涌保护的应用示例

以下按低压配电系统保护接地的形式特征,分别介绍电涌保护的典型应用。低压系统中各导体间电涌保护器的装设,可按表 9-8 确定。

按系统特征确定电涌保护器的装设位置 (V)　　　　表 9-8

电涌保护器接于	电涌保护器安装点的系统特征							
	TT 系统		TN-C 系统	TN-S 系统		IT 系统(引出中性线)		IT 系统(不引出中性线)
	接线形式 1	接线形式 2		接线形式 1	接线形式 2	接线形式 1	接线形式 2	
每一相线各中性线间	+	★	NA	+	★	+	★	NA

续表

电涌保护器接于	电涌保护器安装点的系统特征							
	TT 系统		TN-C 系统	TN-S 系统		IT 系统(引出中性线)		IT 系统(不引出中性线)
	接线形式 1	接线形式 2		接线形式 1	接线形式 2	接线形式 1	接线形式 2	—
每一相线各 PE 线间	★	NA	NA	★	NA	★	NA	★
中性线和 PE 线间	★	★	NA	★	★	★	★	NA
每一相线和 PEN 线间	NA	NA	★	NA	NA	NA	NA	NA
相线间	+	+	+	+	+	+	+	+

注 1. ★为强制规定装设电涌保护器；NA 为不适合装设电涌保护器；+为需要时可增加装设电涌保护器。

2. 当 SPD 安装处中性线与 PE 线不直接相连时，按下面两种接线形式之一装设：

(1) 接线形式 1，SPD 接于每一相线及中性线与总接地端子或 PE 线之间；

(2) 接线形式 2，SPD 接于每一相线与中性线之间及中性线与总接地端子或 PE 线之间，即所谓"3+1"接法。

1. TN 系统中的应用

在 TN 系统中，电涌保护模式无论是采用共模还是差模接线，由于 SPD 失效时都会造成短路，且短路电流很大，能够足以驱动过电流保护（断路器或熔断器），切除故障元件，因此一般是将 SPD 装设于 RCD 的电源侧，这样既可以避免 SPD 动作时造成的 RCD 误动作，又可以使 RCD 也受到电涌保护，电涌保护在 TN 系统中的典型应用如图 9-28 所示。

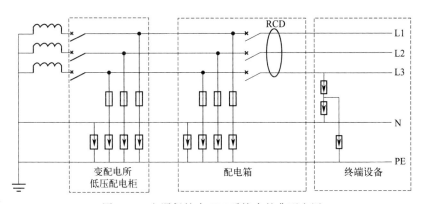

图 9-28 电涌保护在 TN 系统中的典型应用

在图 9-28 中对末端的单相设备设置了"2+1"保护，是一种不完全的差模与共模混合接线，与三相系统中的"3+1"保护类似，该接线形式在泄放电涌能量的同时，有利于防止差模过电压损坏设备硬件。

2. TT 系统中的应用

TT 系统中，安装于 RCD 负荷侧的 SPD 宜采用共模接线。这是由于在该接法中，当有一只 SPD 失效时，尽管故障电流可能会不足以驱动系统中的过电流保护电器动作，但故障电流性质为剩余电流，是足以驱动 RCD 动作的，从而能够保证可靠地切除故障元件，因此，该接法并不需要在 SPD 安装处设置熔断器作为失效保护，该应用的接线如图 9-29 所示。

在 TT 系统中，当安装在 RCD 负荷侧的 SPD 采用差模接线时，任一只 SPD 失效都会造成系统短路，此时尽管 RCD 检测不到剩余电流，但过电流保护电器是能可靠地切除故障，因此也是可行的，如图 9-30 所示"3＋1"接线中的差模部分。需要注意的是该接线中 N-PE 间 SPD 应选用电压开关型。

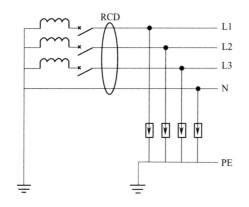

图 9-29 TT 系统安装于 RCD 负荷侧的 SPD 接线

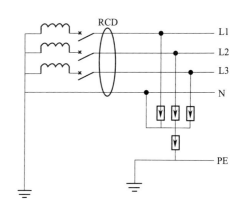

图 9-30 TT 系统安装于 RCD 负荷侧的 SPD "3＋1" 接线

在 TT 系统中，若将 SPD 安装在 RCD 的电源侧，则应采用差模或"3＋1"接线。这是由于将 SPD 安装在 RCD 的电源侧时，对失效的 SPD 只能依靠过电流保护器切除，而 SPD 采用共模接法时，如前所述，任一只 SPD 失效造成短路故障时，由于短路故障回路中有两个接地电阻，故障电流不足以可靠地驱动过电流保护电器动作，切除故障元件。电涌保护在 TT 系统中的典型应用如图 9-31 所示。

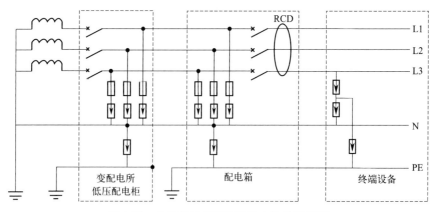

图 9-31 电涌保护在 TT 系统中的典型应用

3. IT 系统中的应用

IT 系统中电涌保护采用共模接线时，任一只 SPD 失效相当于 IT 系统中发生了单相接地故障，不会产生过电流，如果采用 IT 系统的目的是提高供电的连续性，则不应因此切断电源，这就要求将 SPD 安装于 RCD 的电源侧，如图 9-32(a) 所示，需要注意的是采用该设置方法时，应选用本身具有故障报警功能的 SPD，以及时发出报警信号；如果采用 IT 系统的目的是电击防护，则可考虑将 SPD 设置在 RCD 的负荷侧，依靠 RCD 及时切除失效的 SPD，如图 9-32(b) 所示，但需要注意的是，若接地故障电流小于 RCD 动作电流 30mA，失效的 SPD 将不能被切除。

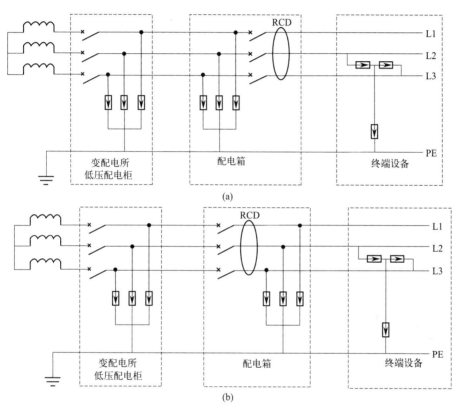

图 9-32　电涌保护在 IT 系统中的典型应用
(a) 保证供电连续性时的接法；(b) 电击防护时的接法

9.5　建（构）筑物中电磁脉冲防护

闪电是一种能量很高的骚扰源。雷击能释放出数百兆焦耳以上的能量，而电子信息设备可承受的能量多为毫焦耳级，差别较大，传统的防雷方式，常常对电子信息设备起不到预期的保护作用。当需要将建（构）筑物内电气电子系统作为保护对象时，就是所谓的雷击电磁脉冲防护，防护目标是避免电气电子设备的损坏。防雷击电磁脉冲本身是属于建（构）筑物内部防雷的范畴，但建(构)筑物外部防雷系统对防雷击电磁脉冲也有很大作用。

9.5.1 雷击电磁脉冲及防雷区划分

1. 雷击电磁脉冲

雷击电磁脉冲（LEMP）是指作为骚扰源的闪电电流和闪电电磁场。雷击电磁脉冲对建筑物内电气电子系统的干扰主要有以下 3 种情况：

（1）自然界中雷电波电磁辐射对建（构）筑物内部空间的电磁干扰。

（2）建（构）筑物外部防雷装置接闪后，流经防雷装置的雷电流对建（构）筑物内部空间的电磁干扰。

（3）由外部的各种管线（管道线、电源线、通信线等）引来的雷电电磁波对建（构）筑物内部空间的电磁干扰。

2. 防雷区及其划分

根据被保护空间可能遭受雷击电磁脉冲的严重程度及被保护系统或设备所要求的电磁环境，将被保护空间划分为若干不同的区域，称为防雷区（LPZ）。防雷区的划分是以在各区交界处的雷电电磁环境有明显变化作为特征来确定的。下面以图 9-33 为例，来说明防雷区的划分原则和方法。

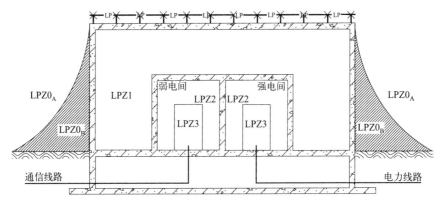

图 9-33　建筑物防雷区划分示例

（1）$LPZ0_A$ 区。本区内的各物体都可能遭到直接雷击，因此各物体都有可能导走全部雷电流，本区的电磁场没有衰减。如图 9-33 所示，接闪器保护范围以外的空间都属于 $LPZ0_A$ 区。

（2）$LPZ0_B$ 区。本区内的各物体不可能遭到直接雷击，但本区内的电磁场没有衰减。如图 9-32 所示，接闪器保护范围以内建筑物墙（屋面）以外的空间就是 $LPZ0_B$ 区。

（3）LPZ1 区。本区内的各物体不可能遭到直接雷击，流经各导体的电流比 $LPZ0_B$ 区进一步减小，本区内的电磁场可能有衰减，这取决于屏蔽措施。如图 9-33 所示，建筑物以内、设备间以外的空间就是 LPZ1 区。$LPZ0_B$ 区与 LPZ1 区的交界面是建筑物的墙体和屋面，由于建筑构件的自然屏蔽和钢筋的分流作用，使得这两个区域的电磁环境会有显著差异。

（4）后续防雷区（LPZ2，LPZ3……）。如果需要进一步减小所导引的雷电流和（或）电磁场强度，应引入后续的防雷区，并应根据被保护（电子信息）系统所要求的电磁环境去选择后续防雷区的要求与条件。如图 9-33 所示，设备房以内、设备外壳以外的空间就是 LPZ2 区，设备外壳以内的空间为 LPZ3 区，这是根据电气电子信息设备对电磁环境的要求确定的防雷区。通常，防雷区的数字越高，该空间电磁环境的参数要求就越低。

图 9-33 中表明在相邻防雷区交界面的两侧，区域内承受和传导的雷电干扰会有明显的变化，造成这种变化的原因有防雷系统的作用、建筑物自然屏蔽的作用、人为的屏蔽措施及自然或人为的分流作用等。工程标准中依据不同防雷区的电磁环境有显著差异的特征将被保护空间划分为不同的防雷区，目的就是为了限定各部分空间不同的雷击电磁脉冲强度，以界定各不同空间内被保护设备相应的防雷击电磁干扰水平，并界定等电位联结点及保护器件的安装位置，学习中应认真体会。

9.5.2 雷击电磁脉冲防护措施

在工程中，电气电子系统的雷击电磁脉冲防护是分为两个环节实施：第一个环节是在建筑物上实施，也称为建筑物上的雷击电磁脉冲防护措施，在建筑物上实施的防雷击电磁脉冲措施的基础是建筑物的外部防雷系统，在此基础上主要还有等电位连接、屏蔽、接地等专门措施，这些措施的目的都是直接衰减进入建筑物室内空间的雷电能量；第二个环节是在电气电子系统内部实施，主要是设置电涌保护器，也就是电涌保护，其目的是泄放耦合进入电气电子系统的雷电能量。这里主要介绍在建筑物上实施的雷击电磁脉冲防护的一些专门措施。

1. 等电位连接

用于 LEMP 防护的等电位连接（EB），就是人为地将原本分开的装置、诸导电物体等用导体连接起来，其目的在于减小雷电流在它们之间产生的电位差。

1) 在防雷区界面处实施的等电位连接

穿越各防雷区界面的金属物和系统，以及在一个防雷区内部的金属物和系统，均应在防雷区界面处作等电位连接。

所有进入建筑物的外来导电物均应在 $LPZ0_A$ 或 $LPZ0_B$ 与 LPZ1 区的界面处做等电位连接。图 9-34 是导电物从同一位置进入建筑物时的等电位连接。当外来的导电物、电力线、通信线是在不同地点进入建筑物时，宜设若干等电位连接带，并应将其就近连到环形接地体、内部环形导体或兼有此类功能的钢筋上，它们在电气上是导通的，并应连通到接地体（含基础接地体）上，其做法如图 9-35 所示。

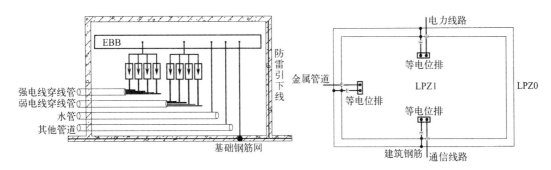

图 9-34 导电物从同一位置进入建筑物时的等电位连接

图 9-35 外来导电物多点进入建筑物时的等电位连接

后续各防雷区界面处的等电位连接,与在 LPZ0 与 LPZ1 区界面处等电位连接原则相同。具体方法为采用一局部等电位连接带做等电位连接,所谓局部等电位连接带是指设在 LPZ0 与 LPZ1 区以后各防雷区交界处的等电位连接带。在该防雷区中各种屏蔽结构或其他局部金属物,例如设备的外壳也应连到该局部等电位连接带做等电位连接。

2)在防雷区内部实施的等电位连接

在某一防雷区内所有金属地板、金属门框架、设施管道、电缆桥架等大尺寸的内部导电物,其等电位连接应以最短路径连接到最近的等电位连接带或其他已经做了等电位连接的金属物体上,平行敷设的长金属管线,各管线之间宜附加多次相互连接。

2. 屏蔽

屏蔽是衰减辐射耦合电磁干扰的基本措施。根据法拉第笼原理,封闭的金属笼内电场强度接近于零,因此对外部电磁干扰有较大的衰减作用,同时由于屏蔽作用的存在,笼内信号也不易辐射到笼外,这也有利于保密。

1)敏感设备及系统对 EMP 环境的要求

由于雷电流的电磁辐射可以影响到 1km 以外的微电子设备,所以无论是本建筑物遭到雷击,还是远处的建筑物或空中发生雷击,都会有闪电电磁脉冲侵入建筑物。因此,对有大量电子设备的房间有必要采取屏蔽措施,以保证电子设备工作所需的电磁环境。在人防工程中依据设备或系统对电磁脉冲干扰的承受能力,将电气电子系统中敏感设备及系统对 EMP 环境的要求分为三个防护等级,如表 9-9 所示。表中电磁脉冲场强的峰值为最高限值,表中数据是依据微机等信息设备(也称敏感设备或系统)的电磁脉冲模拟试验结果得出。

敏感设备及系统对 EMP 环境的要求　　　　表 9-9

等级	电磁脉冲场强峰值		对设备运行状态的要求
	$E(V/m)$	$B(mT)$	
1	≤10	≤0.02	敏感设备在电磁脉冲环境中不间断运行
2	≤200	≤0.1	敏感设备在电磁脉冲环境中不受毁伤
3	≤2000	≤1.0	次敏感设备在电磁脉冲环境中不受毁伤

2)屏蔽效果的表示方法

屏蔽体的屏蔽效果一般用传输系数 T 或屏蔽效能 SE 两种方法表示。

(1)传输系数 T。它是指加屏蔽后某一测点的场强 E_S 和 H_S 与同一测点未加屏蔽时的场强 E_0 和 H_0 之比。

对电场: $T_E = \dfrac{E_S}{E_0}$;

对磁场: $T_M = \dfrac{H_S}{H_0}$。

(2)屏蔽效能 SE。屏蔽效能有时也称屏蔽损耗,它是指未加屏蔽时某一测点的场强 E_0 和 H_0 与加屏蔽后同一测点的场强 E_S 和 H_S 之比,一般以"dB"为单位。

对电场: $SE_E = 20\lg(\dfrac{E_0}{E_S})$;

对磁场：$SE_M = 20\lg(\dfrac{H_0}{H_S})$。

注意：屏蔽体的屏蔽效果采用传输系数表示时是 T 值越小，表示屏蔽效果越好；当采用屏蔽效能表示时是 SE 值越大，表示屏蔽效果越好。现行人防工程相关标准中都是用屏蔽效能来表示屏蔽体的屏蔽效果。

3）屏蔽的种类

按屏蔽原理来分，可将屏蔽分为静电屏蔽、磁屏蔽、电磁屏蔽等几种类型。静电屏蔽是指为防止静电场影响，消除两个电路之间因分布电容耦合产生的干扰而设置的屏蔽，其屏蔽体一般采用电导率较高的材料并良好地接地。磁屏蔽是指为防止磁场干扰而设置的屏蔽，屏蔽体不仅需采用具有高导磁率的磁性材料，而且要求对于低频（包括恒频）磁场的屏蔽，屏蔽材料在被屏蔽的磁场内不应处于饱和状态，也就是说对屏蔽体的厚度是有要求的。电磁屏蔽是指为防止高频电磁场的影响而设置的屏蔽，屏蔽体应采用既导电又导磁的金属材料。电磁脉冲防护的屏蔽多指电磁屏蔽，且要求良好地接地。表 9-10 为不同材料屏蔽室模型的屏蔽效能实测数据。

不同材料屏蔽室模型的屏蔽效能实测数据　　　　表 9-10

屏蔽体材料及其规格	屏蔽效能 SE(dB)		备注
	电场	磁场	
0.7mm 白铁皮	92.2	68	—
1—25×12×1.2 钢板网	52.6	27	钢板网型号含义：板厚—网孔长对角线×网孔短对角线×网丝宽度(mm)
1.2—60×40×2 钢板网	41.8	23.8	
1.5—100×50×3.1 钢板网	40.8	22.1	
1.2—60×40×2 钢板网混凝土砂浆抹面	52.7	30	
2mm 钢板焊接式屏蔽体	>103	>89	—

屏蔽室的屏蔽效能不仅与屏蔽体的材料有关，还与电子设备电源线和信号线接口的过电压防护、等电位连接及接地措施等有关。

人防工程中，为了便于工程技术人员选择屏蔽室，考虑到大部分工程的实际情况，相关规范中还推荐了与三个防护等级相对应的屏蔽室的屏蔽指标要求，如表 9-11 所示。

电磁脉冲屏蔽效能分级（dB）　　　　表 9-11

屏蔽等级	SE_{ES}	SE_{MS}
Ⅰ	≥80	≥60
Ⅱ	60～79	40～59
Ⅲ	40～59	20～39

表 9-11 中，SE_{ES} 为屏蔽室对电磁脉冲电场的屏蔽效能（dB）；SE_{MS} 为屏蔽室对电磁脉冲磁感应强度的屏蔽效能（dB）。工程中也通常将对应三个屏蔽等级的屏蔽室分别称之为一级、二级和三级屏蔽室。一级屏蔽室可采用 2mm 钢板焊接式屏蔽体，二级屏蔽室可采用白铁皮屏蔽体，三级屏蔽室可采用钢板网屏蔽体，这与表 9-10 是相对应的。

此外，屏蔽的种类还可按屏蔽的目的分为主动屏蔽和被动屏蔽；按建（构）筑中屏蔽的工程方法又可分为自然屏蔽和人工屏蔽等，这里就不再一一赘述。需要说明的是，由于建筑物金属结构遍及各处，利用结构钢筋构成法拉第笼就是最常用的做法，如图9-36所示。

3. 接地

建筑物中做了等电位联结的各种金属体均应接地，进出建筑物的金属管线在等电位联结处也应接至同一接地装置上，该接地装置应与电气装置的接地共用，若建筑物外部防雷系统的接地装置是与该接地装置分离的，也就是说外部防雷系统是独立的，则该接地装置还应与外部防雷接地装置有足够的间距，以防止反击。

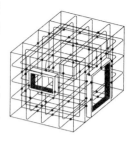

图9-36 利用结构钢筋屏蔽示例

关于分别接地与共同接地的问题，其本质上是属于接地装置的利用方式问题。若工作接地、保护接地、防雷接地、电子信息系统接地等都共享一个接地装置，则称为共同接地，也称为联合接地，否则就称为分别接地。共同接地的好处是各种地之间不会出现电位差，但各个系统间可能会通过地形成相互干扰。分别接地的好处是各个地之间互不干扰，但不同接地装置之间可能出现电位差，这个电位差可能会通过某些途径作用在设备或人体上，形成危险电压。

9.5.3 人防工程核电磁脉冲防护设计

人防工程要求具有核电磁脉冲的防护功能。核电磁脉冲的防护机理与雷击电磁脉冲的防护有相似之处，本节着重阐述人防工程核电磁脉冲防护设计中的具体技术措施。核电磁脉冲对人防工程的侵袭主要有两个途径：一是直接穿透；二是耦合感应引入。防护的主要技术措施也应从以下两个方面考虑。

1. 电磁脉冲直接穿透的防护措施

人防工程防电磁脉冲直接穿透可采取整体防护的电磁防护方案，也可采取分区分级的局部电磁脉冲防护方案。所谓整体防护是指将整个工程用金属材料包裹起来（屏蔽）进行电磁防护；而所谓的局部防护是指在设置重要的敏感设备的区域采取各种屏蔽室进行的防护。研究表明，在出现较大磁场时，当磁场中有铁磁屏蔽体时，将引起磁通分布的改变，磁通将向高导磁率的铁磁介质（屏蔽钢板）集中，使屏蔽钢板侧壁中的磁通密度大大提高，往往会造成磁饱和，从而导致屏蔽失效，而增加屏蔽钢板的厚度将使整体电磁防护的造价非常高，因此，从综合效益考虑，人防工程应采用总体屏蔽与局部屏蔽相结合，以局部屏蔽为主的防护方案。

1) 整体防护措施

(1) 坑道式人防工程的自然防护层对电磁脉冲的衰减为阻止电磁脉冲能量以辐射方式直接进入工程内部提供了有利条件。研究证明自然防护层对电磁脉冲的衰减量，其量值主要取决于防护层岩石介质的电参数。在工程中应当充分加以利用。

(2) 对掘开式工程至少有两层总体结构钢筋网可加以利用，应向结构专业提出采用"细钢筋，密网格"的配筋原则，并要求钢筋网节点焊接，这样可很经济地确保总体屏蔽效能。

(3) 工程口部是电磁脉冲引入工程的主要途径。因此，工程口部的防护门、防护密闭门和密闭门应采用钢门,其钢门框应和四周钢筋混凝土门框的钢筋焊接,这样可有效地减少引入人防工程的电磁脉冲,特别是电磁脉冲的高频能量。

应注意的是整体防护的各个环节和部位均应谨慎处理,不留漏洞,保证"等强"屏蔽。对门、洞、出入管线口等均需作相应处理,这样才能保证不破坏总体屏蔽效能。图9-37为坑道口部进出管线敷设示意图。

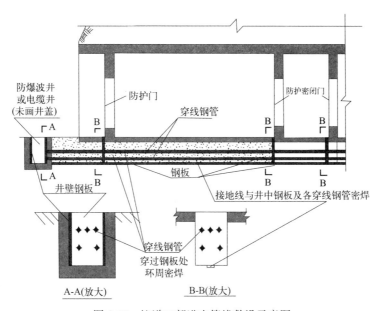

图 9-37　坑道口部进出管线敷设示意图

2) 局部防护措施

局部电磁脉冲防护主要采用金属材料制成的屏蔽室将重要的电子信息设备保护起来。屏蔽室是一个完整的电磁防护系统,主要由金属屏蔽壳体、屏蔽门、通风波导窗、电源滤波器、光纤波导管、信号滤波器等组成,根据不同的防护要求,可采用不同等级的屏蔽室。

2. 电磁脉冲耦合感应引入的防护措施

出入工程的金属管线上的感应耦合引入是电磁脉冲侵入工程的另一条重要途径。

1) 输送非导电介质金属管道的防护

为减少耦合感应引入工程内部,应尽可能采用非金属管道。对金属管道通常采用引流和隔断的办法来防止电磁脉冲的引入。对金属进排水管可加绝缘隔断,并将隔断前的金属管接地,将在工程外部感应的电磁脉冲在工程外部就引流入地,以防引入工程内部,在进入工程时还应加焊加强钢板,其做法如图 9-38 所示。对通风系统可在进排风管上加帆布隔断,且在工程内部最好采用非金属风管(如玻纤板风管),以减少电磁脉冲的感应耦合。对其他输送非导电介质的管道(如油管等)可参照风水管的办法进行类似处理。

2) 电力系统防耦合感应引入的措施

(1) 当工程由外部变电所供电时,为将在外部电力系统耦合感应的电磁脉冲能量尽快泄放,应在外部变电所的变压器高低压侧均加装限幅元件,并在外部变电所专门做一个冲击接地阻抗小的接地装置,如水平辐射形接地装置,同时结合无功补偿,用部分电容器接

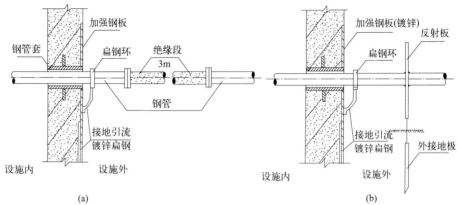

图 9-38 给水钢管加反射板和非金属绝缘段的做法
(a) 加进绝缘段示意图；(b) 加挡板并接地示意图

成星形作滤波元件，进一步衰耗电磁脉冲能量，然后将电缆全穿钢管埋地引入工程。

(2) 当变电所设在工程内部时，可采取如下措施：①引入工程的外电源高压电力电缆应采用铠装电缆。在引入电缆端部加装一组既能防雷又能防核电磁脉冲的限幅元件，如高压氧化锌避雷器，并在该处（高压架空线转接电力电缆处）专门做一个水平辐射形接地装置，将电缆铠装良好接地。②电缆应全穿钢管埋地引入，且钢管穿入工程时应加焊加强钢板（并采用钢管套焊密闭肋，作防护密闭处理）。研究表明引入电缆对电磁脉冲也有衰耗作用，且随长度增加而增强。③在变压器的高压侧、低压母线上均加限幅元件。④采用全封闭配电柜，一般宜采用高压手车式及低压抽屉式配电柜。⑤结合无功补偿，用部分电容器接成星形滤波。⑥工程内全部穿钢管配线，并采用全封闭钢质配电箱及钢质封闭式接线盒、开关盒和灯头盒，整个配电系统构成钢质（接地）全封闭配电系统。⑦给屏蔽室供电的配电箱中要加装低压限幅元件。⑧进屏蔽室的电源在室外先加装电源滤波器后再引入。⑨在工程底部做一完善的接地系统，作为电磁脉冲泄放及电力接地系统和屏蔽接地，并可与通信接地合并。引入工程的外电源高压电缆做法如图 9-39 所示，低压侧限幅元件布置要求如图 9-40 所示。

3) 通信系统防耦合感应引入的措施

通信系统应像电力系统一样构成另一个独立的钢质（接地）全封闭系统，各种通信线路均应采用穿钢管或全封闭式钢质配线，同时采用钢质封闭式配线柜及分线箱。在天线和馈线中除应加装限幅保护元件外，对进入屏蔽区敏感通信设备的线路还应加装带通滤波器，这些线路在进入工程时也要加焊加强钢板，并做防护密闭处理。

要特别注意的是：通信系统限幅保护元件的要求比电力系统高得多，其插入损耗一定要小，否则将改变天线和馈线系统的参数，以致该通信系统无法正常工作。

通信系统目前另一困难问题是有线通信即电话线路，要求尽量控制进出工程的电话线对数，无关线路尽量不要引入；当进入高屏蔽区的电话线对数很多时，处理很困难。理想的解决方案是采用光缆。

对其他管线根据其传输介质可参照上述类似措施处理。

3. 防电磁脉冲的接地

人防工程内部应设置完善的接地系统，为电磁脉冲能量向大地泄放提供通道。由于核

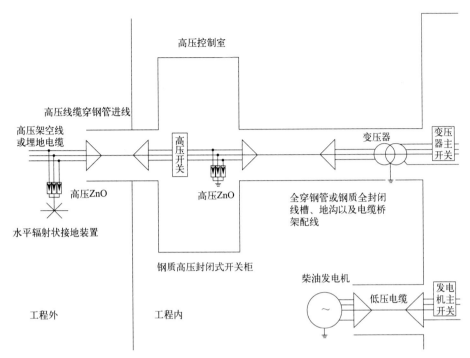

图 9-39　高压电缆进入工程做法示意图

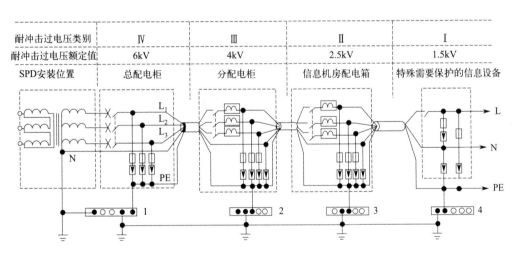

图例：—⋋—空气断路器；——/——隔离开关；—▭—熔断器；—▼—浪涌保护器；
—⌒—退耦器件；●●●●●●等电位接地端子板

1—总等电位接地端子板；2—楼层等电位接地端子板；3、4—局部等电位接地端子板

图 9-40　低压侧限幅元件布置示意图

电磁脉冲波头的上升时间比雷电电磁脉冲快约两个量级，高频分量要比雷电波丰富得多，在考虑接地装置对核电磁脉冲冲击接地作用时，必须考虑接地体对冲击电流的动态响应过程。在作防电磁脉冲接地设计时，应尽量减小接地体的波阻抗，缩短由冲击阻抗到达工频接地电阻的时间，一般宜采用水平辐射形接地装置。

此外，应注意的是不论是电力、通信还是给水排水等金属管线在外部耦合感应的电磁脉冲一定要先在外部引流泄放（在外部设置接地装置），而不能先引入内部再放，以避免将电磁脉冲引入工程内部。

9.5.4 屏蔽室屏蔽指标的确定

屏蔽室屏蔽指标的确定是根据工程外电磁脉冲环境、工程内设备对电磁脉冲的环境要求和自然防护层、被覆层对电磁脉冲的衰减量等因素确定。

1. 计算电磁脉冲空域防护技术指标

空域防护技术指标实际上是不考虑自然防护层和被覆层对电磁脉冲衰减量情况下的屏蔽指标，计算公式如下：

$$S_E = 20\lg \frac{E_{PE}}{E_{PI}} \quad (9-13)$$

$$S_M = 20\lg \frac{B_{PE}}{B_{PI}} \quad (9-14)$$

式中 S_E——电磁脉冲电场空域防护技术指标（dB）；
S_M——电磁脉冲磁场空域防护技术指标（dB）；
E_{PE}——工程外电磁脉冲电场强度的峰值（V/m）；
E_{PI}——工程内设置敏感设备的空间允许的电磁脉冲电场强度峰值的上限（V/m）；
B_{PE}——工程外电磁脉冲磁感应强度峰值（T）；
B_{PI}——工程内设置敏感设备的空间允许的电磁脉冲磁感应强度峰值的上限（T）。

2. 确定自然防护层、被覆层对电磁脉冲的衰减量 S_{EC}、S_{MC}

自然防护层的屏蔽效能主要是取决于岩土介质的电导率和自然防护被覆层的厚度，如表 9-12 所示。但是，由于影响岩土介质电导率的因素较多，电导率随这些因素变化的规律也较复杂，确定其量值是较为困难的。工程中一般是通过测量自然防护层对 1MHz 以下广播信号的衰减量来估算岩土介质的电导率 σ 后，再查表得到自然防护层对电磁脉冲电场和磁场强度的衰减量。

由岩土介质电导率及厚度求自然防护层的衰减量　　　　表 9-12

类型	σ_g(S/m)	深度 d(m)				
		10	20	50	100	200
电场强度峰值衰减量（dB）	10^{-2}	17	21	30	41	57
	10^{-3}	15	19	22	24	35
	10^{-4}	6.6	8.5	11.0	12.6	12.6
磁感应强度峰值衰减量（dB）	10^{-2}	3	6	12	21	35
	10^{-3}	0.7	1	4	6	13
	10^{-4}	0.1	0.4	1.0	2.0	3.9

被覆层对电磁脉冲的衰减量可通过实验室的模型试验来确定。由于自然防护层对电磁脉冲电场的衰减量较大，对磁场的衰减量较小，而且对磁场的屏蔽比较困难。一般说来，只要磁场屏蔽指标达到防护要求，电场的屏蔽指标都能达到要求。因此，被覆层只需考虑

对磁场的衰减量。

工程实践表明：自然防护层厚度在100～150m之间，岩土介质电导率在1×10^{-3}S/m以上，并采用双层钢筋网（网格尺寸不大于20cm×20cm，配筋直径不小于10mm）或双层钢板网进行全面被覆的工程，所有屏蔽室的等级可降低一级（10dB）。自然防护层厚度在500m左右，岩土介质电导率在1×10^{-3}S/m以上的工程，屏蔽室的等级可再降低一级（20dB）。

3. 确定防护区域的电磁脉冲屏蔽指标

电磁脉冲屏蔽指标实际上是扣除自然防护层、被覆层对电磁脉冲衰减量的空域防护技术指标，计算公式如下：

$$SE_E = S_E - S_{EC} \tag{9-15}$$
$$SE_M = S_M - S_{MC} \tag{9-16}$$

式中　S_{EC}——自然防护层、被覆层对电磁脉冲电场强度峰值的衰减量（dB）；
　　　S_{MC}——自然防护层、被覆层对电磁脉冲磁感应强度峰值的衰减量（dB）。

4. 确定屏蔽室的屏蔽指标

屏蔽室的屏蔽指标应大于等于防护区域的电磁脉冲屏蔽指标，即：

$$SE_{ES} \geqslant SE_E;\; SE_{MS} \geqslant SE_M \tag{9-17}$$

式中　SE_{ES}——屏蔽室对电磁脉冲电场的屏蔽效能（dB）；
　　　SE_{MS}——屏蔽室对电磁脉冲磁感应强度的屏蔽效能（dB）。

依据屏蔽指标，即可选择相应屏蔽等级的屏蔽室。

9.6　接地与接地装置

接地是维护电气系统安全可靠运行，保障人员和电气设备安全的重要技术措施。接地装置是接地技术得以实施的前提条件，接地装置的核心是接地体（极）。本节主要介绍工程接地装置，特别是人防工程接地装置的设计与施工方法。

9.6.1　接地的分类

地是指能供给或接受大量电荷可用来作为良好的参考电位的物体，一般指大地，工程上取为零电位。电子设备中的电位参考点也称为"地"，但不一定与大地相连。将电气系统或设备的某些导电部分与"地"之间作良好的电气连接称为接地。根据接地的不同作用，一般可将接地分为以下三大类。

1. 功能性接地

功能性接地是用于保证设备（系统）的正常运行，或保证设备（系统）可靠且正确地实现其功能所设置的接地，一般也称为工作接地；如电力系统的中性点接地，单极大地回流直流输电系统的正极接地，设置一个等电位点作为电子设备基准电位的信号电路接地（信号地）等。

2. 保护接地

保护接地是以人身和设备的安全为目的的接地，主要有：

（1）保护接地，电气装置的外露可导电部分、配电装置的构架和线路杆塔等，由于绝缘损坏有可能带电，为防止其危及人身和设备安全而设置的接地。

（2）雷电防护接地，为雷电防护装置（避雷针、避雷线和避雷带等）向大地泄放雷电流而设置的接地，用以消除或减轻雷电危及人身安全和损坏设备。

（3）防静电接地，将静电导入大地以防止其危害的接地，如对易燃易爆管道、储罐以及电子器件的接地等。

（4）阴极保护接地，使被保护金属表面成为化学原电池的阴极，以防止该表面被腐蚀所设置的接地，如对长电缆金属外皮和金属管道采用的对被保护金属施加相对于周围土壤为$-0.7\sim-1.2V$的直流电压进行的保护等。

3. 电磁兼容性接地

电磁兼容性是使器件、电路、设备或系统在其电磁环境中能正常工作，且不对该环境中任何事物构成不能承受的电磁骚扰。为此目的所做的接地称为电磁兼容性接地，如将电磁屏蔽体进行的接地等。

9.6.2 工程接地装置

接地装置是由接地体、接地引线、接地连接板、接地连接线等构成，其核心部分是接地体。据此，为达到接地目的，工程中将人为地埋入地中直接与大地接触的金属导体组，称为人工接地体；将兼作接地体用的直接与大地接触的各种金属构件、钢筋混凝土建筑、构筑物的基础、金属管道等设备，称为自然接地体。

1. 人工接地体

人工接地体由单个或若干个接地极构成，接地极分为垂直接地极和水平接地极两种形式。垂直接地极一般用角钢或钢管制作，水平接地极一般用扁钢或圆钢制作。

1）垂直接地极接地电阻

如图9-41(a)所示，单根垂直接地极的接地电阻为：

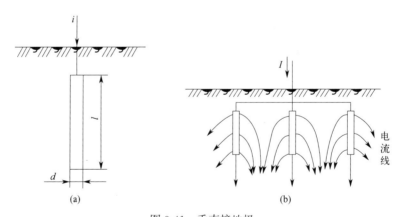

图9-41 垂直接地极
(a) 单根；(b) 多根

$$R=\frac{\rho}{2\pi l}\ln\frac{4l}{d} \qquad (9-18)$$

式中 R——接地电阻值（Ω）；

l——接地极长度（m）；

d——接地极直径（m），当采用扁钢时，$d=0.5b$，b为扁钢宽度；当采用角钢时，

$d=0.84b$，b 为角钢每边宽度；

ρ——土壤电阻率（Ω·m）。

增加垂直接地极的长度可降低接地电阻，但当长度超过一定值（一般为 2.5m 左右）后，长度对降低接地电阻的影响已不明显。

若将多根垂直接地极并联，因相互间的屏蔽作用，如图 9-41（b）所示，其总的接地电阻为：

$$R_\Sigma = \frac{R}{\eta n} \tag{9-19}$$

式中　R——单根接地极的接地电阻，可按式（9-18）计算；

　　　η——利用系数，一般为 0.65～0.8，具体数据可查阅相关手册。

2）水平接地极接地电阻

水平接地极的工频接地电阻可按下式计算：

$$R = \frac{\rho}{2\pi L}\left(\ln\frac{L^2}{hd} + A\right) \tag{9-20}$$

式中　R——接地电阻值（Ω）；

　　　ρ——土壤电阻率（Ω·m）；

　　　L——接地极的总长度（m）；

　　　h——接地极埋设深度（m）；

　　　d——接地极直径（m），当采用扁钢时，$d=0.5b$，b 为扁钢宽度；当采用圆钢时，d 为圆钢的直径；

　　　A——水平接地极的形状系数，也称屏蔽系数，见表 9-13。

表 9-13　水平接地极接地电阻的形状系数

水平接地极形状	一	L	人	○	＋	□	✕	✳	✵
A	-0.6	-0.18	0	0.48	0.89	1	2.19	3.03	4.71

3）接地网接地电阻

如图 9-42 所示，由水平接地极构成了边界闭合的接地网，这种接地网常用于变电站接地，其接地电阻近似计算公式为：

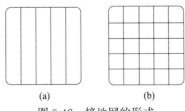

图 9-42　接地网的形式

(a) 长孔；(b) 方孔

$$R \approx \frac{\sqrt{\pi}}{4} \times \frac{\rho}{\sqrt{S}} + \frac{\rho}{L} \tag{9-21}$$

式中　R——接地电阻值（Ω）；

ρ——土壤电阻率（Ω·m）；
L——水平接地极总长度（m）；
S——接地网面积（m²）。

上述计算所得的接地电阻均为工频接地电阻，通过换算可得到冲击接地电阻。

2. 自然接地体

自然接地体主要有建筑物基础构成的接地体、金属管道构成的接地体和电缆金属外皮构成的接地体等。建筑物防雷接地采用自然接地体最为常见，自然接地体具有诸多优点，因此在建筑电气工程中可考虑优先采用。利用建筑物基础金属构件构成自然接地体，其接地电阻可用下式估算：

$$R = \frac{\rho}{\sqrt{2\pi S}} \tag{9-22}$$

式中 R——接地电阻值（Ω）；
ρ——土壤电阻率（Ω·m）；
S——结构体地下部分与土壤接触的总面积（m²），按建筑地下部分结构体底面积与侧面积之和计算。

9.6.3 人防工程联合接地系统设计

1. 联合接地系统

人防工程的接地系统宜采用电力、通信、防电磁脉冲联合接地方式（又称为共同接地），其接地电阻应同时满足工频电力安全接地、通信接地，及电磁脉冲防护接地尽可能小的冲击接地电阻的要求（工频接地电阻不大于1Ω）。根据人防工程结构特点，通常采取下列设计方法和措施。

（1）掘开式人防工程的联合接地体宜采用辐射状水平接地体，并在水平接地体上焊接多根垂直接地体，将接地装置设置在结构底板下方，其引上线通过加强钢板与底板钢筋网焊接，并将护坡桩等埋地金属导体与之并联，以尽量降低其接地电阻。

（2）坑道式、地道式人防工程的联合接地系统宜在工程内部多处埋设人工接地体。接地体的埋设地段一般选择在水库基础下、建筑排水沟下、大跨度机房、库房的地坪下等处。地质结构为山体岩石时，在建筑排水沟下埋设水平接地装置时，应采用回填细黏土或降阻剂等措施以降低接地电阻，工程其他部位的接地体应由接地干线与之相连接。

（3）接地装置应充分利用直接与大地接触的自然接地体，如水库、被覆、建筑结构钢筋网、锚杆等。自然接地体宜与人工接地体连接成为接地系统。但注意的是坑道工程头部钢筋网用作接地体时，仅适用于与工程内部无电气联系的长导体泄流，不宜与工程内部接地系统相连。

（4）人防工程口部外防电磁脉冲接地宜与防雷接地共享接地体。屏蔽室的接地、金属管线的泄流接地应就近与自然接地体或接地干线相接。

2. 掘开式人防工程接地装置做法

掘开式人防工程水平辐射形接地装置做法如图9-43所示。水平接地极置于主体工程底板下，如图9-43(a)所示，由两部分构成，一部分为沿主体工程周边的环境水平接地极，另一部分是与环形水平接地极相接的米字形辐射状水平接地极，米字形水平接地极中心设置不小于 600mm×600mm×5mm（镀锌）水平接地极连接钢板，如图中 9-43（b）所示，辐射形水平接地极由接地引上镀锌扁钢，通过工程底部钢筋网加强钢板与工程底部下层钢筋网相焊接，如图 9-43（c）所示。接地引上扁钢穿过工程底板与工程内接地干线相焊接，然后由接地干线引至工程中需接地的各点。

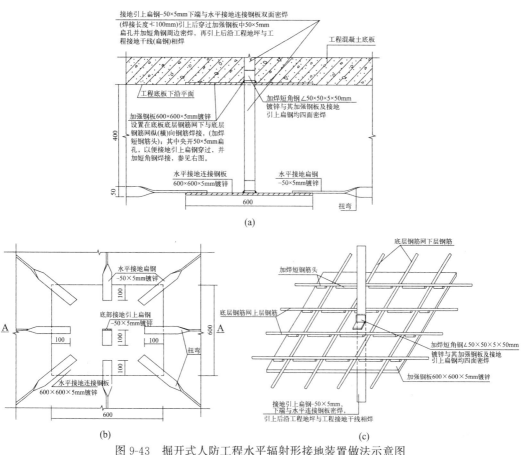

图 9-43　掘开式人防工程水平辐射形接地装置做法示意图
（a）工程底部水平辐射形接地装置示意图；（b）工程底部米字形水平接地极中心连接钢板安装示意图；
（c）工程底部加强钢板与底层钢筋网焊接示意图

3. 山体岩石地区人防工程接地装置做法

某坑道式人防工程，密闭门内轴线长 610m。地质结构为山体岩石，电阻率很高，为 2500～4000Ω·m，接地装置要满足工频接地电阻不大于 1Ω 的要求难度很大。该工程的接地系统设计为水平接地极与垂直接地极组成的综合接地系统，在工程中沿排水沟底部开掘 500mm×500mm（深×宽）水平接地体灌注槽，其中设置 50mm×5mm 镀锌扁钢水平接地极并置换田园土，另每间隔 10m 钻一 ϕ100mm、深 2.5m 的垂直接地体灌注孔，在槽内和孔内设置 50mm×50mm×5mm×2500mm 镀锌角钢作垂直接地极，水平接地极和垂直接地极双面密焊，为降低接地电阻，在槽内和孔内填充田园土，并注入降阻剂，具体做法见图 9-44。本工程接地系统设计中还充分利用了工程口部钢筋网、污水池底部钢筋网等自然接地体，并在三个水库底部设置了 1000×1000×5mm 钢板作为辅助接地极，以保证接地系统达到要求。

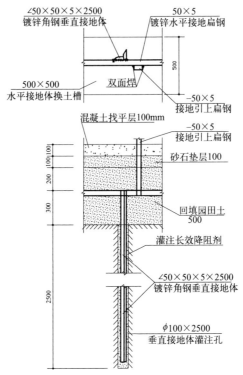

图 9-44 接地极做法示意图（mm）

9.6.4 接地电阻的测量

表征接地装置电气性能的参数为接地电阻。工程中测量接地电阻量值常采用接地电阻测量仪。接地电阻测量仪（俗称接地摇表）种类很多，按工作原理可分为电桥型、流比计型、电位计型和晶体管型等。接地摇表自身能产生交变的接地电流，无需外加电源，且电流极和电压极也各有接线端钮，见图 9-45。测量时分别接于被测接地体、电压极和电流极，以约 120r/min 的速度转动手柄时，即可产生适当的交变电流沿着被测接地体和电流极构成回路。待表计指针稳定后，可直接读出被测的接地电阻值。对于有四个接线端钮的接地电阻表，其接线方法稍有改变，见图 9-46。

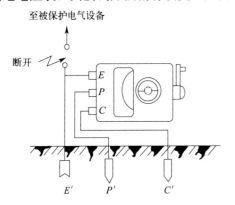

图 9-45 三端钮测量仪的测量接线

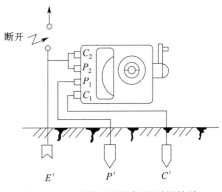

图 9-46 四端钮测量仪的测量接线

在使用小量程接地摇表测量低于 1Ω 的接地电阻时，应将四端钮中的 C_2 与 P_2 间的连接片打开，且分别用导线连接到被测接地体上，见图 9-47。这样，可以消除测量时连接导线附加电阻引起的误差影响。

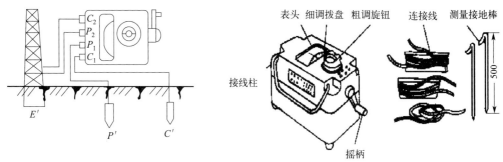

图 9-47　测量小于 1Ω 时的接线　　　　图 9-48　ZC-8 型接地电阻测量仪及附件

常用的国产接地电阻测量仪主要有 ZC-8 型和 ZC-9 型。ZC-8 型接地电阻测量仪见图 9-48，用 ZC-8 型仪表测量线路和变压器接地电阻时的具体步骤如下：

（1）拆开接地干线与接地体的连接点，或拆开接地干线上所有接地支线的连接点。

（2）将两支测量接地棒插入分别离接地体 20m 与 40m 远的地下，且均应垂直地插入地面约为 400mm 深处。

（3）将接地电阻表放在接地体附近平整的地方再接线：①用一根最短的连接线连接表上接线柱 E 和接地装置的接地体；②用一根最长的连接线连接表上接线柱 C 和插在 40m 远处的接地棒；③用一根较长的连接线连接表上接线柱 P 和插在 20m 远处的接地棒。

（4）根据被侧接地体的电阻要求，调节好粗调旋钮（仪表上有三档可调范围）。

（5）以约 120r/min 的转速均匀摇动手柄，当表针偏离中心时，边摇动手柄边调节细调拨盘，直至表针居中并稳定后为止。

（6）以细调拨盘的读数乘以粗调定位倍数，其结果便是被测接地体的接地电阻值（如细调拨盘指 0.4，粗调定位倍数是 10，则测得接地电阻为 0.40×10＝4Ω）。

测量接地电阻时的注意事项：

（1）测量接地电阻时应停电进行。对运行中的接地装置要进行定期检查和试验，以保证接地装置不致因外力损坏或接地电阻发生变化而失去作用。对于变配电所和电气设备的接地装置，应每年进行一次测试。

（2）测试接地电阻应在土壤导电率最低时进行，一般以选择每年 3、4 月份为宜。接地装置凡重新装设或经检修整理后，也要进行接地电阻测量。

（3）测量时若测量标度盘的读数小于 1，可将倍率标度置于较小的倍数，再调整标度盘以得到正确读数。若检流计灵敏度过高，可将电位探针（电压极）插浅一些；反之若灵敏度不够，则可沿电位探针和电流探针（即电流极）注水，使土壤湿润。

（4）无论用哪种方法测量接地电阻，均应将被测接地体同其他接地体分开，以保证测量的正确性。同时应尽可能把测量回路同电网分开，以利于测量安全及消除杂散电流引起的误差影响，防止测量电压反馈到与被测接地体相接的其他导体上而引发事故。

（5）测量时被侧接地体应与接地线断开；两极的位置要避开架空线路和地下金属管道的走向，应布置在与它们相垂直的方向上；应避免在雨后立即测量接地电阻；测量时在电流极周围会有较大的跨步电压，故在其 30～50m 范围内要禁止人畜进入。

思考与练习题

9-1　按能量来源和作用时间，过电压分别可以分为哪些类型？

9-2　工程上如何表征电气设备的耐压？

9-3　雷电过电压有哪几种基本防护方法？

9-4　直击雷防护由哪几部分组成？各有什么作用？

9-5　接闪器的保护范围如何计算？不同防雷级别的建筑物的滚球半径是多少？

9-6　什么是雷电反击？如何避免或降低雷电反击的危害？

9-7　避雷器有哪几种类型？分别有什么特点？

9-8　阀式避雷器保护的最大电气距离是什么？

9-9　变配电所如何防护雷电过电压？

9-10　电涌保护器按所使用的非线性元件特性可分为哪几类？

9-11　电涌保护器有哪些主要参数？这些参数在电涌保护中有什么用处？

9-12　电涌保护的保护模式主要有哪几种？

9-13　电涌保护的级间配合有哪些要求？

9-14　如何划分防雷区？

9-15　什么是雷击电磁脉冲？什么是操作电磁脉冲？什么是电涌？

9-16　建筑物上防雷击电磁脉冲的措施有哪些？

9-17　人防工程如何实现核电磁脉冲防护？

9-18　根据接地所起的作用，接地可分为哪几种类别？

9-19　接地装置由哪几部分构成？

9-20　人防工程接地施工有哪些要求？

9-21　ZC-8 型接地电阻测量仪测量线路和变压器接地电阻时的步骤是什么？

附 录

附表 1　人防工程用电设备需要系数

分组负荷	该分组内包括的设备	用电设备 台数（台）	用电设备 工作容量（kW）	分组负荷计算值 需用系数 K_d	分组负荷计算值 功率因数 $\cos\varphi$	分组负荷计算值 功率因数 $\tan\varphi$	说　明
风机类	进风机、排风机、送风机、轴流风机、冷冻机	—	20～100 <20	0.85～0.8 0.85	0.8	0.75	风机均属此分组
泵类	水泵及电站油泵	<4 4～6 6～8 <6 6～8	<15 15～25 25～35 ≈40 ≈50	0.8～0.7 0.7～0.65 0.65～0.6 0.75 0.7	0.89 0.88 0.87 0.87 0.87	0.51 0.54 0.57 0.57 0.57	—
电热类	0.5～1.5kW 分散电加热器	<20 20～50 50～100	20 左右 20～50 50～100	1.0～0.95 0.95～0.85 0.85～0.75	1.0 1.0 1.0	0.0 0.0 0.0	对集中式电加热器 K_d 取 1.0
电灶类	电灶、电冰箱、电炒锅	<2 2～4	<35 <65	0.85 0.8	1.0 1.0	0.0 0.0	—
照明类	各种照明灯具	—	0～10 10～20 20～40 通道照明	1.0～0.95 0.95～0.9 0.9～0.85 <0.95	1.0 1.0 1.0 1.0	0.0 0.0 0.0 0.0	1. 照明负荷包括插座容量，但 K_d 值仅对房间总容量而言； 2. $\cos\varphi$ 为白炽灯数值，未装电容器的日光灯 $\cos\varphi=0.5$～0.6
通信设备	载波机 电报 电话 收信机 发信机	—	—	0.95～0.85 0.85～0.75 0.85～0.75 0.9～0.8 0.8～0.7	0.8	0.75	通信类的数据供参考，设计时应和通信部门协商确定

附表2 SC系列10kV铜绕组低损耗电力变压器的技术数据

序号	项目		技术参数要求														
1	额定电压		10/0.4kV														
2	高压相数		三相														
3	低压相数		三相四线														
4	额定容量(kVA)		30	50	80	100	125	160	200	250	315	400	500	630	800	1000	1250	1600
5	高压分接范围(%)		±2×2.5 或 ±5														
6	高压侧额定电流(A)		1.73	2.89	4.62	5.77	7.22	9.24	11.55	14.43	18.2	23.1	28.9	36.4	46.2	57.7	72.2	92.4
7	额定频率(Hz)		50														
8	空载损耗(W)		170	240	330	360	420	480	550	640	790	880	1040	1170	1360	1590	1880	2200
9	负载损耗(W)	F级(120℃)	710	1000	1380	1570	1850	2130	2530	2760	3470	3990	4880	5960	6960	8130	9690	11730
		H级(145℃)	760	1070	1480	1690	1980	2280	2710	2960	3730	4280	5230	6400	7460	8760	10370	12580
10	总损耗(W)	F级	880	1240	1710	1930	2270	2610	3080	3400	4260	4870	5920	7130	8320	9720	11570	13930
		H级	930	1310	1810	2050	2400	2760	3260	3600	4520	5160	6270	7570	8820	10350	12250	14780
11	空载电流(%)		2.3	2.2	1.7	1.7	1.5	1.5	1.3	1.3	1.1	1.1	1.1	0.9	0.9	0.9	0.9	0.9
12	短路阻抗(%)		4	4	4	4	4	4	4	4	4	4	4	6	6	6	6	6
13	噪声水平(声功率级dB)		63	63	65	65	66	66	67	67	69	69	70	71	72	72	74	75
14	噪声水平(声压级dB)		50	50	50	50	50	50	50	50	50	50	50	50	50	50	52	52

附表 3 ZN12-12 户内高压真空断路器的技术参数

序号	参数名称	单位	数据				
1	额定电压	kV	12				
2	额定短路开断电流	kA	20	25	31.5	40	50
3	额定电流	A	630,1250,1600	630,1250,1600	1250,1600,2000,2500	1600,2000,3150	2000,3150
4	额定峰值耐受电流	kA	50	63	80	100	125
5	额定短时(4s)耐受电流	kA	20	25	31.5	40	50
6	额定短路关合电流(峰值)	kA	50	63	80	100	125
7	额定短路电流开断次数	次	50	50	50	20	12
8	触头开距	mm	11±1	11±1	11±1	11±1	11±1
9	触头超行程	mm	8±2	8±2	8±2	8±2	5±1
10	合闸速度	m/s	0.6~1.1	0.6~1.1	0.6~1.1	0.8~1.3	0.8~1.3
11	分闸速度	m/s	0.8~1.3	0.8~1.3	1.0~1.4	1.0~1.8	1.0~1.8
12	额定操作顺序	—	分-0.3s-合分-180s-合分			分-180s-合分-180s-合分	
13	额定雷电冲击耐受电压（全波）	kV	75				
14	额定短时工频耐受电压（1min）	kV	42				
15	三相触头合分闸不同期性	ms	≤2				
16	每项回路电阻	μΩ	≤30(40)				
17	相间中心距离	mm	210,230,250,280(±1.5)				
18	触头合闸弹跳时间	ms	≤2				
19	合闸时间	ms	≤75				
20	分闸时间	ms	≤60				
21	机械寿命	次	10000/6000(50kA)				
22	额定电流开断次数	次	10000/6000(50kA)				
23	储能电动机功率	W	275				
24	储能时间	s	≤15				
25	储能电动机额定电压	V	—110~220				
26	合闸电磁铁额定电压	V	—110~220				
27	分闸电磁铁额定电压	V	—110~220				
28	储能式脱扣器额定电压	V	—110~220				
29	过流脱扣器额定电流	A	5,3.5,1				
30	辅助开关额定电流	A	AC10,DC5				
31	额定单个电容器组开断电流	A	630				
32	额定背对背电容器组开断电流	A	400				

附表4 ZN12-40.5户内高压真空断路器的技术参数

序号	参数名称	单位	数据
1	额定电压	kV	40.5
2	额定电流	A	1250,1600,2000,2500
3	额定短路开断电流	kA	25　31.5
4	额定峰值耐受电流	kA	63,80
5	额定短时(4s)耐受电流	kA	25,31.5
6	额定短路关合电流(峰值)	kA	63,80
7	额定短路电流开断次数	次	20
8	触头开距	mm	25±2
9	触头超行程	mm	8±2
10	合闸速度	m/s	1.1～1.6
11	分闸速度	m/s	1.1～1.6
12	额定操作顺序	—	分-0.3s-合分-180s-合分
13	额定雷电冲击耐受电压(全波)	kV	185
14	额定短时工频耐受电压(1min)	kV	95
15	三相触头合分闸不同期性	ms	≤2
16	每项回路电阻	μΩ	≤35
17	相间中心距离	mm	350±2
18	触头合闸弹跳时间	ms	≤3
19	合闸时间	ms	≤90
20	分闸时间	ms	≤75
21	机械寿命	次	10000
22	额定电流开断次数	次	10000
23	储能电动机功率	W	275
24	储能时间	V	≤15
25	储能电动机额定电压	s	－110～220
26	合闸电磁铁额定电压	V	－110～220
27	分闸电磁铁额定电	V	－110～220
28	储能式脱扣器额定电压	V	－110～220
29	过流脱扣器额定电流	V	5
30	辅助开关额定电流	A	AC10,DC5
31	额定单个电容器组开断电流	A	630
32	额定背对背电容器组开断电流	A	400

附表5 ZN65-12户内高压真空断路器的技术参数

序号	参数名称	单位	数据			
1	额定电压	kV	12			
2	额定短路开断电流	kA	20	25	31.5	40
3	额定电流	A	630,1250,1600	630,1250,1600	1250,1600,2000,2500	1250,1600,2000,2500,3150
4	额定峰值耐受电流	kA	50	63	80	100
5	额定短时(4s)耐受电流	kA	20	25	31.5	40
6	额定短路关合电流(峰值)	kA	50	63	80	100
7	额定短路电流开断次数	次	50	50	50	30
8	触头开距	mm	9±1			9±1
9	触头超行程	mm	6±2			8±2
10	合闸速度	m/s	0.6~1.2			0.6~1.8
11	分闸速度	m/s	1.0~1.6			1.0~1.8
12	额定操作顺序	—	分-0.3s-合分-180s-合分			
13	额定雷电冲击耐受电压（全波）	kV	75(断口85)			
14	额定短时工频耐受电压（1min）	kV	42(断口48)			
15	三相触头合分闸不同期性	ms	≤2			
16	每项回路电阻	μΩ	≤35			
17	相间中心距离	mm	210,230,250,280(±1.5)			
18	触头合闸弹跳时间	ms	≤2			
19	合闸时间	ms	≤75			
20	分闸时间	ms	≤60			
21	机械寿命	次	10000			
22	额定电流开断次数	次	10000			
23	储能电动机功率	W	200			
24	储能时间	V	≤15			
25	储能电动机额定电压	s	—110~220			
26	合闸电磁铁额定电压	V	—110~220			
27	分闸电磁铁额定电压	V	—110~220			
28	储能式脱扣器额定电压	V	—110~220			
29	过流脱扣器额定电流	A	5,3.5,1			
30	辅助开关额定电流	A	AC10,DC5			
31	额定单个电容器组开断电流	A	630			
32	额定背对背电容器组开断电流	A	400			

附表6　VS1-12（ZN63-12）户内高压真空断路器的技术参数

序号	参数名称	单位	数据		
1	额定电压	kV	12		
2	额定短路开断电流	kA	25	31.5	40
3	额定电流	A	630,1250	630,1250	1250
4	额定峰值耐受电流	kA	63	80	100
5	额定短时(4s)耐受电流	kA	25	31.5	40
6	额定短路关合电流(峰值)	kA	63	80	100
7	额定短路电流开断次数	次	50	50	30
8	触头开距	mm	11±1	11±1	11±1
9	触头超行程	mm	3.2±0.5	3.2±0.5	3.2±0.5
10	合闸速度	m/s	0.6～1.1	0.6～1.1	0.8～1.3
11	分闸速度	m/s	0.8～1.3	1.0～1.4	1.0～1.8
12	额定操作顺序	—	分-0.3s-合分-180s-合分		分-180s-合分-180s-合分
13	额定雷电冲击耐受电压(全波)	kV	75		
14	额定短时工频耐受电压(1min)	kV	42		
15	三相触头合分闸不同期性	ms	≤2		
16	每项回路电阻	μΩ	≤30(40)		
17	相间中心距离	mm	210±0.5		
18	触头合闸弹跳时间	ms	≤2		
19	合闸时间	ms	≤100		
20	分闸时间	ms	≤50		
21	机械寿命	次	20000		
22	储能电动机功率	W	50(DC110V),75(DC220V)		
23	储能时间	V	≤15		
24	储能电动机额定电压	V	—110～220		
25	合闸电磁铁额定电压	V	—110～220		
26	分闸电磁铁额定电压	V	—110～220		

附表7　ZN28-12户内高压真空断路器的技术参数

序号	参数名称	单位	数据			
1	额定电压	kV	12			
2	额定短路开断电流	kA	16	20	25	31.5
3	额定电流	A	630	1000,1250,1600	1000,1250,1600	1250,1600
4	额定峰值耐受电流	kA	50	63	80	100
5	额定短时(4s)耐受电流	kA	20	25	31.5	40
6	额定短路关合电流(峰值)	kA	50	63	80	100
7	额定短路电流开断次数	次	50	50	50	20

续表

序号	参数名称		单位	数据	
8	触头开距		mm	11±1	
9	触头超行程		mm	4±1	
10	合闸速度		m/s	0.4～0.7	0.4～0.8
11	分闸速度		m/s	0.7～1.3	0.9～1.3
12	额定操作顺序		—	分-0.3s-合分-180s-合分	
13	额定雷电冲击耐受电压(全波)		kV	75	
14	额定短时工频耐受电压(1min)		kV	42	
15	三相触头合分闸不同期性		ms	≤2	
16	触头合闸弹跳时间		ms	≤2	
17	合闸时间		ms	≤200	
18	分闸时间	最高操作电压下	ms	≤60	
		最低操作电压下		≤80	
19	机械寿命		次	10000	
20	额定电流开断次数		次	10000	
21	每项回路电阻		μΩ	≤40	
22	切合电流器组电流		A	400	
23	动静触头允许磨损累积厚度		mm	3	

附表8 ZN28A-12分装式户内高压真空断路器的技术参数

序号	参数名称	单位	数据			
1	额定电压	kV	12			
2	额定短路开断电流	kA	16	20	25	31.5
3	额定电流	A	630	1000,1250,1600	1000,1250,1600	1250,1600
4	额定峰值耐受电流	kA	40	50	63	80
5	额定短时(4s)耐受电流	kA	16	20	25	31.5
6	额定短路关合电流(峰值)	kA	40	50	63	80
7	全开断时间(配CD10机构)	ms	100			
8	额定操作顺序	—	分-0.3s-合分-180s-合分			
9	额定雷电冲击耐受电压(全波)	kV	75			
10	额定短时工频耐受电压(1min)	kV	42			
11	合闸时间	ms	≤100			
12	分闸时间	ms	≤60			
13	机械寿命	次	10000			
14	额定电流开断次数	次	10000			
15	额定单个电容器组开断电流	A	400	630		

续表

序号	参数名称	单位	数据	
16	额定背对背电容器组开断电流	A	400	
17	触头开距	mm	11±1	
18	触头超行程	mm	4±1	
19	相间中心距	mm	250±1.5	
20	平均分闸速度	m/s	0.7～1.3	0.9～1.3
21	平均合闸速度	m/s	0.4～0.7	0.4～0.8
22	触头合闸不同期性	ms	≤2	
23	触头合闸弹跳时间	ms	≤2	
24	主回路电阻	μΩ	≤50	≤40
25	合闸状态灭弧室载流部分电阻	μΩ	≤40	≤30
26	合闸状态触头压力	N	2000	3000

附表9 常用高压隔离开关的技术数据

产品型号	额定电压(kV)	最大工作电压(kV)	额定电流(A)	极限通过电流(kA)		热稳定通过电流(kA)			操动机构型号
				峰值	有效值	1s	5s	10s	
GN6-10T/200 GN8-10T/200-Ⅰ、Ⅱ、Ⅲ	10	11.5	200	25.5	14.7	14.7	10	7	S6-1T CS6-1
GN6-10T/400 GN8-10T/400-Ⅰ、Ⅱ、Ⅲ	10	11.5	400	52	30	30	14	10	S6-1T CS6-1
GN6-10T/600 GN8-10T/600-Ⅰ、Ⅱ、Ⅲ	10	11.5	600	52	30	30	20	11	S6-1T CS6-1
GN6-10T/1000 GN8-10T/1000-Ⅰ、Ⅱ、Ⅲ	10	11.5	1000	75	43	43	30	21	S6-1T CS6-1

附表10 RN1型室内高压熔断器的技术数据

参数名称	数据																		
额定电压/kV	3					6				10					35				
额定电流/A	20	100	200	300	400	20	75	100	200	300	20	50	75	100	200	7.5	10	20	30	40
最大开断电流/kA	40					20					12					3.5				
最小开断电流/A	无	1.3In				无	1.3In				无	1.3In				无	1.3In			
三相最大断流容量/MVA	200																			
开断最大短路电流时最大电流峰值/kA	6.5	2.4	35	—	50	5.2	14	19	25	—	4.5	8.6	15.5	—		1.5	1.6	2.8	3.6	4.2
过电压倍数	不超过2.5倍相电压																			

附表 11　RN2 型室内高压熔断器的技术数据

型号	RN2-3、6、10			RN2-15、20		RN2-35
额定电压/kV	3	6	10	15	20	35
额定电流/A	0.5					
三相断流容量/MVA	1000					
最大开断电流/kA	100	85	50	40	30	17
开断最大短路电流时最大电流峰值/A	160	300	1000	350	850	700
过电压倍数	不超过 2.5 倍工作电压					

附表 12　常用电流互感器的技术数据

型号	额定电流比/A	级次组合	准确次数	额定二次负荷/Ω				1s 热稳定倍数	动稳定倍数	选用铝母线截面尺寸/mm²
				0.5级	1级	3级	B级			
LCZ-35	20~300, 600,400,800, 1000/5	0.5/0.5 0.5/3 B/B	0.5	2	—	—	—	—	—	—
			3	—	—	2	—	—	150	—
			B	—	—	—	2	—	100	—
LQJ-10	5,10,15,20, 30,40,50,60, 75,100/5	0.5/3 1/3 0.5/D 1/D	0.5	0.4	0.6	—	—	90	225	—
			1	—	0.4	—	—	—	—	—
			—	—	—	—	—	75	160	—
	160,200, 315,400/5		3	—	—	0.6	—	—	—	—
LMZ-10	300,400, 500,600, 750,800, 1000,1500/5	0.5/3	0.5	0.4	0.8	—	—	—	—	30×4
			1	—	0.4	—	—	—	—	40×5
			—	—	—	—	—	—	—	50×6
			3	—	—	—	—	—	—	60×8
			—	—	—	0.6	—	—	—	80×8

附表 13　常用电压互感器的技术数据

型号	额定电压/V			额定容量(cosφ=0.9)/VA			大容量/VA	连接组
	一次线圈	二次线圈	辅助线圈	0.5级	1级	3级		
JDZJ-6	6000/√3	100/√3	100/3	30	50	100	200	1/1/1-12-12
JDZJ-6				50	80	200	400	
JDZB-6								
JDZJ-10	10000/√3	100/√3	100/3	40	60	150	300	
JDZJ-10				50	80	200	400	
JDZB-10								

续表

型号	额定电压/V			额定容量($\cos\varphi=0.9$)/VA			大容量/VA	连接组
	一次线圈	二次线圈	辅助线圈	0.5级	1级	3级		
JSJW-6	$6000/\sqrt{3}$	$100/\sqrt{3}$	100/3	80	150	320	640	Y0/Y0
JSJW-10	$10000/\sqrt{3}$	$100/\sqrt{3}$	100/3	120	200	480	960	—
JDZ-6	6000	100	—	50	80	200	300	1/1-12
JDZ-10	10000	100	—	80	120	300	500	1/1-12

附表14　万能式低压断路器的技术数据

型号	额定工作电压/V	额定绝缘电压/V	额定冲击耐受电压/kV	工频耐受电压/V	壳架等级额定电流/A	额定电流/A	额定极限短路分断能力/kA	额定运行短路分断能力/kA	额定短路接通能力/kA	额定短时耐受电流/kA
CW3-1600	400	1000	12	3500	1600	200/400/630/800/1000/1250/1600	65	55	143	50/1s, 55/0.5s
CW3-2500M					2500	630/800/1000/1250/1600/2000/2500	65	65	143	65(25～30ms)
CW3-2500H							85	85	187	85(25～30ms)
CW3-4000M					4000	1000/1250/1600/2000/2500/2900/3200/3600/4000	85	85	187	85(25～30ms)
CW3-4000H							100	100	220	100(25～30ms)
CW3-6300M					6300	4000/5000/6300	120	120	264	120(25～30ms)
CW3-6300H							135	135	297	135(25～30ms)

附表15　塑壳式低压断路器的技术数据

型号	额定工作电压/V	额定绝缘电压/V	额定冲击耐受电压/kV	壳架等级额定电流/A	额定电流/A	额定极限短路分断能力/kA	额定运行短路分断能力/kA
CM5-63L	400	800	8	63	1.5/2.5/6/10/16/20/25/32/40/50/63	35	
CM5-63M						50	
CM5-63H						85	
CM5-125L				125	1.5/2.5/6/10/16/20/25/32/40/50/63/80/100/125	50	
CM5-125M						85	
CM5-125H						100	
CM5-125S						150	

续表

型号	额定工作电压/V	额定绝缘电压/V	额定冲击耐受电压/kV	壳架等级额定电流/A	额定电流/A	额定极限短路分断能力/kA	额定运行短路分断能力/kA
CM5-160L	400	800	8	160	125/140/160	50	
CM5-160M						85	
CM5-160H						100	
CM5-160S						150	
CM5-250L				250	125/140/160/180/200/225/250	50	
CM5-250M						85	
CM5-250H						100	
CM5-250S						150	
CM5-400L				400	225/250/315/350/400	50	
CM5-400M						85	
CM5-400H						100	
CM5-400S						150	
CM5-630L				630	400/500/630	50	
CM5-630M						85	
CM5-630H						100	
CM5-630S						150	

附表 16　小型低压断路器的技术数据

型号	额定工作电压/V	额定绝缘电压/V	额定冲击耐受电压/kV	壳架等级额定电流/A	极数	瞬时脱扣电流形式	额定电流/A	额定极限短路分断能力/kA	额定运行短路分断能力/kA
CH1-32	230	230	4	32	1N	C	6/10/16/20/25/32	4.5	
CH1-63	230	400		63	1	C	6/10/16/20/25/32/40/50/63	6(额定电流不大于40A) 4.5(额定电流大于40A)	
	400				2/3/4	D	6/10/16/20/25/32/40	4.5	

附表 17　常用低压熔断器的技术数据

类别	型号	额定电压(V)	额定电流(A)	熔体额定电流等级(A)	极限分断能力(kA)	功率因数
无填料封闭管式熔断器	RM10	380	15	6、10、15	1.2	0.8
			60	15、20、25、35、45、60	3.5	0.7
			100	60、80、100	10	0.35
			200	100、125、160、200		
			350	200、225、260、300、350		
			600	350、430、500、600	12	0.35

续表

类别	型号	额定电压(V)	额定电流(A)	熔体额定电流等级(A)	极限分断能力(kA)	功率因数
有填料封闭管式熔断器	RT0	AC380 DC440	100 200 400 600	30、40、50、60、100 120、150、200、250 300、350、400、450 500、550、600	交流 50 直流 25	>0.3

附表18 架空裸导线的最小允许截面积

导线种类	35kV 线路(mm²)	3~10kV 线路(mm²)		3kV 及以下线路(mm²)
		居民区	非居民区	
铝绞线及铝合金线	35	35	25	16
钢芯铝绞线	35	25	16	16
铜绞线	—	16	16	10(线直径 3.2mm)

附表19 导体的最小允许截面积

布线系统形式	线路用途	导体最小截面积(mm²)	
		铜	铝/铝合金
固定敷设的电缆和绝缘电线	电力和照明线路	1.5	10
	信号和控制线路	0.5	—
固定敷设的裸导体	电力(供电)线路	10	16
	信号和控制线路	4	
软导体及电缆的连接	任何用途	0.75	
	特殊用途的特低压电路	0.75	

附表20 电线、电缆导体允许长期工作温度

电线、电缆种类		导体长期允许最高工作温度(℃)	电线、电缆种类	导体长期允许最高工作温度(℃)
橡皮绝缘电线	500V	65	通用橡套软电缆	60
塑料绝缘电线	450/750V	70	耐热氯乙烯导线	105
交联聚乙烯绝缘电力电缆	1~10kV	90	铜、铝母线槽	110
	35kV	80	铜、铝滑接式母线槽	70
聚氯乙烯绝缘电力电缆	1kV	70	刚性矿物绝缘电缆	70、105
裸铝、铜母线和绞线		70	柔性矿物绝缘电缆	125
乙丙橡胶电力电缆		90	—	—

附表21 确定电缆载流量的环境温度

电缆敷设场所	有无机械通风	选取的环境温度
土中直埋	—	埋深处的最热月平均地温
水下	—	最热月的日最高水温平均值
户外空气中、电缆沟	—	最热月的日最高温度平均值

续表

电缆敷设场所	有无机械通风	选取的环境温度
有热源设备的厂房	有	通风设计规范
	无	最热月的最高温度平均值另加5℃
一般性厂房及其他建筑物内	有	通风设计温度
	无	最热月的日最高温度平均值
户内电缆沟 隧道、电气竖井	无	最热月的日最高温度平均值另加5℃
隧道、电气竖井	有	通风设计规范

附表22 涂漆矩形铜导体载流量（环境温度25℃、最高允许工作温度为70℃）

母线尺寸 (宽×厚,mm×mm)	单条		双条		三条		四条	
	平放	竖放	平放	竖放	平放	竖放	平放	竖放
40×4	603	632	—	—	—	—	—	—
40×5	681	706	—	—	—	—	—	—
50×4	735	770	—	—	—	—	—	—
50×5	831	869	—	—	—	—	—	—
63×6.3	1141	1193	1766	1939	2340	2644	—	—
63×8	1302	1359	2036	2230	2651	2903	—	—
63×10	1465	1531	2290	2503	2987	3343	—	—
80×6.3	1415	1477	2162	2372	2773	3142	3209	4278
80×8	1598	1668	2440	2672	3124	3524	3591	4786
80×10	1811	1891	2760	3011	3521	3954	4019	5357
100×6.3	1686	1758	2526	2771	3237	3671	3729	4971
100×8	1897	1979	2827	3095	3608	4074	4132	5508
100×10	2174	2265	3128	3419	3889	4375	4428	5903
125×6.3	2047	2133	2991	3278	3764	4265	4311	5747
125×8	2294	2390	3333	3647	4127	4663	4703	6269
125×10	2555	2662	3674	4019	4556	5130	5166	6887

附表23 多回路直埋地电缆的载流量校正系数

回路数	电缆间净距				
	无间距	一根电缆外径	0.125m	0.25m	0.5m
2	0.75	0.80	0.85	0.90	0.90
3	0.65	0.70	0.75	0.80	0.85
4	0.60	0.60	0.70	0.75	0.80
5	0.55	0.55	0.65	0.70	0.80
6	0.50	0.55	0.60	0.70	0.80
7	0.45	0.51	0.59	0.67	0.76
8	0.43	0.48	0.57	0.65	0.75
9	0.41	0.46	0.55	0.63	0.74
12	0.36	0.42	0.51	0.59	0.71
16	0.32	0.38	0.47	0.56	0.68
20	0.29	0.35	0.44	0.53	0.66

附录24 450/750V型聚氯乙烯绝缘电线穿管载流量及管径（导体长期允许最高工作温度为70℃）

敷设方式	每管二线				每管三线				每管四线				每管五线		
	载流量(A)	管径(mm)			载流量(A)	管径(mm)			载流量(A)	管径(mm)			管径(mm)		
线芯截面(mm²)	30℃	SC	MT	PC	30℃	SC	MT	PC	30℃	SC	MT	PC	SC	MT	PC
1.5	17.5	15	16	16	15.5	15	16	16	14	15	16	16	15	19	20
2.5	24	15	16	16	21	15	16	20	19	15	19	20	15	19	20
4	32	15	19	16	28	15	19	20	25	20	25	20	20	25	25
6	41	20	25	20	36	20	25	25	32	25	25	25	20	25	25
10	57	20	25	25	50	25	32	32	45	25	32	32	32	38	32
16	76	25	32	32	68	25	32	32	61	32	38	32	32	38	32
25	101	32	38	40	89	32	38	40	80	32	(51)	40	40	51	40
35	125	32	38	40	110	40	(51)	40	99	50	(51)	50	50	(51)	50
50	151	40	(51)	50	134	50	(51)	50	121	50	(51)	63	50	—	63
70	192	50	(51)	63	171	65	—	63	154	65	—	63	65	—	—
95	232	65	—	63	207	65	—	—	186	65	—	63	80	—	—
120	269	65	—	—	239	65	—	—	215	80	—	63	80	—	—
150	300	65	—	—	262	80	—	—	246	—	—	—	100	—	—
185	641	65	—	—	296	80	—	—	279	—	—	—	100	—	—
240	40C	65	—	—	346	—	—	—	—	—	—	—	—	—	—
300	458	80	—	—	394	—	—	—	—	—	—	—	—	—	—

注：1. 不推荐使用括号内保护管径；
2. 每管五线中，四线为载流体，故载流量数据同每管四线，若每管五线组成一个三相四线系统，则应按照每管三线的载流量；
3. SC为焊接钢管或KBG管；MT为黑铁电线管；PC为硬质塑料管。

附录25 交联聚乙烯及乙丙橡胶绝缘电线穿管载流量及管径（导体长期允许最高工作温度为90℃）

敷设方式	线芯截面(mm²)	每管二线 载流量(A) 30℃	每管二线 管径(mm) SC	每管二线 管径(mm) MT	每管三线 载流量(A) 30℃	每管三线 管径(mm) SC	每管三线 管径(mm) MT	每管四线 载流量(A) 30℃	每管四线 管径(mm) SC	每管四线 管径(mm) MT	每管五线 管径(mm) SC	每管五线 管径(mm) MT
	1.5	23	15	16	20	15	16	18	15	16	15	19
	2.5	31	15	16	28	15	16	25	15	19	15	19
	4	42	15	19	37	15	19	33	20	25	20	25
	6	54	20	25	48	20	25	43	20	25	20	25
	10	75	20	25	66	25	32	59	25	32	32	38
	16	100	25	32	88	25	32	79	32	38	32	38
	25	133	32	38	117	32	38	105	32	(51)	40	51
	35	164	32	38	144	32	(51)	130	50	(51)	50	(51)
	50	198	40	(51)	175	40	(51)	158	50	(51)	50	—
	70	253	50	(51)	222	50	—	200	65	—	65	—
	95	306	50	—	269	65	—	242	65	—	80	—
	120	354	65	—	312	65	—	281	65	—	80	—
	150	393	65	—	342	65	—	—	80	—	100	—
	185	449	65	—	384	80	—	—	100	—	100	—
	240	528	65	—	450	80	—	—	100	—	100	—
	300	603	80	—	514	100	—	—	—	—	125	—

注：1. 不推荐使用括号内保护管径；
2. 每管五线中，四线为载流导体，故载流量数据同每管四线，若每管四线组成一个三相四线系统，则应按照每管三线的载流量；
3. SC 为焊接钢管或 KBG 管；MT 为黑铁电线管；PC 为硬塑料管。

附录26 6～35kV交联聚乙烯绝缘电力电缆直埋地敷设载流量
（导体长期允许最高工作温度为90℃）

电压(kV)	6/6、8.7/10、26/35kV											
敷设方式	直埋地						穿管埋地					
线芯截面(mm²)	不同环境温度的载流量(A)											
	三芯			单芯			三芯			单芯		
	20℃	25℃	30℃	20℃	25℃	30℃	20℃	25℃	30℃	20℃	25℃	30℃
35	120	114	107	130	123	116	121	115	108	143	136	128
50	141	134	126	153	145	137	144	137	129	169	160	151
70	173	164	155	187	177	167	175	166	157	206	195	184
95	205	194	183	223	212	199	210	199	188	246	233	220
120	233	221	208	252	239	225	240	228	215	280	266	250
150	261	248	233	282	268	252	270	256	241	312	296	279
185	295	280	264	317	301	284	305	289	273	343	325	307
240	339	322	303	366	347	327	355	337	318	395	375	353
300	382	362	342	411	390	368	401	380	359	445	422	398
400	432	410	386	461	437	412	455	432	407	503	477	450

附录27 0.6/1kV交联聚乙烯绝缘电缆及乙丙橡胶绝缘电缆埋地载流量
（导体长期允许最高工作温度为90℃）

线芯截面(mm²)		不同环境温度的载流量(A)					
敷设方式		三、四芯或单芯三角形排列直埋地			三、四芯或单芯三角形排列穿管埋地		
相导体	中性导体	20℃	25℃	30℃	20℃	25℃	30℃
1.5	—	23	22	21	21	20	19
2.5	2.5	30	29	28	28	27	26
4	4	39	38	36	36	35	33
6	6	49	47	45	44	42	41
10	10	65	63	60	58	56	54
16	16	84	81	78	75	72	69
25	16	107	103	99	96	93	89
35	16	129	124	119	115	111	106
50	25	153	147	142	135	130	125
70	35	188	181	174	167	161	155
95	50	226	218	209	197	190	182
120	70	257	248	238	223	215	206
150	70	287	277	266	251	242	232
185	95	324	312	300	281	271	260

续表

线芯截面(mm²)		不同环境温度的载流量(A)					
敷设方式		三、四芯或单芯三角形排列直埋地			三、四芯或单芯三角形排列穿管埋地		
相导体	中性导体	20℃	25℃	30℃	20℃	25℃	30℃
240	120	375	361	347	324	312	300
300	150	419	404	388	365	352	338

附录28　0.6/1kV 交联聚乙烯绝缘电缆及乙丙橡胶绝缘电缆明敷载流量
（导体长期允许最高工作温度为90℃）

芯数		三芯	二芯	单芯
导体截面(mm²)		载流量(A)		
相导体	中性导体	30℃	30℃	30℃
1.5	—	23	26	—
2.5	—	32	36	—
4	4	42	49	—
6	6	54	63	—
10	10	75	86	—
16	16	100	115	—
25	16	127	149	141
35	16	158	185	176
50	25	192	225	216
70	35	246	289	279
95	50	298	352	342
120	70	346	410	400
150	70	399	473	464
185	95	456	542	533
240	120	538	641	634
300	150	621	741	736

附录29　0.6/1kV 铜芯交联聚乙烯绝缘电力电缆桥架敷设载流量
（导体长期允许最高工作温度为90℃）

敷设方式		有孔托盘		无孔托盘		电缆槽盒	
导体截面(mm²)		载流量(A)					
相导体	中性导体	三芯	单芯	三芯或单芯品字排列		三芯	单芯品字排列
		30℃	30℃	30℃		30℃	30℃
2.5	2.5	32	—	30		26	28
4	4	42	—	40		35	37
6	6	54	—	52		44	48
10	10	75	—	71		60	66

续表

敷设方式		有孔托盘		无孔托盘	电缆槽盒	
导体截面(mm²)		载流量(A)				
相导体	中性导体	三芯	单芯	三芯或单芯品字排列	三芯	单芯品字排列
		30℃	30℃	30℃	30℃	30℃
16	16	100	—	96	80	88
25	16	127	135	119	105	117
35	16	158	169	147	128	144
50	25	192	207	179	154	175
70	35	246	268	229	194	222
95	50	298	328	278	233	269
120	70	346	383	322	268	312
150	70	399	444	371	300	342
185	95	456	510	424	340	384
240	120	538	607	500	398	450
300	150	621	703	576	455	514

附录30　0.6/1kV铜芯聚氯乙烯绝缘及护套电力电缆埋地载流量
（导体长期允许最高工作温度为70℃）

线芯截面(mm²)		不同环境温度的载流量(A)					
敷设方式		三、四芯或单芯三角形排列直埋地			三、四芯或单芯三角形排列穿管埋地		
相导体	中性导体	20℃	25℃	30℃	20℃	25℃	30℃
1.5	—	19	18	17	18	17	16
2.5	2.5	24	23	21	24	23	21
4	4	33	31	30	30	28	27
6	6	41	39	37	38	36	34
10	10	54	51	48	50	47	45
16	16	70	66	63	64	61	57
25	16	92	87	82	82	78	73
35	16	110	104	98	98	93	88
50	25	130	123	116	116	110	104
70	35	162	154	145	143	136	128
95	50	193	183	173	169	160	151
120	70	220	209	197	192	182	172
150	70	246	233	220	217	206	194
185	95	278	264	249	243	231	217
240	120	320	304	286	280	266	250
300	150	359	341	321	316	300	283

附录31 0.6/1kV 铜芯聚氯乙烯绝缘及护套电力电缆明敷载流量
（导体长期允许最高工作温度为 70℃）

芯数		三芯	二芯	单芯
导体截面（mm²）		载流量（A）		
相导体	中性导体	30℃	30℃	30℃
1.5	—	18.5	22	—
2.5	2.5	25	30	—
4	4	34	40	—
6	6	43	51	—
10	10	60	70	—
16	16	80	94	—
25	16	101	119	110
35	16	126	148	137
50	25	153	180	167
70	35	196	232	216
95	50	238	282	264
120	70	276	328	308
150	70	319	379	356
185	95	364	434	409
240	120	430	514	485
300	150	497	593	561

附录32 0.6/1kV 聚氯乙烯绝缘及护套电力电缆桥架敷设载流量
（导体长期允许最高工作温度为 70℃）

敷设方式		有孔托盘		无孔托盘	电缆槽盒	
导体截面（mm²）		载流量（A）				
相导体	中性导体	三芯	单芯	三芯或单芯品字排列	三芯	单芯
		30℃	30℃	30℃	30℃	30℃
2.5	2.5	25	—	24	20	21
4	4	34	—	32	27	28
6	6	43	—	41	34	36
10	10	60	—	57	46	50
16	16	80	—	76	62	68
25	16	101	110	96	80	89
35	16	126	137	119	99	110
50	25	153	167	144	118	134
70	35	196	216	184	149	171
95	50	238	264	223	179	207
120	70	276	308	259	206	239
150	70	319	356	299	228	262
185	95	364	409	341	255	296
240	120	430	485	403	297	346
300	150	497	561	464	339	394

附表 33　建筑物防雷分类

(摘引自《建筑物防雷设计规范》GB 50057—2010)

防雷等级	符合条件的建筑物
第一类防雷建筑	1. 凡制造、使用或贮存火炸药及其制品的危险建筑物,因电火花而引起爆炸、爆轰,会造成巨大破坏和人身伤亡者。 2. 具有 0 区或 20 区爆炸危险场所的建筑物。 3. 具有 1 区或 21 区爆炸危险场所的建筑物,因电火花而引起爆炸,会造成巨大破坏和人身伤亡者
第二类防雷建筑	1. 国家级重点文物保护的建筑物。 2. 国家级的会堂、办公建筑物,大型展览和博览建筑物、大型火车站和飞机场、国宾馆、国家级档案馆、大型城市的重要给水泵房等特别重要的建筑物。注:飞机场不含停放飞机的露天场所和跑道。 3. 国家级计算中心、国际通信枢纽等对国民经济有重要意义的建筑物。 4. 国家特级和甲级大型体育馆。 5. 制造、使用或贮存火炸药及其制品的危险建筑物,且电火花不易引起爆炸或不致造成巨大破坏和人身伤亡者。 6. 具有 1 区或 21 区爆炸危险场所的建筑物,且电火花不易引起爆炸或不致造成巨大破坏和人身伤亡者。 7. 具有 2 区或 22 区爆炸危险场所的建筑物。 8. 有爆炸危险的露天钢质封闭气罐。 9. 预计雷击次数大于 0.05 次/a 的部、省级办公建筑物和其他重要或人员密集的公共建筑物以及火灾危险场所。 10. 预计雷击次数大于 0.25 次/a 的住宅,办公楼等一般性民用建筑物或一般性工业建筑物
第三类防雷建筑	1. 省级重点文物保护的建筑物及省档案馆。 2. 预计雷击次数大于或等于 0.01 次/a,且小于或等于 0.05 次/a 的部、省级办公建筑物和其他重要或人员密集的公共建筑物,以及火灾危险场所。 3. 预计雷击次数大于或等于 0.05 次/a,且小于或等于 0.25 次/a 的住宅,办公楼等一般性民用建筑物或一般性工业建筑物。 4. 在平均雷暴日大于 15d/a 的地区,高度在 15m 及以上的烟囱、水塔等孤立的高耸建筑物;在平均雷暴日小于或等于 15d/a 的地区,高度在 20m 及以上的烟囱、水塔等孤立的高耸建筑物

附表 34　建筑物电子信息系统雷电防护等级

(摘引自《建筑物电子信息系统防雷技术规范》GB 50343—2012)

防护等级	符合条件的建筑物
A 级	1. 国家级计算中心、国家级通信枢纽、特级和一级金融设施、大中型机场、国家级和省级广播电视中心、枢纽港口、火车枢纽站、省级城市水、电、气、热等城市重要公用设施的电子信息系统; 2. 一级安全防范单位,如国家文物、档案库的闭路电视监控和报警系统; 3. 三级医院电子医疗设备
B 级	1. 中型计算中心、二级金融设施、中型通信枢纽、移动通信基站、大型体育场(馆)、小型机场、大型港口、大型火车站的电子信息系统; 2. 二级安全防范单位,如省级文物、档案库的闭路电视监控和报警系统; 3. 雷达站、微波站电子信息系统,高速公路监控和收费系统; 4. 二级医院电子医疗设备; 5. 五星及更高星级宾馆电子信息系统
C 级	1. 三级金融设施、小型通信枢纽电子信息系统; 2. 大中型有线电视系统; 3. 四星及以下级宾馆电子信息系统
D 级	除上述 A、B、C 级以外的一般用途的需防护电子信息设备

参 考 文 献

[1] 杨岳. 供配电系统［M］. 2版. 北京：科学出版社，2019.
[2] 雍静. 供配电系统［M］. 2版. 北京：机械工业出版社，2019.
[3] 范国伟. 电气控制与PLC应用技术［M］. 北京：人民邮电出版社，2017.
[4] 郭汀. 电气图形符号文字符号便查手册［M］. 北京：化学工业出版社，2010.
[5] 朱照红. 电气设备安装工（中级）［M］. 北京：机械工业出版社，2013.
[6] 秦曾煌. 电工学［M］. 6版. 北京：高等教育出版社，2007.
[7] 周壁华，高成，石立华，等. 人防工程电磁脉冲防护设计［M］. 北京：国防工业出版社，2006.
[8] 汤蕴璆. 电机学［M］. 4版. 北京：机械工业出版社，2011.
[9] 谢秀颖. 电气照明技术［M］. 2版. 北京：中国电力出版社，2013.
[10] 王金全，方志刚. 地下建筑供电［M］. 北京：中国电力出版社，2018.
[11] 中国航空规划设计研究总院有限公司. 工业与民用供配电设计手册［M］. 4版. 北京：中国电力出版社，2016.